U0178600

国家出版基金资助项目
"新闻出版改革发展项目库"入库项目
"十三五"国家重点出版物出版规划项目

钢铁工业绿色制造
节能减排先进技术丛书

主　编　干　勇
副主编　王天义　洪及鄙
　　　　赵　沛　王新江

热轧板带
近终形制造技术

Near Net Shape Manufacturing Technology of
Hot-Rolled Strip

毛新平　等著

北　京
冶金工业出版社
2020

内 容 提 要

本书在阐述近终形制造技术的概念、分类、特点及热轧板带近终形制造技术进展的基础上，从薄板坯连铸连轧技术和薄带连铸连轧技术两个方面，详细分析介绍了国内外热轧板带近终形制造的现状、原理、技术、工艺、设备、产品开发、应用实例、专利等，并提出了该技术未来发展路线建议。

本书可供钢铁冶金领域科技人员和工程技术人员阅读，也可供大专院校冶金工程和材料工程专业师生参考。

图书在版编目（CIP）数据

热轧板带近终形制造技术/毛新平等著 . —北京：冶金工业出版社，2020.11

（钢铁工业绿色制造节能减排先进技术丛书）

ISBN 978-7-5024-8520-7

Ⅰ.①热… Ⅱ.①毛… Ⅲ.①带钢—热轧—近终形连铸 Ⅳ.①TG335.5

中国版本图书馆 CIP 数据核字（2020）第 119906 号

出 版 人 苏长永
地 址 北京市东城区嵩祝院北巷 39 号 邮编 100009 电话 (010)64027926
网 址 www.cnmip.com.cn 电子信箱 yjcbs@cnmip.com.cn
策划编辑 任静波
责任编辑 曾 媛 刘小峰 任静波 美术编辑 彭子赫
版式设计 孙跃红 责任校对 王永欣 责任印制 李玉山
ISBN 978-7-5024-8520-7
冶金工业出版社出版发行；各地新华书店经销；三河市双峰印刷装订有限公司印刷
2020 年 11 月第 1 版，2020 年 11 月第 1 次印刷
169mm×239mm；20.75 印张；403 千字；312 页
89.00 元

冶金工业出版社 投稿电话 (010)64027932 投稿信箱 tougao@cnmip.com.cn
冶金工业出版社营销中心 电话 (010)64044283 传真 (010)64027893
冶金工业出版社天猫旗舰店 yjgycbs.tmall.com
（本书如有印装质量问题，本社营销中心负责退换）

丛书编审委员会

丛书出版说明

随着我国工业化、城镇化进程的加快和消费结构持续升级，能源需求刚性增长，资源环境问题日趋严峻，节能减排已成为国家发展战略的重中之重。钢铁行业是能源消费大户和碳排放大户，节能减排效果对我国相关战略目标的实现及环境治理至关重要，已成为人们普遍关注的热点。在全球低碳发展的背景下，走节能减排低碳绿色发展之路已成为中国钢铁工业的必然选择。

近年来，我国钢铁行业在降低能源消耗、减少污染物排放、发展绿色制造方面取得了显著成效，但还存在很多难题。而解决这些难题，迫切需要有先进技术的支撑，需要科学的方向性指引，需要从技术层面加以推动。鉴于此，中国金属学会和冶金工业出版社共同组织编写了"钢铁工业绿色制造节能减排先进技术丛书"（以下简称丛书），旨在系统地展现我国钢铁工业绿色制造和节能减排先进技术最新进展和发展方向，为钢铁工业全流程节能减排、绿色制造、低碳发展提供技术方向和成功范例，助力钢铁行业健康可持续发展。

丛书策划始于 2016 年 7 月，同年年底正式启动；2017 年 8 月被列入"十三五"国家重点出版物出版规划项目；2018 年 4 月入选"新闻出版改革发展项目库"入库项目；2019 年 2 月入选国家出版基金资助项目。

丛书由国家新材料产业发展专家咨询委员会主任、中国工程院原副院长、中国金属学会理事长干勇院士担任主编；中国金属学会专家委员会主任王天义、专家委员会副主任洪及鄙、常务副理事长赵沛、副理事长兼秘书长王新江担任副主编；7 位中国科学院、中国工程院院士组成顾问团队。第十届全国政协副主席、中国工程院主席团名誉主席、中国工程院原院长徐匡迪院士为丛书作序。近百位专家、学者参加了丛书的编写工作。

针对钢铁产业在资源、环境压力下如何解决高能耗、高排放的难题，以及此前国内尚无系统完整的钢铁工业绿色制造节能减排先进技术图书的现状，丛书从基础研究到工程化技术及实用案例，从原辅料、焦化、烧结、炼铁、炼钢、轧钢等各主要生产工序的过程减排到能源资源的高效综合利用，包括碳素流运行与碳减排途径、热轧板带近终形制造，系统地阐述了国内外钢铁工业绿色制造节能减排的现状、问题和发展趋势，节能减排先进技术与成果及其在实际生产中的应用，以及今后的技术发展方向，介绍了国内外低碳发展现状、钢铁工业低碳技术路径和相关技术。既是对我国现阶段钢铁行业节能减排绿色制造先进技术及创新性成果的总结，也体现了最新技术进展的趋势和方向。

丛书共分 10 册，分别为：《钢铁工业绿色制造节能减排技术进展》《焦化过程节能减排先进技术》《烧结球团节能减排先进技术》《炼铁过程节能减排先进技术》《炼钢过程节能减排先进技术》《轧钢过程节能减排先进技术》《钢铁原辅料生产节能减排先进技术》《钢铁制造流程能源高效转化与利用》《钢铁制造流程中碳素流运行与碳减排途径》《热轧板带近终形制造技术》。

中国金属学会和冶金工业出版社对丛书的编写和出版给予高度重视。在丛书编写期间，多次召集丛书主创团队进行编写研讨，各分册也多次召开各自的编写研讨会。丛书初稿完成后，2019 年 2 月召开了《钢铁工业绿色制造节能减排技术进展》分册的专家审稿会；2019 年 9 月至 10 月，陆续组织召开 10 个分册的专家审稿会。根据专家们的意见和建议，各分册编写人员进一步修改、完善，严格把关，最终成稿。

　　丛书瞄准钢铁行业的热点和难点，内容力求突出先进性、实用性、系统性，将为钢铁行业绿色制造节能减排技术水平的提升、先进技术成果的推广应用，以及绿色制造人才的培养提供有力支持和有益的参考。

中国金属学会
冶金工业出版社

2020 年 10 月

总　序

　　党的十九大报告指出，中国特色社会主义进入了新时代，"我国社会主要矛盾已经转化为人民日益增长的美好生活需要和不平衡不充分的发展之间的矛盾"。为更好地满足人民日益增长的美好生活需要，就要大力提升发展质量和效益。发展绿色产业、绿色制造是推动我国经济结构调整，实现以效率、和谐、健康、持续为目标的经济增长和社会发展的重要举措。

　　当今世界，绿色发展已经成为一个重要趋势。中国钢铁工业经过改革开放 40 多年来的发展，在产能提升方面取得了巨大成绩，但还存在着不少问题。其中之一就是在钢铁工业发展过程中对生态环境重视不够，以至于走上了发达国家工业化进程中先污染后治理的老路。今天，我国钢铁工业的转型升级，就是要着力解决发展不平衡不充分的问题，要大力提升绿色制造节能减排水平，把绿色制造、节能环保、提高发展质量作为重点来抓，以更好地满足国民经济高质量发展对优质高性能材料的需求和对生态环境质量日益改善的新需求。

　　钢铁行业是国民经济的基础性产业，也是高资源消耗、高能耗、高排放产业。进入 21 世纪以来，我国粗钢产量长期保持世界第一，品种质量不断提高，能耗逐年降低，支撑了国民经济建设的需求。但是，我国钢铁工业绿色制造节能减排的总体水平与世界先进水平之间还存在差距，与世界钢铁第一大国的地位不相适应。钢铁企业的水、焦煤等资源消耗及液、固、气污染物排放总量还很大，使所在地域环境承载能力不足。而二次资源的深度利用和消纳社会废弃物的技术与应用能力不足是制约钢铁工业绿色发展的一个重要因素。尽管钢铁工业的绿色制造和节能减排技术在过去几年里取得了显著的进步，但是发展仍十分不平衡。国内少数先进钢铁企业的绿色制造已基本达到国际先进水平，但大多数钢铁企业环保装备落后，工艺技术水平低，能源消耗高，对排放物的处理不充分，对所在城市和周边地域的生态环境形成了严峻的挑战。这是我国钢铁行业在未来发展中亟须解决的问题。

国家"十三五"规划中指出，"十三五"期间，我国单位GDP二氧化碳排放下降18%，用水量下降23%，能源消耗下降15%，二氧化硫、氮氧化物排放总量分别下降15%，同时提出到2020年，能源消费总量控制在50亿吨标准煤以内，用水总量控制在6700亿立方米以内。钢铁工业节能减排形势严峻，任务艰巨。钢铁工业的绿色制造可以通过工艺结构调整、绿色技术的应用等措施来解决；也可以通过适度鼓励钢铁短流程工艺发展，发挥其低碳绿色优势；通过加大环保技术升级力度、强化污染物排放控制等措施，尽早全面实现钢铁企业清洁生产、绿色制造；通过开发更高强度、更好性能、更长寿命的高效绿色钢材产品，充分发挥钢铁制造能源转化、社会资源消纳功能作用，钢厂可从依托城市向服务城市方向发展转变，努力使钢厂与城市共存、与社会共融，体现钢铁企业的低碳绿色价值。相信通过全行业的努力，争取到2025年，钢铁工业全面实现能源消耗总量、污染物排放总量在现有基础上又有一个大幅下降，初步实现循环经济、低碳经济、绿色经济，而这些都离不开绿色制造节能减排技术的广泛推广与应用。

中国金属学会和冶金工业出版社共同策划组织出版"钢铁工业绿色制造节能减排先进技术丛书"非常及时，也十分必要。这套丛书瞄准了钢铁行业的热点和难点，对推动全行业的绿色制造和节能减排具有重大意义。组织一大批国内知名的钢铁冶金专家和学者，来撰写全流程的、能完整地反映我国钢铁工业绿色制造节能减排技术最新发展的丛书，既可以反映近几年钢铁节能减排技术的前沿进展，促进钢铁工业绿色制造节能减排先进技术的推广和应用，帮助企业正确选择、高效决策、快速掌握绿色制造和节能减排技术，推进钢铁全流程、全行业的绿色发展，又可以为绿色制造人才的培养，全行业绿色制造技术水平的全面提升，乃至为上下游相关产业绿色制造和节能减排提供技术支持发挥重要作用，意义十分重大。

当前，我国正处于转变发展方式、优化经济结构、转换增长动力的关键期。绿色发展是我国经济发展的首要前提，也是钢铁工业转型升级的准则。可以预见，绿色制造节能减排技术的研发和广泛推广应用将成为行业新的经济增长点。也正因为如此，编写"钢铁工业绿色制造节能减排先进技术丛书"，得到了业内人士的关注，也得到了包括院士在内的众多权威专家的积极参与和支持。钢铁工业绿色制造节能减排先进技术涉及钢铁制造的全流程，这套丛书的编写和出版，既是对我国钢铁行业节能环保技术的阶段性总结和下一步技术发展趋势的展望，也是填补了我国系统性全流程绿色制造节能减排先进技术图书缺失的空白，为我国钢铁企业进一步调整结构和转型升级提供参考和科学性的指引，必将促进钢铁工业绿色转型发展和企业降本增效，为推进我国生态文明建设做出贡献。

徐匡迪

2020 年 10 月

前　言

2019 年我国粗钢产量达到 9.963 亿吨，占全球粗钢产量的 53.3%，我国已经成为全球钢铁制造与消费的中心。与此同时，我国钢铁工业也面临着节能减排、实现与城市和谐共生的巨大转型压力。探索简约、高效的制造流程，是实现钢铁工业绿色制造、生态发展的重要技术路径，也是钢铁工业的创新发展方向。近终形制造，顾名思义是指其产品的尺寸和形状更接近最终使用要求的制造技术，与传统制造技术相比，其制造流程更加简约高效，节能减排效果显著，是一种典型的绿色制造技术。近终形制造技术最早可追溯到 1857 年英国发明家贝塞麦提出的双辊铸带法，目前已实现工业化应用的代表性技术主要包括薄板坯连铸连轧和薄带连铸连轧等。

本书基于中国工程院院士咨询项目"我国钢铁工业近终形制造流程发展战略研究"，对热轧板带近终形制造技术的发展历程、国内外发展现状进行了系统的调研与分析，在此基础上，提出了该技术未来发展路线建议。除绪论外，全书分为两篇，共 14 章。其中，绪论介绍了近终形制造技术的概念、分类、特点及热轧板带近终形制造技术的总体发展情况；第一篇（1~6 章）介绍了薄板坯连铸连轧技术发展历程、关键工艺技术及装备、产品开发现状、国内产线运行现状及价值评估、全球专利分析和未来技术发展路线；第二篇（7~14 章）介绍了薄带连铸连轧技术早期探索和研发历程、主要技术流派发展现状、商业化关键技术分析、品种开发现状、全球专利分析、流程现状分析、未来发展前景和措施建议。

全书内容由毛新平组织策划。其中，绪论由姚昌国撰写；第一篇（1~6 章）由汪水泽、蒋玲和何琴琴撰写；第二篇（7~14 章）由方园、吴建春和王媛撰写。全部书稿由毛新平审定。

　　感谢殷瑞钰院士、干勇院士、张寿荣院士、王一德院士、王国栋院士、王海舟院士、潘复生院士、王天义教授、李文秀教授、赵沛教授、王新江教授、姜尚清教授、康永林教授等对项目研究工作的悉心指导。感谢施军教授、刘骁教授、张慧教授、刘振宇教授、赵刚教授、徐进桥教授、张凤泉教授、牛琳霞教授、袁宇峰教授、杨春政教授、张洪波教授、史东日教授、麻晗博士、李化龙博士、朱经涛高工、吴浩鸿高工、刘永前高工、胡宽辉高工、孙宜强高工、刘洋高工、甘晓龙高工、蔡珍博士、孔祥胜教授、支卫军高工、樊俊飞博士、周坚刚博士、于艳博士、张健高工、曾春博士、裘韶均高工、胡文豪教授、韩成艺高工、张安乐工程师、崔凯高工、朱翠翠高工、康斌高工、孙竹高工、罗晔高工、代铭玉高工、辜海芳高工等在项目研究过程中所做的卓有成效的工作。特别感谢中国工程院吴国凯局长、王爱红处长和刘元昕博士在项目研究过程中给予的大力支持和帮助。感谢中国金属学会和冶金工业出版社对本书出版的大力支持。

　　由于作者水平所限，书中不足之处在所难免，恳请读者批评指正！

作　者

2020 年 10 月

目　　录

第一篇　薄板坯连铸连轧技术

第二篇　薄带连铸连轧技术

绪　　论

0.1　近终形制造技术的概念

近终形，又称近终成形或近净成形，英文名称为 Near Net Shape[1,2]，顾名思义是指在保证产品性能的情况下，更接近最终成品尺寸和形状的制造技术。与传统制造技术相比，近终形制造减少了加工工序，降低了材料消耗，缩短了制造周期，是先进制造技术的重要组成部分和发展方向。当前近终形制造技术已被广泛应用于金属、陶瓷、复合材料和塑料等材料的制备和成形加工工艺中，特别是在金属材料的铸造、塑性成形、焊接、机械加工等行业中成为关注和发展的重点[3]。近终形制造技术在不同材料制造制备和加工工艺中的主要应用情况如表 0-1 所示。

表 0-1　近终形制造技术在不同材料制造制备和加工工艺中的应用

材料	主　要　技　术
金属	薄板坯连铸连轧、薄带连铸连轧、近终形铸造、粉末冶金、金属注射成形、半固态铸造、喷射沉积成形、超塑成形、快速成形、增材制造
陶瓷	注凝成形、陶瓷注射成形、喷射沉积成形
复合材料	熔融金属直接氧化
塑料	注射成形、快速成形

按照应用领域的不同，近终形制造技术可分为两大分支：

一个分支是零件（产品）制造领域的近终成形或近净成形技术。近净成形技术是指零件成形后，仅需少量加工或不再加工，就可用作机械构件的成形技术。它是建立在新材料、新能源、机电一体化、精密模具技术、计算机技术、自动化技术、数值分析和模拟技术等多学科高新技术成果基础上，改造了传统的毛坯成形技术，使之由粗糙成形变为优质、高效、高精度、轻量化、低成本的成形技术。它使得成形的机械构件具有精确的外形、高的尺寸精度、形位精度和好的表面粗糙度。该项技术包括近终形铸造成形、精确塑性成形、精确连接、精密热处理改性、表面改性、高精度模具等专业领域，并且是新工艺、新装备、新材料以及各项新技术成果的综合集成技术[4]。美国、日本政府和企业在 20 世纪 90 年代将近净成形列为影响竞争力的关键制造工艺技术之一，促进了近净成形技术的迅速发展，一批优质、高效、少或无切削的新型成形与改性技术得到应用，如

3D 打印（增材制造）技术，得到了广泛的应用[5]。

另一个分支是冶金流程制造领域的近终形制造技术。主要包括薄板坯连铸连轧、薄带连铸连轧（又称薄带铸轧）、异形坯连铸、棒线材连铸连轧、管坯连铸以及喷射沉积等[1]。特别是在钢铁制造流程中，追求近终形、短流程制造一直是冶金工业从业者不懈追求的目标。20 世纪 80 年代末世界上第一条薄板坯连铸连轧产线在美国纽柯公司成功投产，标志着近终形制造技术在工业化大生产中取得重大突破。钢铁工业的近终形制造技术力求浇铸尽可能接近最终产品尺寸的铸坯（材），实现连铸连轧甚至铸轧一体，以便进一步减少中间加工工序、节省能源、减少储存和缩短生产时间。与传统工艺相比，近终形制造技术流程短、设备简单、能耗低、成材率高、生产成本低，被认为是近代钢铁工业发展中的一项重大工艺技术革新，也是本书讨论的重点。本书如无特殊说明，"近终形制造技术"均是指冶金流程制造领域的近终形制造技术。

0.2 近终形制造技术的分类及特点

0.2.1 近终形制造技术的分类

近终形制造技术的思想最早可以追溯到 19 世纪。1856 年英国发明家亨利·贝塞麦（Henry Bessemer）首次开始进行钢铁的双辊式薄带连铸试验，第二年申请了薄带连铸的发明专利[6]。之后的一百多年，围绕近终形制造技术，世界上众多冶金工作者进行了大量的探索和实践。目前，近终形制造技术已被成功应用于不同钢铁产品的制造过程：在板带材制造方面，主要有薄板坯连铸连轧、薄带连铸连轧和平面流铸技术；长材制造方面，主要有近终形异形坯连铸和棒线材连铸连轧技术；此外，还包括管坯连铸和喷射沉积成形技术等。近终形制造技术的主要分类如图 0-1 所示。

薄板坯连铸连轧各工序之间紧密连续，采用近终形连铸，减小板坯厚度为 50~130mm，板坯不经过冷却直接热装，在进入轧制前进行在线少量补热，实现连铸连轧。随着技术的不断完善和改进，薄板坯连铸连轧已形成了 CSP、ISP、FTSR、CONROLL、QSP 和 ESP 等多种技术类型和工艺方案，并在工业生产中得到了广泛的应用[7]。

薄带连铸连轧是另一项更为紧凑的热轧板带钢生产工艺，它将连铸和轧制融为一体，直接将钢水浇铸成 1~25mm 厚的近终形薄带钢。薄带连铸连轧工艺方案众多，主要区别在结晶器。按结晶器的不同可分为带式、辊式和辊带式三大类。带式还可分为单带式、双带式；辊式又可分为单辊式、双辊式等。其中，研究最多、发展最快的是双辊式薄带连铸连轧技术。双辊式薄带连铸连轧是以转动的轧辊为结晶器，依靠双辊的表面冷却液态钢水并使之凝固生产薄带钢的技术。其特点是液态金属在结晶凝固的同时，承受压力加工和塑性变形，在很短的时间内完

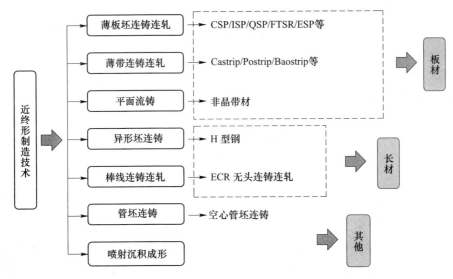

图 0-1　近终形制造技术分类

成从液态到固态薄带的全过程。双辊式薄带连铸连轧极大地缩短了工艺流程，从浇铸到卷取所需要的时间不超过 15min，其生产线长度约为 50m[8]。

平面流铸是另一项在冶金工业中实现工业化规模生产的带材近终形制造技术。平面流铸又称单辊甩带，工艺过程为：熔融的钢水通过一个狭缝喷嘴浇铸在高速旋转的水冷铜辊圆周表面，在极短时间内凝固成薄带，并被剥离、抓取和卷取，最后获得非晶带卷，过程中冷却速度大约为 $10^6 K/s$，熔融的钢水一次成形为厚度为 $20\sim30\mu m$ 的非晶合金带材。非晶合金带材的特征是原子排列呈短程有序、长程无序结构凝聚态组织结构，由于它呈玻璃态的非晶特征而具有传统合金材料无法达到的综合优异性能，以其优异的铁磁性、抗腐蚀性、高耐磨性和高强度而成为一种新的功能材料，被广泛应用于电力电子行业[9]。

在钢铁长材制造中，近终形制造流程发展最成功的主要是生产热轧 H 型钢的异形坯连铸技术和棒线材制造中的连铸连轧技术。

传统 H 型钢生产所用的坯料就是钢锭，后来依次演变为采用连铸大方坯、常规异形坯、板坯和近终形异形坯。其中以钢锭、方坯和板坯为原料，需经均热、开坯和多道次的轧制最终成形。采用近终形异形坯连铸工艺，由于连铸坯已接近成品 H 型钢尺寸，可直接在万能轧机上进行粗轧和精轧，省略了开坯等工序，大大缩短了工艺流程，同时还具有轧制道次少、轧机利用率高、轧制变形均匀、切头少、成材率高等优点，采用近终形异形坯生产 H 型钢是现代轧制 H 型钢生产工艺的重大创新[10]。

在棒线材制造中，类似于薄板坯连铸连轧技术，将钢水在连铸机上浇铸成小断面的钢坯，经隔热罩保护送到加热装置加热到轧制温度，再直接送进单机架或紧凑组合的轧机轧成材，形成生产周期极短的棒线材连铸连轧工艺路线。棒线材连铸连轧技术得到了国内外企业和研究机构的广泛关注，一些技术方案也取得了突破性进展并且在工业化生产中得到了成功实践，比较有代表性的有 ECR 无头连铸连轧和棒线材免加热直接轧制技术[11,12]。

0.2.2　近终形制造技术的特点

近终形制造技术尽量减少变形量或者后续加工环节，在保证最终产品质量的前提下，实现连铸连轧或者铸轧一体，由钢液直接得到最终产品或接近产品。与传统制造流程相比，近终形制造技术具有以下特点（工艺对比见表 0-2）：

（1）工艺简化，占地面积小。薄板坯连铸连轧省去了粗轧工序，生产线长度一般在 180~400m，仅为传统产线的 1/5；薄带连铸连轧将连铸与轧制联系起来，工艺更紧凑，产线长度仅为 50m。

（2）生产周期短。常规制造流程由于连铸与轧制不是连续化的生产过程，生产周期需要 5~6h 甚至数天，薄板坯连铸连轧从冶炼钢水到热轧板卷输出，仅需约 2h；薄带连铸连轧工艺中，从浇铸到卷取所需要的时间不超过 15min。较短

表 0-2　传统板坯连铸制造流程与板材近终形制造技术工艺对比

工艺配置示意图	产线长度/m	冷却速率/K·s^{-1}	铸坯厚度/mm	拉(铸)速/m·min^{-1}
传统流程	约 1000	10^0~10^1	210~250	0.8~2.5
薄板坯连铸连轧	180~400	10^1~10^2	50~130	3.5~7.0
双辊式薄带连铸连轧	约 50	约 10^3	1.4~2.1	60~120
平面流铸	约 30	约 10^6	0.02~0.03	1200~1500

的生产周期，可减少生产环节中流动资金的占用，降低制造成本[13]。

（3）定员少，劳动生产率高。薄板坯连铸连轧产线的定员不到常规产线的1/4，劳动生产率提升一倍；采用棒线材连铸连轧的工厂，定员可减少20%。

（4）能耗低，排放减少。薄板坯连铸连轧铸坯尺寸较薄，降低了后续轧制工序的能源消耗，同时由于实现了连铸连轧，铸坯仅需少量补热，避免了常规制造流程所需的大量能源消耗；薄带连铸连轧工艺更简约高效，能耗仅为传统流程的11%，温室气体排放量为传统流程的18%[14]。

（5）金属收得率高。采用了无头轧制技术的薄板坯连铸连轧产线，避免了铸坯的切头切尾，减少了轧制过程的穿带和甩尾，金属收得率可达98%；采用无头轧制的棒线材连铸连轧产线金属收得率超过99%。

（6）铸坯凝固速度快。与传统流程相比，薄板坯连铸连轧的铸坯冷却速率提高了十多倍，薄带连铸连轧更是实现了铸坯的亚快速凝固（$10^2 \sim 10^3$K/s）[15]。利用快速凝固效应，近终形制造技术能生产出轧制工艺难以生产的材料以及具有特殊性能的新材料。

0.3　热轧板带近终形制造技术的发展

在众多近终形制造技术中，以薄板坯连铸连轧和薄带连铸连轧技术为代表的热轧板带近终形制造技术在冶金工业中的影响和意义最大。研究实践表明，与传统热轧板带制造流程相比，薄板坯连铸连轧可降低能耗约40%，降低温室气体排放量约36%，而薄带连铸连轧能耗仅为传统流程的11%，温室气体排放量仅为传统流程的18%。当前我国钢铁工业正面临着资源、能源和环境的严峻挑战，热轧板带近终形制造技术从源头上实现了工业制造过程的节能减排，是钢铁工业转型升级和绿色发展的重要方向。本书后文内容将重点围绕薄板坯连铸连轧和薄带连铸连轧这两项具有代表性的热轧板带近终形制造技术展开。

早期的热轧板带生产采用模铸工艺，钢水先铸成钢锭，然后经过均热、初轧开坯成为钢坯，经冷却，重新加热，再经粗轧和精轧得到热轧宽带钢。随着技术的发展，连铸工艺逐渐取代模铸工艺，成为了常规的热轧板带生产工艺。连铸过程中，钢水连铸成210~250mm厚的板坯，省去了初轧开坯工序，提高了生产效率。不管是模铸工艺，还是常规的连铸工艺，整个生产过程中钢水冶炼和钢坯铸造在炼钢厂或车间进行，钢坯冷却后再送往轧钢厂或车间进行加热和轧制，炼钢工序和轧钢工序相对独立，生产不连续。薄板坯连铸连轧和薄带连铸连轧为代表的近终形制造技术，尽量压缩连铸坯厚度减少后续加工量，与常规生产工艺相比，整个生产线明显缩短（图0-2）。因此，追求简约、高效、连续的近终形制造技术一直都是冶金工业技术研发的重要方向。

20世纪50年代，基于贝塞麦的双辊式铸轧工艺思想，美国亨特（Hunter）

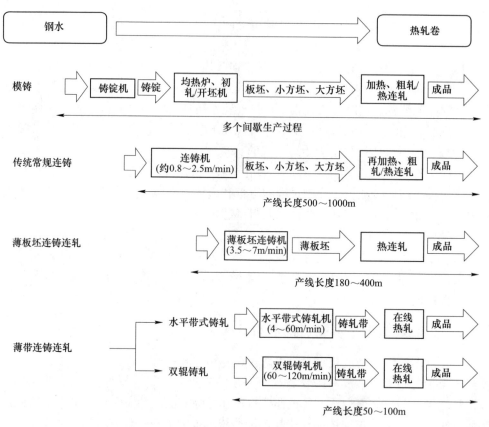

图 0-2　热轧板卷生产工艺流程比较

和道格拉斯（Douglas）两家公司联合研发，率先成功开发了铝合金板带的双辊式铸轧生产工艺，随后在铝合金制造及有色金属工业中得到了广泛的推广应用[16]。但是在钢铁工业的应用中，由于制造技术和控制技术等相关技术发展不足，过程控制较为困难，产品品质较差，20 世纪 80 年代以前近终形制造技术的工业化应用一直处于停滞状态。

0.3.1　薄板坯连铸连轧技术的发展

1989 年，西马克开发的紧凑式热带生产技术 CSP（Compact Strip Production）产线率先在美国纽柯建成投产，标志着薄板坯连铸连轧技术在世界上首次实现了工业化生产。CSP 技术成功实现商业化运作，有力促进了薄板坯连铸连轧技术的不断改进和完善，并掀起了全球薄板坯连铸连轧产线的建设高潮，包括奥钢联开发出的 CONROLL 技术、德马克开发的 ISP（Inline Strip Production）技术、达涅利开发的 FTSR（Flexible Thin Slab Rolling）技术、日本住友金属开发的 QSP（Quality Slab Production）技术等也相继实现了商业化生产。

2009 年，世界第一条薄板坯连铸连轧无头轧制 ESP 产线在意大利阿维迪正式投产，标志着薄板坯连铸连轧技术再次得到突破，真正实现了制造过程的全连续化。截至目前，全球已建成薄板坯连铸连轧产线达到 70 条 107 流，年生产能力超过 1.3 亿吨。

1999 年，珠钢引进投产了我国第一条薄板坯连铸连轧产线，由此拉开了我国薄板坯连铸连轧技术工业化发展的序幕。截至目前，我国共建成 20 条产线，是世界上薄板坯连铸连轧产线最多、产能最大的国家，占全球产能 37%，并且各种技术比较齐全，包括薄板坯连铸连轧技术如 CSP、中薄板坯连铸连轧技术如 FTSR、半无头轧制技术如涟钢的 CSP、无头轧制技术如日照的 ESP 等。另外，自主设计的鞍钢 ASP 技术也得到了成功应用。

目前，我国尚有多条无头轧制产线在建，这些产线全部建成投产后，我国薄板坯连铸连轧产线的总产能将接近 6000 万吨，在我国热轧宽带钢产能中的占比已经超过 1/5。薄板坯连铸连轧已经成为我国热轧带钢的重要生产方式，在我国钢铁工业中占有举足轻重的地位。

0.3.2　薄带连铸连轧技术的发展

20 世纪 80 年代由于能源危机加剧，加上快速凝固技术的发展，钢的薄带连铸连轧技术又引起了国际上的广泛关注和高度重视，成为各国冶金界竞相研究开发的热点，几乎所有大的钢铁企业和一些知名院校（如麻省理工学院、牛津大学等）都在这方面展开了研究。据不完全统计，全世界有超过 70 多个薄带连铸连轧研究项目，其中大部分项目是研究双辊式薄带连铸连轧工艺[17]。同时随着连铸技术的飞速发展，特别是薄板坯连铸连轧技术工业化的巨大成功，最终导致了早期许多薄带连铸连轧研发项目被暂停或终止，只有少数几个项目取得了工业化或半工业化的成功应用。

日本新日铁 1996 年在光厂（Hikari）建成了世界上最早投入工业化生产的薄带连铸连轧生产线（生产不锈钢），美国纽柯在 2002 年建成了世界上第一条碳钢商业化薄带连铸连轧生产线（Castrip）。此外建成工业化产线的还包括德国蒂森克虏伯（Eurostrip）、韩国浦项（poStrip）和德国 Salzgitter（BCT），宝钢于 2013 年在宁波建成了我国首条薄带连铸连轧工业化示范生产线（Baostrip）。日本新日铁和德国蒂森克虏伯后来因种种原因已暂停了实验和生产，目前仍在继续进行工业性生产的主要是纽柯 Castrip、浦项 poStrip、德国 Salzgitter（BCT）和宝钢 Baostrip。

美国纽柯公司的 Castrip 工艺发展最为顺利，除了在美国已投产两条生产线外，Castrip 工艺还被墨西哥 Tyasa 和我国沙钢引进。2018 年 1 月，沙钢 Castrip 产线顺利过钢并成功出卷。沙钢的 Castrip 超薄带生产线是中国首条、世界第三条

Castrip 生产线。2019 年 3 月，沙钢宣布该产线实现了工业化生产。

韩国浦项于 2006 年建成了 poStrip 不锈钢薄带连铸连轧生产线，目前在进行半工业性生产的同时，正在进一步开展铁素体不锈钢和高锰钢等特殊钢研究开发。

德国 Salzgitter 与西马克合作于 2012 年建成的 BCT 生产线是世界上首条水平单带式连铸（HSBC）工业化生产线。

经过 160 多年的发展，薄带连铸连轧技术处于工业化阶段，大多没有实现商业化生产，技术的稳定性和高的制造成本是制约薄带连铸连轧技术产业化的主要因素。

参 考 文 献

[1] 李祖德. 粉末冶金论著中术语和用词辨析二十一题（2）[J]. 粉末冶金技术, 2015, 33 (6): 474-477.

[2] 李正邦. 钢铁冶金前沿技术 [M]. 北京: 冶金工业出版社, 1997.

[3] Marini D, Cunningham D, Corney J R. Near net shape manufacturing of metal: A review of approaches and their evolutions [J]. Proceedings of the Institution of Mechanical Engineers Part B, Journal of Engineering Manufacture, 2015: 095440541770822.

[4] 王济昌. 现代科学技术知识简明词典 [M]. 北京: 兵器工业出版社, 2006.

[5] 王毅, 王瑞新, 邹林, 郭俊亮. 先进近净成形技术在军工领域的推广研究 [J]. 新技术新工艺, 2013 (12): 12-14.

[6] Bessemer H. J. Iron Steel Inst., 1891 (1).

[7] 毛新平, 高吉祥, 柴毅忠. 中国薄板坯连铸连轧技术的发展 [J]. 钢铁, 2014, 49 (7): 49-60.

[8] 方园, 崔健, 于艳, 樊俊飞. 宝钢薄带连铸技术发展回顾与展望 [J]. 宝钢技术, 2009 (S1): 83-89.

[9] 周少雄. 新材料发展趋势及非晶功能材料简述. 内部资料, 2015.

[10] 包喜荣, 陈林. 轧钢工艺学 [M]. 北京: 冶金工业出版社, 2013.

[11] 张晓明. 实用连铸连轧技术 [M]. 北京: 化学工业出版社, 2008.

[12] 刘相华, 刘鑫, 陈庆安, 罗光政. 棒线材免加热直接轧制的特点和关键技术 [J]. 轧钢, 2016, 33 (1): 1-4.

[13] 任吉堂, 朱立光, 王书桓. 连铸连轧理论与实践 [M]. 北京: 冶金工业出版社, 2002.

[14] 毛新平, 等. 我国钢铁工业近终形制造流程发展战略研究 [R]. 中国工程院咨询研究项目, 2017.

[15] 王成全, 于艳, 方园. 亚快速凝固技术的研究进展 [J]. 钢铁研究学报, 2005 (5): 11-15.

[16] 孙斌煜. 板带铸轧理论与技术 [M]. 北京: 冶金工业出版社, 2002.

[17] 李国义, 蔡广, 李连智. 双辊连铸技术发展概述 [J]. 冶金设备, 1993 (2): 23-28.

第一篇　薄板坯连铸连轧技术

1 薄板坯连铸连轧技术发展历程

1.1 薄板坯连铸连轧技术提出的背景及初衷

第二次世界大战之后，随着全球经济的复苏以及氧气转炉炼钢和连铸技术的开发与应用，钢铁工业发生了翻天覆地的变化，呈现出惊人的增长态势，粗钢产量由 1950 年的 1.9 亿吨增加到 1979 年的 7.5 亿吨。但是，20 世纪 70 年代末及 80 年代发生的两次石油危机，导致世界粗钢产量的增长速度大幅度放缓，甚至略有下降，如图 1-1 所示。钢铁工业面临着各方面的结构调整，在推进钢铁企业大型化、全球化的同时，钢铁工业迫切需要新的工艺和装备，改变传统制造流程，提高竞争能力[1]。

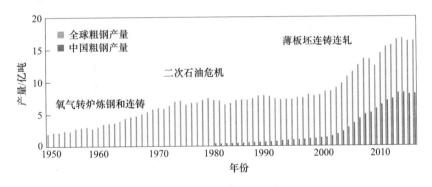

图 1-1　1950~2016 年全球粗钢产量的变化情况

薄板坯连铸连轧技术的出现，适应了这种客观形势的需要。其技术提出的初衷，一方面是采用近终形连铸[2]，减小连铸坯厚度，以最大限度地减少轧机机架数量，降低轧制工序的能源消耗；另一方面是采用连铸坯直接轧制工艺，板坯出连铸机之后直接送入均热炉，以提高工序的连续性，减少补充热量造成的能源消耗。通过采用上述技术，实现以最短的生产工艺流程生产热轧板带，取得低能耗、低排放、低投资、低成本、快节奏的生产方式及经济效益。薄板坯连铸连轧是近三十年来世界钢铁工业取得的重要技术进步之一，是继氧气转炉炼钢、连续铸钢之后，又一项带来钢铁工业技术变革的新技术[3]。

1.2 全球薄板坯连铸连轧技术的发展历程

1.2.1 全球薄板坯连铸连轧产线建设情况

自 1989 年美国纽柯第一条 CSP 产线投产以来，薄板坯连铸连轧技术已得到广泛的推广应用。对全球薄板坯连铸连轧历年产线数量和产能变化情况进行统计分析，结果如图 1-2 和图 1-3 所示。可见，自工业化应用以来，薄板坯连铸连轧的产线数量和产能总体呈现增长的态势，特别是 1994 年以后得到爆发性增长。但是，近年来受到全球钢铁产能过剩的影响，产线建设的增速有所放缓。

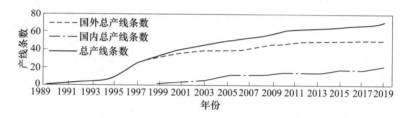

图 1-2　全球薄板坯连铸连轧产线历年数量情况

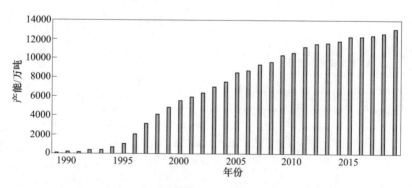

图 1-3　全球薄板坯连铸连轧产线历年产能情况

图 1-4 和图 1-5 为全球薄板坯连铸连轧历年新增产能和产线数量情况。由图可以看出，1997 年前后是全球产线数量和产能增长速度最快的时期，随后进入相对平稳的增长期。

截至 2020 年，全球已建成薄板坯连铸连轧产线达到 70 条 107 流，年生产能力超过 1.3 亿吨，如表 1-1 所示。目前已投入商业运行的薄板坯连铸连轧技术主要包括德国西马克公司开发的 CSP 技术、意大利达涅利公司开发的 FTSR 技术、奥地利奥钢联公司开发的 CONROLL 技术、德国德马克公司开发的 ISP 技术、日

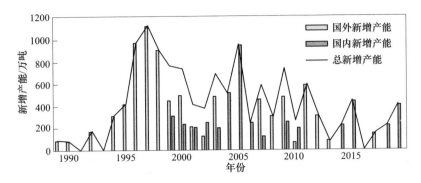

图 1-4　全球历年薄板坯连铸连轧新增产能情况

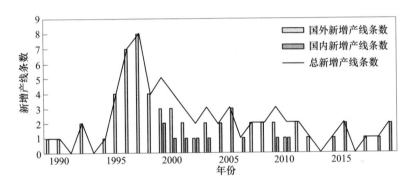

图 1-5　全球历年薄板坯连铸连轧新增产线数量

本住友公司开发的 QSP 技术、中国鞍钢开发的 ASP 技术[4]、意大利阿维迪开发的 ESP 技术以及韩国浦项的 CEM 技术等。

表 1-1　全球薄板坯连铸连轧生产线统计

国家和地区	生产线条数									合计	年生产能力/百万吨	铸机流数
	CSP	ISP	FTSR	QSP	CONROLL	TSP	ESP/CEM	ASP	MCCR/DSCC			
中国	7		3				4	4	2	20	47.91	36
美国	9			2	1	5				17	29.70	23
印度	4									4	11.40	9
意大利	2	1					1			4	4.30	4
韩国	1	1	1				1			4	8.60	7
伊朗	2		1							3	2.54	3

续表 1-1

国家和地区	生产线条数									合计	年生产能力/百万吨	铸机流数
	CSP	ISP	FTSR	QSP	CONROLL	TSP	ESP/CEM	ASP	MCCR/DSCC			
西班牙	2									2	2.71	3
加拿大		1	1							2	2.95	3
泰国	1			1						2	2.70	2
埃及	1		1							2	2.30	2
德国	1									1	2.00	2
俄罗斯			1							1	1.20	1
奥地利						1				1	0.80	1
瑞典						1				1	0.80	1
墨西哥	1									1	1.50	2
南非	1									1	1.40	2
马来西亚	1									1	3.20	2
荷兰	1									1	1.30	1
捷克					1					1	1.00	1
土耳其			1							1	2.40	2
总计	34	3	9	3	4	5	6	4		70	130.71	107

　　图 1-6 为薄板坯连铸连轧不同技术类型产线的分布情况。由图可以看出，在不同技术类型的薄板坯连铸连轧产线中，CSP 技术的产线数量约占全球总量的 50%。其次是 FTSR，约占 13%，其余技术类型各占 4%~10%。

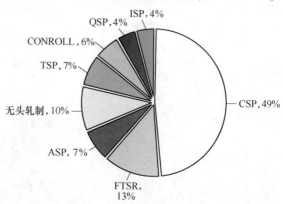

图 1-6　全球薄板坯连铸连轧不同技术类型产线分布

1.2.2　全球薄板坯连铸连轧技术的发展阶段划分

根据薄板坯连铸连轧技术的成熟度及工业化水平，可将该技术的发展划分为以下五个阶段：

（1）技术萌芽期（1989 年以前）。20 世纪 60 年代，苏联和英国的一些实验室曾开展过相关的试验研究。80 年代中期以后，国际上多家公司开展了大量的相关工业化研究和开发[5,6]。1985 年，德国西马克（SMS）设计了一种使用漏斗形结晶器和优化浸入式水口的新型薄板坯连铸机，并于次年成功地以 6m/min 的拉速生产出了 50mm×1600mm 的薄板坯。该技术与热连轧机组相衔接即为其后快速发展的 CSP 技术。1987 年，德国德马克公司（MDH）开发了具有薄片形长水口和平行铜板结晶器的薄板坯连铸机，并以 4.5m/min 的拉速在意大利阿维迪热轧生产线上生产出 60mm×900mm 和 70mm×1200mm 的薄板坯，并在此基础上发展出了 ISP 技术。1988 年，奥钢联（VAI）采用薄平行板形结晶器和薄片形浸入式水口对瑞典阿维斯塔（Avesta）的传统连铸机进行改造，生产出了厚度为 70mm 的不锈钢薄板坯。该技术即为其后 CONROLL 技术的前身。与此同时，意大利的达涅利、日本住友金属等公司也进行了相关研究[7]。

（2）工业化初期（1989~1993 年）。1989 年 7 月，由德国西马克开发的全球第一条 CSP 生产线在美国纽柯钢铁公司克劳福兹维尔钢厂建成投产，标志着薄板坯连铸连轧技术在世界上首次实现了工业化生产[8]。随后，奥钢联开发出 CONROLL 工艺，并于 1990 年在林茨厂建成一条年产 80 万吨的 CONROLL 产线。1992 年 1 月，意大利阿维迪克莱蒙纳厂（Arvedi Cremona）投产了世界第一条 ISP 产线，该产线使用了德马克的技术，年产能为 50 万吨。1992 年 8 月，纽柯的第二条 CSP 产线在希克曼（Nucor Hickman）投产。在此期间，达涅利开发的 FTSR 技术、日本住友金属开发的 QSP 等技术也进入了半工业试验阶段。这一时期出现的技术，其特点可以概括为：采用电炉短流程供应钢水，电炉的公称容量一般在 100~150t；采用单流铸机，年产能不大于 80 万吨；生产的产品主要是含碳 0.04%~1.0%的碳钢，产品最薄为 1.2mm。

（3）快速成长期（1994~1999 年）。CSP 等工艺技术成功实现商业化运作，极大提高了钢铁业界对薄板坯连铸连轧技术的创新和实践热情。钢铁企业、设备供应商、大学及研究机构都积极地针对工业化初期出现的关键工艺装备、生产效率、产品质量等问题，开展了相关研究，有力促进了薄板坯连铸连轧技术的不断改进和完善，并掀起了全球薄板坯连铸连轧产线的建设高潮。1994~1999 年，全球共改造和新建投产了 31 条薄板坯连铸连轧生产线。至此，全球共建成薄板坯连铸连轧产线 35 条，总产能约为 4898 万吨。除西马克的 CSP 技术和德马克的 ISP 技术继续拓展其商业应用外，奥钢联的 CONROLL 技术、达涅利的 FTSR 技术、住友金属的 QSP 技术、三星与蒂平斯开发的 TSP（Tippins-Samsung Process）技术等陆续实现了商业化。

在这一时期，西马克、德马克以及达涅利对其技术进行了进一步的优化[2,3]。西马克增加了铸坯的厚度，减小了漏斗形结晶器连续变截面的变化程度；同时，在二冷段采用了液芯压下技术，目的是在保持原有薄板坯厚度的前提下，进一步改善铸坯的内部及表面质量。此外，为稳定结晶器液面、提高浇铸速度，优化了浸入式水口形状，并采用了结晶器液压振动；为改善带钢的表面质量，开发了压力达 40MPa 的高压水除鳞装置，并缩小了喷嘴与板坯的距离。德马克将平行板形结晶器改为橄榄形，优化了浸入式水口的形状，加大了铸坯厚度。例如，在浦项项目中将铸坯厚度由 60mm 增加到 75mm，以改善铸坯内部和表面质量，提高产量。该公司还对板坯温度控制设备进行了不断改进，先是用无芯轴的步进式热卷箱代替原来的带芯轴的双热卷箱，最后又采用直通式辊底炉，使铸轧衔接更顺畅合理。达涅利公司则发展完善了漏斗形结晶器的设计思想，将漏斗形曲线穿过结晶器延伸到扇形段，开发出 H^2 结晶器（或称凸透镜形结晶器）。

（4）稳定发展期（2000~2008 年）。2000 年以后，薄板坯连铸连轧技术经过前期的工业化实践，工艺、装备以及自动控制系统不断完善。2000~2008 年，国外又扩建、新建 13 条新产线，包括前期投产的纽柯伯克利 CSP、印度德罗伊斯帕特多尔维 CSP、西班牙 ACB 比斯卡亚 CSP 等 3 条产线进行了扩建。这一时期，薄板坯连铸连轧产线与转炉的匹配逐渐增多，以半无头轧制技术为特征的第二代薄板坯连铸连轧技术也得到广泛应用。德国 TKS 的 CSP 机组、荷兰 Corus 的 CSP 机组、埃及 EHI 的 FTSR 机组，以及我国唐钢、本钢、通钢的 FTSR 机组，马钢、涟钢的 CSP 机组等都可以实现半无头轧制技术。这一时期的技术更加注重连铸机与热连轧机产能的匹配以及高附加值产品的开发，具有以下突出特点[9]：1）铸坯厚度增厚到 70~90mm，铸机冶金长度也相应增加；2）采用了液芯压下、电磁制动、漏钢预报等连铸新技术；3）铸机通钢量提高到 3.3~3.7t/min；4）隧道炉长度延长到 240~300m；5）轧机组成以 6~7 架精轧机或 1~2 架粗轧与 5~6 架精轧匹配，轧机主电机功率增大；6）扩大了厚度 ≤2.0mm（特别是 ≤1.5mm）的产品比例；7）采用半无头轧制技术、铁素体轧制技术、超薄规格轧制技术；8）生产线产能进一步提高，单流生产能力可达 120 万~150 万吨，双流可达 200 万~300 万吨。

（5）新技术推动期（2008~2017 年）。在这一时期，薄板坯连铸连轧技术再次得到突破，真正实现了制造过程的全连续化，并得到了快速发展。2009 年 2 月，全球第一条薄板坯连铸连轧无头轧制产线，即意大利阿维迪的 ESP 产线正式投产。随后韩国浦项与达涅利合作，完成了对光阳厂原有 ISP 生产线的无头轧制改造，诞生出了 CEM 技术。这一时期的技术主要特征如下：1）首次实现了从钢水到地下卷取机整个制造过程的全连续，真正意义上实现了带钢的全无头轧制；2）不再一味地追求近终形，为保证产量和质量，铸坯厚度略有增加，拉速也提高至 5.5~7.0m/min，因此其钢通量也大幅度提高，可达 5.0~6.5t/min；3）薄规格产品的生产能力进一步提高；4）工序能耗进一步降低，带钢全长的均匀性和产品的成材率进一步提高。

如果把轧制工艺的连续性作为划分薄板坯连铸连轧技术先进性的标志，那么也可以将薄板坯连铸连轧技术的发展历程划分为三代，如图 1-7 所示，三代技术的主要工艺特征如表 1-2 和表 1-3 所示。第一代技术以单坯轧制为主要技术特征，第二代技术发展为半无头轧制，第三代薄板坯连铸连轧技术则以完全连续化生产的无头轧制为主要特点。此外，在第三代技术中，铸坯厚度增加，拉坯速度提高，钢通量大幅度提高；由于无均热炉（或长度缩短）、逆向温度场轧制等因素，工序能耗显著降低，约 30%~50%；氧化铁皮烧损少，金属收得率、成材率提高；轧钢过程无切头切尾，带钢头尾性能及板形无差异无需切除，生产薄规格产品时金属收得率高、成本低。

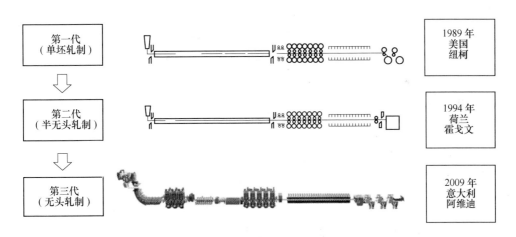

图 1-7 薄板坯连铸连轧三代技术划分

表 1-2 薄板坯连铸连轧三代技术的工艺特征

技 术 特 征	第一代	第二代	第三代
标志性特征	单坯轧制	半无头轧制	全无头
铸坯厚度/mm （未考虑 CONROLL、QSP 及 ASP）	45~70	55~90	80~123
1300mm 钢通量/t·min^{-1}	3~3.5	3.5~4.5	5.0~6.5

技 术 特 征	第一代	第二代	第三代
铸坯轻压下方式	液芯压下	液芯压下/凝固末端动态轻压下	液芯压下+凝固末端动态轻压下
加热模式	约 200m 辊底炉	200~315m 辊底炉	约 10m 电磁感应加热；80m 辊底炉+10m 电磁感应加热
轧机架数	6	7	8
轧制速度制度	恒速轧制	变速轧制	恒流量轧制
最小厚度规格/mm	1.2	0.8	0.8
生产线长度/m	170~360	390~480	170~290

表 1-3 半无头轧制与无头轧制技术差异分析

技术指标	半无头轧制	无头轧制
连续轧程	短，4~7 卷	长，一个辊期
目标规格比例	20%~50%	90%以上
过渡卷（带出品）	多	少
成材率	低	高
板形质量	一般	好
轧制过程	在不断变化中轧制，升/降速轧制、动态变规格，不断的板形调整	在一个辊期开始和结束是变化的，中间过程可以根据订单计划稳定轧制
操作难度	大	小
设备功能精度要求	高	高

1.3 我国薄板坯连铸连轧技术的发展历程

1.3.1 我国薄板坯连铸连轧产线建设情况

薄板坯连铸连轧技术在我国也得到了快速发展。1996 年冶金部主导捆绑引进三条 CSP 产线，由此拉开了我国薄板坯连铸连轧技术工业化发展的序幕。截至 2020 年 5 月，我国共建成 20 条产线，如表 1-4 所示。目前，我国是全球拥有薄板坯连铸连轧产线最多、产能最大的国家，产能占比超过 34%，并且各种技术比较齐全，包括薄板坯连铸连轧技术如 CSP、中薄板坯连铸连轧技术如 FTSR、半无头轧制技术如涟钢的 CSP、无头轧制技术如日照的 ESP 等。另外，自主设计的鞍钢 ASP 技术也得到了成功应用。

表1-4　我国已建薄板坯连铸连轧生产线

序号	企业名称	技术	连铸流数	铸坯厚度/mm	成品厚度/mm	年生产能力/万吨	投产时间
1	珠钢	CSP	2	50~60	1.2~12.7	180	1999年8月
2	邯钢	CSP	2	60~90	1.2~12.7	250	1999年12月
3	包钢	CSP	2	50~70	1.2~12.0	200	2001年8月
4	鞍钢	ASP	2	100~135	1.5~25.0	240	2000年7月
5	鞍钢	ASP	4	135~170	1.5~25.0	500	2005年
6	马钢	CSP	2	50~90	0.8~12.7	200	2003年9月
7	唐钢	FTSR	2	70~90	0.8~12.0	250	2002年1月
8	涟钢	CSP	2	55~70	0.8~12.7	240	2004年2月
9	本钢	FTSR	2	70~85	0.8~12.7	280	2004年11月
10	通钢	FTSR	2	70~90	1.0~12.0	250	2005年12月
11	济钢	ASP	2	135~150	1.5~25.0	250	2006年11月
12	酒钢	CSP	2	52~70	1.2~12.7	200	2005年5月
13	武钢	CSP	2	50~90	1.0~12.7	253	2009年2月
14	鞍钢	ASP	2	100~135	0.8~12.7	200	2010年11月
15	日照	ESP	1	90~110	0.8~6.0	222	2014年11月
16	日照	ESP	1	90~110	0.8~6.0	222	2015年5月
17	日照	ESP	1	90~110	0.8~6.0	222	2015年9月
18	日照	ESP	1	90~110	0.6~6.0	222	2018年3月
19	首钢京唐	MCCR	1	110/123	0.8~12.7	210	2019年4月
20	唐山东华	DSCCR	1	70~100	0.8~4.5	200	2019年6月
总计			36			4791	

此外，我国尚有多条无头轧制产线在建，这些产线全部建成投产后，我国薄板坯连铸连轧产线的总产能将接近6000万吨/年，在我国热轧宽带钢产能中的占比超过1/5。薄板坯连铸连轧已经成为我国热轧带钢的重要生产方式，在我国钢铁工业中占有举足轻重的地位。

1.3.2　我国薄板坯连铸连轧技术的发展阶段划分

根据我国薄板坯连铸连轧技术发展不同时期的技术和产业特征，同样可将其发展历程划分为以下五个阶段。

（1）探索引入期（1984~1999年）。"七五"和"八五"期间，由冶金部钢铁研究总院牵头，兰州钢厂和冶金部自动化院等单位参与，分别开展了重点攻关课题"薄板坯连铸连轧技术研究"和"中宽带薄板坯连铸连轧成套技术研究"

等研究工作，并于 1990 年建成国内第一台薄板坯连铸试验机组，1991 年生产出我国第一块 50mm×900mm 连铸坯。该项目研制成功薄板坯连铸保护渣、浸入式水口和椭圆双曲面内腔的变截面结晶器等三大关键技术[10]。除 50mm×900mm 的试验铸坯外，还试铸了断面为 70mm×900mm、70mm×500mm 的连铸坯，铸坯合格率在 90% 以上。此外，大连重机厂也开展了薄板坯连铸机的研制开发工作，并在 1994 年 5 月成功地拉出了 56mm×900mm 的薄板坯。该厂研制的连铸机结晶器为直弧形，使用了超薄水口，铸机生产时拉速范围在 3~4m/min 之间。随后，该厂进行了薄板坯液芯压下的试验，生产出 47mm×900mm 的薄板坯[11]。

1992 年 9 月，原国家计委批准珠钢建设年产 80 万吨的薄板坯连铸连轧产线。1994 年原冶金工业部提出以市场换技术的方针，计划珠钢、邯钢和包钢以项目捆绑的方式一次购买三条薄板坯连铸连轧产线。在此期间，来自企业和设计院等方面的国内各相关专业的技术人员与当时技术相对成熟的西马克和德马克就引进 CSP 和 ISP 产线进行了深入、系统的交流。讨论的关键问题包括：1）CSP 和 ISP 技术合理性，作为最早开发成功的薄板坯连铸连轧技术，究竟谁代表了薄板坯连铸连轧技术的发展方向；2）生产组织问题，炼钢—连铸—均热炉—轧机生产工序如何高度衔接，按照当时钢铁企业管理水平，这难以想象；3）高拉速条件下的连铸顺行和产能问题，漏钢率、连浇炉数、铸坯厚度、铸坯表面质量等指标成为争议的焦点；4）产品质量问题，尤其是表面质量问题。通过这一阶段引进设备的技术谈判，我国相关专业的技术人员对薄板坯连铸连轧技术的工艺、设备和控制系统，特别是关键技术和装备有了全面系统的了解。

基于人们当时的认识和技术发展水平，珠钢、邯钢和包钢捆绑引进的三条薄板坯连铸连轧产线采用的是第一代 CSP 技术，主要技术特征是：采用单坯轧制技术，精轧机组采用 6 个机架，恒速轧制，产品最薄厚度为 1.2mm，均热炉长度约为 200m，最高轧制速度为 12.6m/s，轧机主电机容量为 4.0 万~5.5 万千瓦。

薄板坯连铸连轧技术进入市场的初期主要是与电炉炼钢技术配合，用于新建中小型钢厂，从而使中小型钢厂以比较低的投资，迅速进入有史以来一直被大型钢铁联合企业所垄断的扁平材市场。基于当时的国情，邯钢和包钢首次采用了转炉—薄板坯连铸连轧流程。转炉工艺提供的优质、低成本的钢水有助于薄板坯连铸连轧生产线生产出高质量、更具竞争力的产品，使薄板坯连铸连轧技术具有更广阔的市场前景。我国已有的 13 套薄板坯连铸连轧产线除珠钢外其他产线均采用了转炉—薄板坯连铸连轧流程。

这一时期标志性的事件是 1999 年 8 月 26 日珠钢电炉—薄板坯连铸连轧产线成功热试，顺利生产出我国第一个采用薄板坯连铸连轧技术生产的热轧板卷。

（2）消化吸收期（1999~2002 年）。珠钢、邯钢和包钢三条 CSP 产线的相继建成投产拉开了我国对薄板坯连铸连轧技术和装备消化、吸收、再创新的序幕。

国内相关院校、设备制造企业、关键材料供应商等围绕薄板坯连铸连轧技术的基础理论、工艺技术、重大装备、关键材料等展开了系统的研究工作，例如：

1）薄板坯连铸连轧基础研究的开展。相关研究机构就薄板坯连铸连轧流程凝固特征、物理冶金规律、微观组织特征以及强化机理等开展了系统研究，北京科技大学和珠钢首次发现薄板坯连铸连轧产品中纳米粒子的存在[12]。

2）关键设备和材料的国产化。如西峡龙成和钢铁研究总院针对薄板坯连铸结晶器，西保集团针对保护渣，首钢冶金机械厂针对扇形段，邢台轧辊针对薄板坯连铸连轧专用轧辊等进行了大量国产化研究试验并取得成功[13]。

3）符合薄板坯连铸连轧流程特点的产品开发。发挥薄板坯连铸连轧流程温度均匀的特点，批量生产超薄规格产品；发挥薄板坯连铸连轧流程产品组织均匀细小、析出物弥散的特点，首次基于薄板坯连铸连轧流程采用 C-Mn 钢化学成分开发出抗拉强度达 500MPa 级的系列产品；特别是珠钢结合电炉流程特点开发并批量生产集装箱板。

先期投产的三条薄板坯连铸连轧产线三年的生产实践表明，我国不仅能够驾驭薄板坯连铸连轧产线，而且主要关键工艺技术指标和达产速度均达到或超过国际先进水平。

（3）推广应用期（2002~2008 年）。薄板坯连铸连轧技术最初主要生产低档次扁平材，随着薄板坯连铸连轧技术的不断发展和完善，特别是先期投入使用的三条产线快速达产并取得良好的经济效益，人们逐步认识到薄板坯连铸连轧技术所特有的优势，对薄板坯连铸连轧技术的要求不仅是生产中、低档次产品，而是从品种、质量和产量等方面提出更高的要求。同时由于在 2002~2008 年期间，我国钢铁工业进入前所未有的高速发展期，钢产量年均增长速度超过 20%，热轧板卷需求急剧膨胀。上述因素推动了薄板坯连铸连轧技术在我国的广泛推广应用[14,15]。在此期间，我国共建设了 9 条 20 流具有第二代薄板坯连铸连轧技术特征的产线，其主要技术特征是采用半无头轧制技术，精轧机组采用 7 个机架、升速轧制，产品最薄厚度为 0.8mm，均热炉长度约为 250~315m，最高轧制速度为 22.0m/s，轧机主电机容量为 6.7 万~7.0 万千瓦。这一时期建设的产线具备了下列特点：

1）产品的品种范围不断扩大，质量、产量日趋提高，接近传统流程生产水平和能力。

① 生产能力提高，实现连铸工序与热轧工序的经济配置。初期的单流薄板坯连铸机的生产能力为 50 万~80 万吨/年，如意大利阿维迪钢厂的 ISP 生产线设计生产能力为 50 万吨/年，美国纽柯 1 号线设计生产能力为 80 万吨/年，而这一时期建设的薄板坯连铸连轧产线具备更高的产能，如唐钢 FTSCR 产线 2005 年产量达到 301 万吨，是世界上首家年产量突破 300 万吨的薄板坯连铸连轧产线[16]。

② 产品范围不断拓宽。这一时期建设的薄板坯连铸连轧产线的产品覆盖了 12 大类热轧带钢产品中的 10 个大类，另有奥氏体不锈钢和含 C ≥ 0.6%、Mn ≥ 0.45% 的高碳钢两类处于试生产阶段。珠钢首次采用单一 Ti 微合金化技术开发并批量生产屈服强度 700MPa 级高强钢；马钢 CSP 产线生产的冷轧基料实现大批量生产。包钢也开展了双相钢的生产试制。

③ 产品质量进一步提高。薄板坯连铸连轧技术开发初期曾定位于低成本生产中、低档次产品，随着技术的不断发展和完善，特别是薄板坯连铸的核心技术——结晶器的结构和参数以及保护渣技术的不断优化，产品质量有了较大幅度提高。

④ 设备配置不断完善。人们在继承和发挥最初的薄板坯连铸连轧技术投资少、生产成本低等优点的同时，随着对产品质量、品种的更高要求，不断地发展和完善原有的技术和装备，例如，热连轧机的配置由最初纽柯 1 号线的 4 机架，逐步发展到普遍采用的 7 机架配置。特别是为实现半无头轧制又配置了复杂的高速飞剪和轮盘式卷取机等装备。此外，结晶器漏钢预报系统、液芯压下、电磁制动等技术得到了广泛应用。

⑤ 机组速度提高。第二代的薄板坯连铸连轧技术采用半无头轧制技术，为此，产线的轧制速度相对于第一代的薄板坯连铸连轧技术有较大幅度的提高，并采用升速轧制工艺，如涟钢和马钢的 CSP 产线最高轧制速度达 22m/s，接近传统热连轧产线。

2）充分发挥薄板坯连铸连轧技术的优势，开发新的工艺和技术。

① 薄规格或超薄规格产品比例增大。充分发挥薄板坯连铸连轧技术中连铸坯温度均匀性高的优势，生产超薄规格产品，为实现以热轧薄带钢替代部分冷轧带钢创造了条件，有效地提高了薄板坯连铸连轧技术的竞争力。

② 普遍采用半无头轧制技术。薄板坯连铸连轧产线采用直接轧制技术，为连续化生产创造了条件，半无头轧制技术的开发和使用也增强了薄板坯连铸连轧产线的活力。为批量生产高质量薄规格产品，这一时期建设的产线普遍采用了半无头轧制技术，产品最薄厚度达到 0.8mm。涟钢采用半无头轧制技术批量生产超薄规格产品，实现了 269m 长坯（切分 7 卷）生产 0.78mm 产品的历史性突破。

（4）稳定发展期（2009~2013 年）。薄板坯连铸连轧技术经过近二十年的发展、完善，已从开发初期的以低投资、低成本、生产中等档次产品，帮助中小企业进入扁平材生产领域并取得良好经济效益的初衷，发展到目前与传统的钢铁联合企业的转炉工艺有机结合，以薄规格、高强度、复杂成分钢等高附加值产品为主导产品，与传统流程产品分工，发挥各自的优势。薄板坯连铸连轧技术已步入稳定发展期，工艺技术、设备配置的基本框架已经形成。

这一阶段正处于国际金融危机爆发后的恢复期，中国钢铁产能，包括热轧板卷产能均处于严重过剩状态，热轧板卷市场竞争空前激烈，各企业不再追求产能扩大，转向以成本、质量和品种优化为目标。珠钢、涟钢、唐钢以及武钢先后开发并批量生产中高碳复杂成分钢系列产品，武钢和马钢开始大批量生产无取向电工钢，取向电工钢的开发取得进展，涟钢采用半无头轧制技术生产的超薄规格的比例在不断扩大。

（5）技术突破期（2014~2020年）。这一时期，无头轧制技术在我国工业化的迅猛发展得到广泛关注。日照钢厂于2014年和2015年先后建成投产3条ESP产线，主要技术特征是采用无头轧制技术、3+5个机架、恒流量/恒速轧制、产品最薄厚度为0.8mm、在线感应加热技术（整条生产线更加紧凑高效，全长仅180m）、80mm铸坯最高拉速为6.0m/min、单流年产量220万吨。2017年，其单月产品厚度≤1.2mm的比例高达40.57%，典型浇次内厚度为0.8mm的产品占比达13.77%，≤1.2mm占比65.71%，≤1.5mm占比达80.18%。这3条ESP产线的成功实践标志着中国薄板坯连铸连轧技术进入新纪元[17]。此外，首钢京唐的MCCR和唐山东华的DSCCR等无头轧制产线于2019年也建成投产。我国已经成为全球薄板坯连铸连轧技术发展新的源动力。

参 考 文 献

[1] 毛新平，高吉祥，柴毅忠. 中国薄板坯连铸连轧技术的发展 [J]. 钢铁，2014，49（7）：49-60.

[2] Bald W, Kneppe G, Rosenthal D, et al. Innovative technologies for strip production. In：5th World Steel Conference, London, 1999.

[3] 殷瑞钰，张慧. 新形势下薄板坯连铸连轧技术的进步与发展方向 [J]. 钢铁，2011，46（4）：1.

[4] 刘玠. 鞍钢1700中薄板坯连铸连轧生产线（ASP）工程与生产实践 [J]. 钢铁，2003（7）：3-7.

[5] 田乃媛. 薄板坯连铸连轧 [M]. 2版. 北京：冶金工业出版社，2004：17.

[6] 陈连生，朱红一，任吉堂. 热轧薄板生产技术 [M]. 北京：冶金工业出版社，2006：81.

[7] 毛新平. 薄板坯连铸连轧技术综述 [J]. 冶金丛刊，2004，150（2）：35-40.

[8] Klinkenberg C, Bilgen C, Boecher T, Schlüter J. 20 years of experience in thin slab casting and rolling state of the art and future developments [C]. Materials Science Forum, 2010, 638-642：3610-3615.

[9] 殷瑞钰. 薄板坯连铸连轧技术的进步及其在中国的发展 [C]. 2009年薄板坯连铸连轧国际研讨会论文集，2009：1-10.

[10] 陈杰，张柏汀，干勇，等. 中国第一台薄板坯连铸试验机组 [J]. 钢铁，1993，28（10）：30.

[11] 杨劲松，谢建新，周成．近终形连铸技术的研究现状与发展 [J]．材料导报，2002，16（12）：10.

[12] 傅杰，康永林，柳德橹，等．CSP 工艺生产低碳钢中的纳米碳化物及其对钢的强化作用 [J]．北京科技大学学报，2003（4）：328-331.

[13] 干勇．薄板坯连铸结晶器技术及品种开发中的几个问题分析 [C]．中国工程院产业工程科技委员会．第三次薄板坯连铸连轧技术交流论文集，2005：28-30.

[14] 张寿荣．薄板坯连铸连轧技术在我国的确大有可为 [C]．中国工程院产业工程科技委员会．第二次薄板坯连铸连轧技术交流论文集，2004：10-11.

[15] 干勇．薄板坯连铸连轧生产技术若干问题 [C]．中国工程院产业工程科技委员会．第二次薄板坯连铸连轧技术交流论文集，2004：18-37.

[16] 殷瑞钰，苏天森．中国薄板坯连铸连轧的发展特点和方向 [J]．钢铁，2007，42（1）：1-7.

[17] 毛新平，高吉祥，柴毅忠．中国薄板坯连铸连轧技术的发展 [J]．钢铁，2014，49（7）：49-60.

2 薄板坯连铸连轧流程 关键工艺技术及装备

2.1 薄板坯连铸连轧不同技术类型产线的工艺特点

薄板坯连铸连轧技术经过近 30 年的不断发展，已经形成了多种技术形式，如图 2-1 所示，不同技术之间既具有鲜明的工艺技术特征，又在发展的过程中相互借鉴和融合。

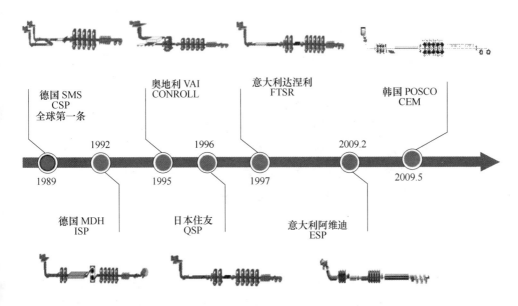

图 2-1 不同技术类型薄板坯连铸连轧产线建设时间节点

2.1.1 CSP 技术

2.1.1.1 工艺技术概况及特点简介

CSP 技术（Compact Strip Production）由德国西马克开发，在其 1986 年所申请的专利 ES2029818 就已经提出采用 3~4 个机架的轧机与连铸工序进行连接的工艺思想，如图 2-2 所示。在 1988 年所申请的专利 EP0327854 中提出了一种轧制带钢的方法和装置，已经可以看到 CSP 技术的原型。

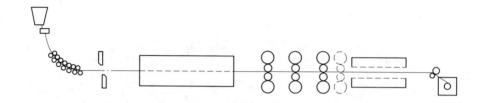

图 2-2   西马克专利 ES2029818 的产线布置

1989 年 7 月，全球第一条 CSP 产线在美国纽柯的克劳福兹维尔厂建成投产，随后在美国纽柯的希克曼厂、伯克利厂、加勒廷厂以及韩国的现代制铁唐津厂、西班牙的希尔沙厂、德国的蒂森克虏伯杜伊斯堡厂等也成功实现了工业化应用。另外，我国的珠钢、邯钢、包钢、涟钢和武钢等薄板坯连铸连轧生产线采用的也是 CSP 技术。典型 CSP 产线的布置示意图如图 2-3 所示。CSP 是最早实现工业化应用的薄板坯连铸连轧技术，与传统的热轧制造技术相比，其工艺特点主要表现在以下几个方面[1]：（1）基于近终形制造的初衷，采用薄板坯连铸，铸坯厚度一般为 50~70mm，并且为了实现薄板坯连铸，采用漏斗形结晶器，利于浸入式水口的插入和保护渣的熔化，改善产品表面质量；（2）基于提高工序连续性的初衷，连铸与轧机之间采用辊底式均热炉进行衔接；（3）由于铸坯厚度减薄，轧机机架数量有所减少，初期基本完全取消粗轧；（4）由于除鳞道次减少，为保证产品的表面质量，采用高压除鳞技术，除鳞水压力达到 40MPa，并减少喷嘴与板坯的间距。

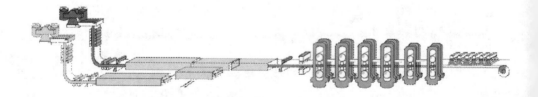

图 2-3   典型 CSP 产线的布置示意图

2.1.1.2   典型产线介绍

典型产线如美国 Nucor Crawfordsville 厂、美国 Severstal Columbus 和武钢 CSP 厂的基本情况如表 2-1 所示。

表 2-1　典型 CSP 产线的主要设备参数[2]

典型企业		美国 Nucor Crawfordsville (1989)	美国 Severstal Columbus (2007)	武钢 CSP (2009)
设计产能/万吨		82	135	250
冶炼	主要设备	2EAF(AC)，1LF，112t	1EAF(DC)，1LF，1VD-OB，150t	2BOF，2LF，RH，150t
	冶炼周期/min	50	41	36
	原料	废钢（100%）	废钢、生铁、DRI、HBI	废钢、铁水
	品种	普钢	普钢、汽车板、API	普钢、汽车板、API、GO/NGO
连铸	铸机类型	Vertical-Solid-Bending（VSB）	Vertical-Solid-Bending（VSB）	Vertical-Solid-Bending（VSB）
	连铸流数	1	1	2×1
	EMBr	—	有	有
	铸坯厚度/mm	50	65，70	90-70，70-52
	拉速/m·min⁻¹	2.5~6.0	2.5~6.0	2.5~6.0
	液芯压下 LCR	—	—	LCR
加热	介质	天然气	天然气	混合气体
	长度/m	158	261	261/246
轧制	轧机	4 机架，CVC	6 机架，CVC	7 机架，CVC
	轧制力（最大）/MN	30	46(F1~F4)	46(F1~F2)
	带钢厚度/mm	2.5~12.7	1.3~12.7	0.8~12.7
	带钢宽度/mm	900~1350	900~1880	900~1600
	层流冷却段长度/m	33.6	52.8	57.6
	边部遮挡	—	有	有
	地下卷取机	1	1	2

2.1.2　ISP 技术

2.1.2.1　工艺技术概况及特点简介

ISP 技术（Inline Strip Production）由德国德马克开发，是其在 1982 年公开的专利 US4698897 中提到的一种用连铸坯生产热轧钢带的方法。该方法是先把连铸扁坯卷成坯卷，经加热后在轧机前再把坯卷打开并按最终要求的截面尺寸轧制成材。1988 年专利 EP0369555 则公开了一种与连铸机联机的热轧设备和热轧方法。1995 年公开的专利 JP3807628 中提到了一种具有冷轧性能的带钢制造方法和设备，如图 2-4 所示。该方法采用了类似 ISP 工艺的设计。

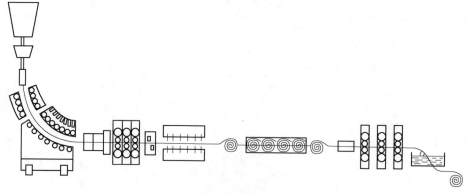

图 2-4　德马克专利 JP3807628 的产线布置

1992 年 1 月，全球第一条 ISP 产线在意大利阿维迪建成投产，随后在荷兰霍戈文厂、韩国光阳厂和俄罗斯耶弗拉兹里贾纳厂也成功实现了工业化应用。典型的 ISP 产线布置示意图如图 2-5 所示，其工艺特点主要表现在以下几个方面：（1）连铸之后首次直接采用液芯压下和固相铸轧技术，这是 ISP 最突出的技术特征；（2）不采用长的均热炉，而是采用克日莫纳炉（热卷箱）对中间坯进行补热，生产线布置紧凑，产线长度仅为 180m 左右；（3）结晶器最初采用平行板形，因为薄片形水口寿命低，铸坯表面质量问题等原因，后来将其优化为带有小鼓肚的橄榄球形，也称为小漏斗形。

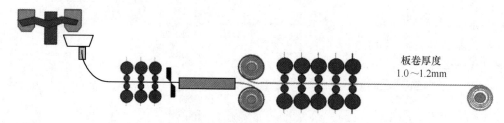

图 2-5　典型 ISP 产线的布置示意图

2.1.2.2　典型产线介绍

阿维迪公司克雷莫纳厂 ISP 产线于 1992 年投产，该产线由曼内斯曼—德马克公司设计制造。这是欧洲第一条生产带材的薄板坯连铸连轧生产线。ISP 产线的总长度约为 180m，主要设备参数如表 2-2 所示。

表 2-2　阿维迪 ISP 产线主要设备参数

公司	阿维迪
生产商	德马克
投产年份	1992 年

年产能	120 万吨
铸机	半径 5200mm，冶金长度 6.4m，液芯厚度从 65mm 减至 50mm
连铸速度	4.0~5.0m/min
铸机流数	1 流
粗轧机	3 机架
加热炉	感应加热炉，功率为 20MW，最大加热温度为 250℃，最大可加热卷厚为 19mm
精轧机	5 机架，宽度最大为 1330mm
产品规格	（1.0~12.7）mm × 1260mm

2.1.3　CONROLL 技术

2.1.3.1　工艺技术概况及特点简介

CONROLL 技术（Continuous Rolling）由奥地利奥钢联（VAI）开发，其在 1990 年申请的专利 AT396559 就提出了一种紧跟薄板坯连铸的轧机布置方法，在 1993 年公开的专利 US5964275 中也提到了一种用于生产带钢、薄板坯或初轧板坯的方法，这是 CONROLL 技术的原型。1995 年 4 月，全球第 1 条 CONROLL 产线在美国阿姆科（Armco）钢铁公司曼斯菲尔德（Mansfield）钢厂（现为美国 AK 钢铁公司曼斯菲尔德钢厂）建成投产，随后在奥地利奥钢联林茨厂、瑞典谢菲尔德公司阿维斯塔厂和捷克的诺瓦胡特（NovaHut）厂也成功实现了工业化生产。典型的 CONROLL 产线布置示意图如图 2-6 所示，其工艺特点主要表现在以下几个方面：（1）CONROLL 技术最主要的工艺思想是既要获得近终形制造所带来的优势，同时又要尽可能避免铸坯过薄带来的铸坯质量和结晶器的问题，因此其铸坯厚度选择的是 75~125mm 的中薄板坯；（2）主要工艺装备全部采用成熟技术，如连铸采用传统的平行板形结晶器、超低头弧形连铸机，均热炉采用传统的步进式加热炉等。

图 2-6　典型 CONROLL 产线的布置示意图

2.1.3.2 典型产线介绍

美国阿姆科（Armco）钢铁公司曼斯菲尔德的 CONROLL 产线于 1995 年 4 月投产，产能 60 万吨/年。工艺流程如图 2-7 所示，主要装备包括：2 座电弧炉、钢包炉、AOD 炉、CONROLL®薄板坯连铸机、步进式加热炉、单机架两辊万能轧机、6 机架 4 辊精轧机。CONROLL®技术的主要特点有：（1）平行板形结晶器，可远距离调节宽度和热监控；（2）具有自动开浇功能的结晶器液面控制系统；（3）可在线调节振幅、振频、波形的液压振动装置；（4）优化的辊列布置，可降低界面应力；（5）刚性扇形段；（6）步进式加热炉；（7）2 辊万能轧机。

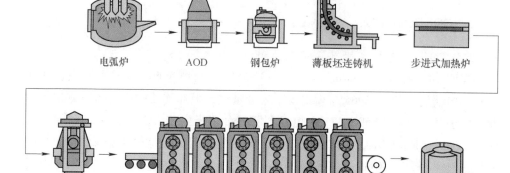

图 2-7　美国阿姆科（Armco）钢铁公司曼斯菲尔德 CONROLL 产线布置示意图

2.1.4　QSP 技术

2.1.4.1　工艺技术概况及特点简介

QSP 技术（Quality Slab Production）由日本住友公司开发，其在 1985 年所申请的专利 JPS6289502 中提出了一种薄板坯连铸连轧的方法，由连铸机生产的 90mm 厚的薄板坯经剪切、加热、轧制、卷取、保温、开卷后再进行热轧，最后形成带材进行卷取。1993 年公开的专利 JPH07164002 中提到了在薄板坯连铸连轧装置中使用森吉米尔式轧机生产带材的方法。1996 年全球第一条 QSP 工业化产线在美国北极星钢厂（North Star BHP Steel）建成投产，第二条产线于次年在美国特瑞柯钢厂（当时是住友金属、英钢联和 LTV 的合资公司，位于美国阿拉巴马州）正式运行。1999 年泰国 G 钢铁投资建设了一条 QSP 产线。典型的 QSP 产线布置示意图如图 2-8 所示。其工艺设计思想与 CONROLL 类似，采用的也是中薄板坯，平行板形结晶器，铸坯厚度为 70/90mm 或 80/100mm，与 CONROLL

不同的是，它采用的是辊底式均热炉，并且粗轧之后采用热卷箱进行补热。

图 2-8　典型 QSP 产线的布置示意图

2.1.4.2　典型产线介绍

美国特瑞柯（Trico）钢公司迪凯特厂的 QSP 产线于 1997 年 3 月投产，2002 年并入美国纽柯。产线的设计产能为 250 万吨/年，主要装备包括 2 台电弧炉、2 台钢包炉，钢包容量为 170t，2 流直弯式连铸机，垂直段长度为 1.59m，弯曲段半径 3.5m，结晶器长度 950mm，铸坯规格 70/90mm×（914~1650）mm，连铸拉速 3.0~5.0m/s，冶金长度 11.3m，辊底式加热炉 2 座，长度为 175m。此外，轧机的主要参数如表 2-3 所示。

表 2-3　纽柯迪凯特厂 QSP 产线热轧机组主要技术参数

| 轧机 | 轧辊尺寸/mm | | | | 机架间距/mm | 电机 | | 速比 | 轧辊转数/r·min⁻¹ | 辊面速度/m·min⁻¹ |
| | 支撑辊 | | 工作辊 | | | 功率/kW | 转数/r·min⁻¹ | | | |
	直径	辊身长	直径	辊身长						
立辊	—	—	930/840	—	—	2×360	360	7.1	51	492
R1	—	—	1350/1250	1770	3	6800	180/300	8.436	21.34/35.56	328/492
R2	1450/1350	1750	1150/1050	1770	8.9	8000	180/300	4.703	38.27/63.79	502/755
粗轧机总功率 14800kW										
F1	1450/1300	1770	825/735	1770	45.9	6000	200/400	5.47	36.5/73	308/620
F2	1450/1300	1770	680/580	1770	5.8	7500	360/720	5.47	65.8/131.5	558/1119
F3	1450/1300	1770	680/580	1770	5.8	7500	360/720	2.86	126/252	883/1765
F4	1450/1300	1770	680/580	1770	5.8	7500	360/720	2.22	162.35/324.7	1138/2277
F5	1450/1300	1770	680/580	1770	5.8	6000	200/400	1	200/400	1401/2805
精轧机总功率 34500kW										
全套轧机总功率 49300kW										

1999 年 6 月，泰国暹罗板材轧制共和有限公司（Siam Strip Mill）投产，该公司是继美国北极星 BHP 钢公司和 Trico 钢公司（现纽柯迪凯特厂）之后，全球第三家采用住友金属工业（SMI）QSP 工艺的企业，年产能 150 万吨，现已更名为泰国 G 钢铁公司（G Steel Public Company Limited）短流程钢厂。产线的布置

示意图如图2-9所示，主要设备参数如表2-4所示。

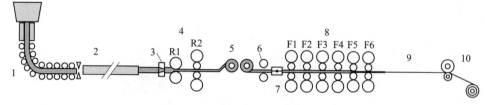

图2-9　泰国G钢铁QSP产线工艺流程

1—连铸机；2—隧道式加热炉；3—立辊轧机；4—粗轧机组；5—无芯热卷箱；
6—切头剪；7—精轧进口除鳞机；8—精轧机组；9—层流冷却；10—地下卷取机

表2-4　泰国G钢铁短流程钢厂设计参数

类　别		设　计　参　数
炼钢	电炉	2台，德国曼内斯曼公司
	钢包加热炉	2台
连铸	流数	1
	铸坯规格	(80~100)mm×(900~1550)mm
轧制	轧机	2+6，三菱重工 所有机架安装液压自动厚度控制（AGC）系统， F2和F3之间安装PC轧机， F5与F6之间安装在线磨辊机
	无芯热卷箱	1台
	冷却	层流冷却
	带钢规格	(1.0~12)mm×(900~1500)mm
	卷内径	762mm
	卷外径	1370~1870mm

2.1.5　FTSR技术

2.1.5.1　工艺技术概况及特点简介

FTSR技术（Flexible Thin Slab Rolling）由意大利达涅利开发，其在1987年所申请的专利ES2030453及FR2612098中就分别公开了其自主开发的薄板坯连铸用结晶器和薄板坯连铸设备。1993年在专利KR100263778中提出了一种用于连续铸造薄板坯的凸透镜形结晶器。1994年在专利BRPI9401981中提出了一种带材和/或板材生产线工艺。该生产线包括薄或中等厚度的板坯连铸机、剪切机、加热系统、轧机和冷却系统等，加热系统包括一台电磁感应加热炉，其后设有除鳞机和隧道炉、一台应急剪切机以及隧道炉和轧机之间的高压除鳞机。1997年，全球第一条FTSR产线在加拿大安大略省的阿尔戈马（Algoma）钢铁公司（现为印度埃萨钢铁公司阿尔戈马厂）建成投产，目前全世界共有9条此种技术类型的薄板坯连铸连轧产线。典型的 FTSR 产线布置示意图如图 2-10 所示，其工艺特点主要表现在以下几个方面：（1）采用了达涅利薄板坯连铸机的核心技术——H²漏斗形结晶器。H² 的含义是高可靠性和高灵活性（High Reliability and High Flexibility），这种结晶器呈凸透镜形，把变形区穿过整个结晶器，进入到扇形段，使坯壳的变形更加缓慢，坯壳附加的内应力更小。这种结晶器通常也被称为长漏斗形结晶器。（2）为改善产品的表面质量，采用多点除鳞，在铸机输出辊道出口采用旋转除鳞，另外在粗轧机和精轧机前还各有一道高压水除鳞[3]。

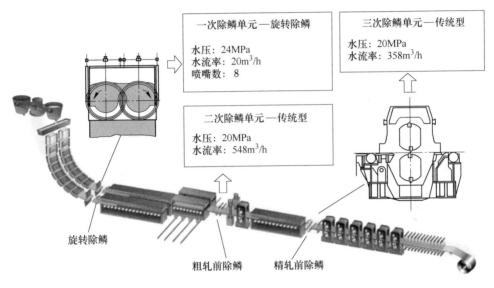

图 2-10　典型 FTSR 产线的布置示意图

2.1.5.2　典型产线介绍

加拿大阿尔戈马钢铁公司的 FTSR 产线于 1997 年 8 月建成投产，设计产能为 200 万吨/年，流程布置示意图如图 2-11 所示，主要设备参数如表 2-5 所示。

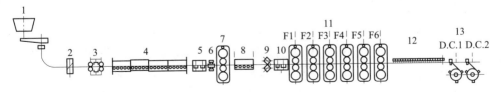

图 2-11　加拿大阿尔戈马钢铁公司的 FTSR 产线布置示意图

1—薄板坯连铸机；2—切头剪；3—旋转式除鳞机；4—隧道式加热炉；
5—2 号除鳞机；6—立辊 E1；7—粗轧机组 R1；8—热传送辊道；9—切头剪；
10—3 号除鳞机；11—精轧机组；12—层流冷却系统；13—地下卷取机

表 2-5　加拿大阿尔戈马钢铁公司 FTSR 产线主要设备参数

类　别		设　计　参　数
炼钢	钢包炉	230t
连铸	流数	2 流
	薄板坯连铸机	达涅利立弯式薄板坯连铸机
	铸坯厚度	结晶器出口 90mm，铸机出口 70mm
加热炉	类型	辊底式隧道加热炉
	炉长	120m
轧机系统	轧机	1 机架带立辊粗轧机+6 机架精轧机
	工作辊直径	E1 为 1020mm，R1 为 1220mm，F1~F4 为 810mm，F5~F6 为 700mm
	工作辊长度	E1 为 466mm，R1 为 1750mm，F1~F6 为 2050mm
	支撑辊直径	R1 及 F1~F6 均为 1450mm
	支撑辊长度	R1 及 F1~F6 均为 1750mm
	带卷冷却	层流冷却
	卷重	最大 28.8t

2.1.6　ASP 技术

2.1.6.1　工艺技术概况及特点简介

ASP 技术（Anshan Strip Production）是由我国鞍钢研发的具有自主知识产权的技术[4]。1999 年鞍钢在原有 1700mm 热连轧产线的基础上，将旧设备改造后与新建的中等厚度板坯连铸机和步进式加热炉一起组成了 ASP 产线，2000 年正式投产。后来又在鞍钢内部和济钢进行推广应用，目前国内共有 4 条此种技术类型的中薄板坯连铸连轧产线，典型的产线布置示意图如图 2-12 所示。ASP 技术也是采用中薄板坯的工艺思想，主要工艺装备大多采用比较成熟的技术等。

图 2-12　典型 ASP 产线的布置示意图

2.1.6.2　典型产线介绍

鞍钢 1700mm ASP 产线于 2000 年 11 月一期投产，2003 年 4 月全线贯通，除引进奥钢联结晶器和振动装置外，其余装备全部国产，设计年产量250万吨，主要设备参数如表2-6所示。

表 2-6 鞍钢 1700mm ASP 主要设备参数

类 别		设 计 参 数
铸机	铸机数量	2机2流
	铸机半径	5m
	结晶器类型	直结晶器（铜板高度1200mm）连续弯曲，连续矫直型
	铸坯厚度	铸坯断面：100/135mm×（900～1550）mm；定尺：12.9～15.6m
	拉速范围	最大 3.5m/min
	冶金长度	23.848m
	技术特点	振动方式：液压振动；连浇炉数：8～16炉
加热炉	加热炉类型	炉子采用长行程装钢机，并配有汽化冷却装置
	加热炉长度	1号炉：有效尺寸 23162mm×9600mm
		2号炉：有效尺寸 23350mm×16500mm
轧机	轧机架数及形式	2R+6F
	粗轧	R1 前立辊轧机，R1 二辊粗轧机，配有液压换辊装置，R2 四辊可逆式粗轧机，配有附着式立辊轧机 E2
	热卷箱	穿带速度：2～2.5m/s；卷取速度：<5m/s；开卷速度：0～2m/s；卷取规格：（20～40）mm×（900～1550）mm；卷板最大能力：21t
	精轧机组	完全由国内设计和制造的第四代精轧机，油膜轴承支撑辊，配备电动和液压 AGC，弯辊和窜辊装置，工作辊的快速换辊装置，机架间冷却水装置，侧导板具有短行程功能等； 最大轧制力：25000kN；工作辊直径：F1～F2 为 700～640mm；F3～F6 为 665～615mm；支撑辊直径：1550～1400mm；最大轧制速度：0.2m/s；工作辊弯辊：弯辊力 0～1200kN；工作辊窜辊：行程±150mm；AGC 液压系统：行程 30mm
除鳞设备	设备特点	高压水除鳞箱，轧线采取 4 处高压水除鳞，钢坯在出加热炉后除鳞、R1 轧机前后除鳞、R2 轧机前后除鳞、精轧机组前除鳞
	设备参数	高压水除鳞压力为 18MPa
产品	尺寸规格	带钢产品厚度范围为 1.5～8.0mm，宽度范围为 900～1550mm
	最大卷重	21t

2.1.7 ESP 技术

2.1.7.1 工艺技术概况及特点简介

ESP 技术（Endless Strip Production）由意大利阿维迪开发，早在 1990 年其与荷兰霍戈文共同申请的专利 FI98896 就提出了一种用连铸连轧的方法生产厚度尽可能小的热轧带钢的方法。这种方法的关键点是从结晶器中引出的铸坯在液芯的状态下先进行一次成形，在液芯完全凝固后再实施一次成形，在此之后，将中间坯进行加热、卷取，然后再进行热精轧工序。另外，在其 1993 年公开的专利 US5307864 中，也提出了板坯经粗轧后进入加热炉，然后除鳞、卷取后进入精轧机，并且采用电磁感应加热装置对中间坯进行补热。这些工艺特点已经基本具备了 ESP 技术的原型。2008 年 12 月 23 日世界上第一条 ESP 产线在意大利阿维迪开始热试，2009 年 2 月底生产出第一卷钢，2009 年 6 月开始工业化生产。国内日照引进此项技术，目前已经有 4 条建成投产，另有 1 条待建。典型的 ESP 产线布置示意图如图 2-13 所示。其工艺特点主要表现在以下几个方面：（1）首次实现了从钢水到地下卷取机整个制造过程的全连续，真正意义上地实现了带钢的全无头轧制，这是 ESP 相对于其他技术类型最大的技术创新和突破；（2）因为采用全无头轧制，因此只能一流连铸机对一套热轧机组，为确保产线的产能，铸坯厚度选择 90~110mm，最大拉速超过 6m/min；（3）连铸之后采用液芯压下和固相铸轧技术；（4）采用电磁感应加热炉而非辊底式均热炉对板坯进行补热，产线布置较为紧凑；（5）采用高速飞剪实现带钢的分切。

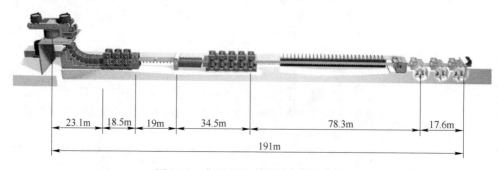

图 2-13　典型 ESP 产线的布置示意图

2.1.7.2　典型产线介绍

意大利阿维迪公司 ESP 产线于 2009 年 2 月底投产，产能 230 万吨/年。该生产线总长仅有 180m 左右，能够在 7min 内完成从钢水到卷取的全连续生产。主要设备参数如表 2-7 所示。

表 2-7　阿维迪 ESP 产线主要设备参数

类　别		设　计　参　数
炼钢	电炉	1 台 250t Consteel 电炉
	精炼炉	2 台 250t LF 炉
	每天冶炼炉次	24（250t/炉）
	钢水	5500t/d

类　别		设　计　参　数
连铸	铸机流数	1
	铸坯厚度	70~110mm
	连铸速度	最大 6.0m/min
	最大通钢量	5.6t/min
	连浇炉数	9（250t/炉）
加热	感应加热	12 套最大功率为 3MW 的感应加热装置
轧机	粗轧	大压下 3 机架粗轧
	精轧	5 机架精轧
产品	带钢尺寸	（0.8~12.7）mm×1580mm
	成材率	97%（热轧卷/钢液×100%）

2.1.8 CEM 技术

浦项 CEM 产线（Compact Endless Casting & Rolling Mill）的前身为 1996 年建成投产的 ISP 产线，如图 2-14 所示。采用电炉炼钢，2 流铸机对 1 流轧机，用热卷箱进行衔接。

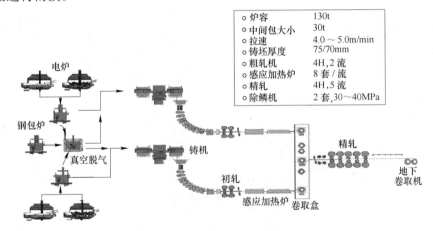

图 2-14 浦项 ISP 示意图

2007 年开始进行停产改造，2009 年 6 月实现了无头轧制，并将其称之为 CEM 技术，流程布置示意图如图 2-15 所示。ISP 改造为 CEM 后，炼钢部分原配置的电炉取消，改由转炉提供钢水，目前配置有 3 个工位的 LF 炉，2 个 VOD 炉。

CEM 产线全长 187m，现有工艺流程为 1 流连铸机→摆剪→高压除鳞（单排集管，20MPa）→3 机架四辊粗轧机组（机架间距 2.8m）→摆剪→出板台（5~10m）→电磁感应炉（17 组，共计 24MW）→热卷箱（单块轧制，摆剪切断板坯由

图 2-15　浦项 CEM 产线示意图

热卷箱卷上后再精轧；无头轧制，板坯则空过热卷箱）→圆盘剪→高压除鳞（双排集管，40MPa）→5 机架四辊精轧连轧机组（机架间距 5.5m）→层流冷却（60~70m，其中湿区约 50m）→飞剪→2 台地下卷取机。

采用的钢包约为 140t，结晶器总长度 1200mm，配置有 EMBr 系统。连铸冶金长度 20m，弧半径 5.5m，液芯压下为 20mm。共设计有 12 个扇形段，液芯压下时各扇形段均可以压下。钢包容量 130~140t，中间包容量 60t。连铸坯厚一般为 90mm，平均拉速 6.5m/min，最大拉速达到 8.0m/min。轧钢区域，除精轧 F5 外，其他机架均使用高速钢材质轧辊；层流冷却设置有 8 组，层流冷却最后出口设置有 2 根立式管（每根管子装配有 3 个喷嘴），用于侧向吹扫去除带钢表面余水；卷取机前配置有表面检测仪和测宽仪各一台。CEM 产线具备单坯轧制和无头轧制的功能，如图 2-16 所示，两种模式可以切换。

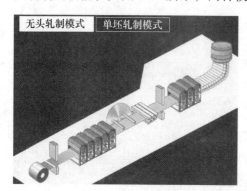
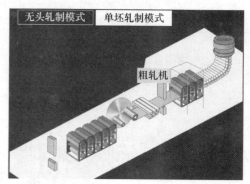

图 2-16　无头轧制模式和单坯轧制模式

2.2　关键工艺技术及其演变

2.2.1　铸坯厚度选择与结晶器类型

在薄板坯连铸连轧技术的发展过程中，对铸坯厚度的选择在一定程度上也折射出了人们对这一技术的认知过程。之前已经提到过，薄板坯连铸连轧技术提出的初衷，其中很重要的一个方面就是要实现近终形制造，因此，早期工艺技术的指导思想是尽量减小连铸机输出铸坯的厚度，以最大限度地减少热轧机的机架数量。例如，西马克在纽柯建设的第一条 CSP 产线，铸坯厚度为 45mm；德马克开发的 ISP 生产线，铸坯厚度为 50mm；住友在 20 世纪 80 年代中期也进行过厚度为 40mm 的薄板坯技术开发工作。铸坯厚度减薄后，如果仍然采用传统的平行板形结晶器，必然要求浸入式水口（SEN）采用薄壁扁平式水口。即便如此，水口壁与结晶器之间的空间仍然比较小，保护渣的熔化效果较差，水口寿命比较短，且铸坯的表面质量问题突出[5]。为此，人们发明了变截面结晶器，如西马克开发了漏斗形结晶器，首次突破板坯连铸结晶器任意横截面均为等矩形截面的传统，使结晶器型腔内凝固壳的形状及大小按非矩形截面逐步缩小的规律变化，如图 2-17（a）所示。漏斗形结晶器的优点是：有足够的钢液，保证保护渣的熔化，形成良好的渣熔池；有合理的空间，有利于浸入式水口的合理设计，避免产生搭桥，延长使用寿命；钢液面相对稳定，避免保护渣卷入；结晶器热流均匀，坯壳应力小，有利于坯壳均匀生成。另外，德马克也将其平行板形结晶器改进为橄榄形结晶器形式，一般也将其称为小漏斗形。除此之外，达涅利也开发了 H^2 结晶器，一般也称之为长漏斗形结晶器或凸透镜形结晶器，如图 2-17（b）所示，其最大的特点是变形区穿过整个结晶器，进入到扇形段，出结晶器时铸坯带凸度再经 7~8 对带辊型的夹持辊压平，坯壳的变形更加缓慢，附加的内应力更小。

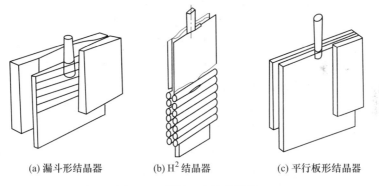

(a) 漏斗形结晶器　　(b) H^2 结晶器　　(c) 平行板形结晶器

图 2-17　薄板坯连铸结晶器

虽然变截面结晶器可以在一定程度上改善连铸的浇铸条件，但是如果铸坯厚度过薄，会带来两个方面的问题，一是铸坯的质量难以保证，二是产线的产能受到一定限制。因此，CSP、ISP、FTSR 等薄板坯连铸连轧技术不再追求过薄的铸坯厚度，而是结合液芯压下技术，逐渐增大结晶器出口铸坯厚度[6]。例如，CSP 技术铸坯厚度由 Nucor 的 40~50mm 逐渐增加到邯钢的 60/80mm，再到武钢的 70/90mm；ISP 技术铸坯厚度则由 Arvedi 的 60~65mm 增加到了 Hoogovens 的 70/90mm；FTSR 技术则是直接采用 70/90mm 的铸坯厚度。除此之外，奥钢联更是认为 75~125mm 厚度的平行板形结晶器生产中等厚度板坯作为短流程的基础更经济合理，并由此发展出了中薄板坯连铸连轧的代表性技术，即 CONROLL 技术。各种技术类型的铸坯厚度范围如图 2-18 所示。

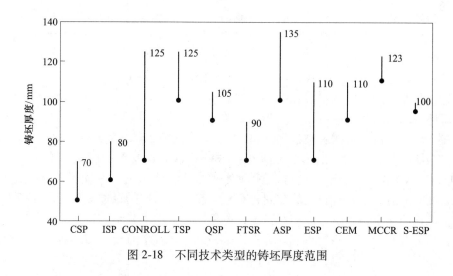

图 2-18　不同技术类型的铸坯厚度范围

　　目前，随着液芯压下技术的开发与应用，对结晶器规格的限制进一步减小，无论采用何种形式的结晶器，新的薄板坯连铸连轧生产线均有增加结晶器出口厚度的趋势[7]，从而提高结晶器钢液面的稳定性，改善保护渣的熔化和润滑条件，提高浸入式水口的寿命，以更经济合理的方式进行薄板坯连铸的生产。铸坯厚度增加的另一个驱动力是为了提高连铸机的产量。在技术发展的初期，单流连铸机的生产能力仅为 60 万~80 万吨/年，而与之相配的热轧机组的生产能力可达 280 万~300 万吨/年。即使两流连铸机配一套热轧机组，生产能力的限制环节仍然在连铸。提高连铸的拉速可以增加连铸机的生产能力，但是考虑到生产的稳定性和产品的质量，拉速的提高总是有限制的，增加连铸坯的厚度是提高生产能力的一个有效措施。但是，铸坯厚度的增加应该有一个合理的范围。增加铸坯厚度最主要的目的是为了改善结晶器的浇铸条件，达到改善产品质量，提高生产效率的目的，如果铸坯厚度过大，就需要增加轧机数量，也就失去了近终形制造的意义。总之，对于铸坯厚度和结晶器类型的选择，应该综合考虑产线的技术类型、产品的规格、质量、产量、成本等多方面因素。

2.2.2　液芯压下技术

　　液芯压下技术最早应用于常规厚板坯和大方坯连铸机，其目的是为了改善铸坯中心疏松和宏观偏析，提高铸坯的内部质量。因为在凝固末期，铸坯中心凝固时产生收缩，一方面在中心部位形成孔隙，另一方面引起富集溶质的残余钢液向中心流动，最后导致铸坯中心疏松和宏观偏析，所以对于常规厚板坯和大方坯，在铸坯的凝固末期采用液芯压下（也称轻压下）可以补偿最后凝固阶段的收缩，消除中心疏松和宏观偏析。

在薄板坯连铸中，由于铸坯较薄，冷却较快，其中心出现偏析的程度比常规厚板坯和大方坯小，所以对薄板坯而言，不采用液芯压下一般也能满足铸坯的质量要求。但是，从薄板坯连铸连轧的工艺流程考虑，为了实现铸坯的直接轧制，达到大量节能的目的，需要将铸坯的厚度限制在连轧所能接受的范围内，这样才能充分发挥连铸连轧在技术经济上的优势。而从连铸角度考虑，生产薄板坯会给结晶器和浸入式水口带来负担。如果结晶器内腔厚度太小，不利于浸入式水口的插入，而且结晶器内的熔池也太小，增加了钢水注流对凝壳的冲刷，加剧了结晶器内钢液面的波动，不利于保护渣液渣层的形成和稳定，增加了浇铸的难度，所以结晶器内腔的厚度不应太小。这样，在连铸和连轧之间存在着对铸坯厚度有不同要求的矛盾。为了解决这一矛盾，薄板坯连铸连轧采用了液芯压下技术[8,9]。

曼内斯曼·德马克公司在意大利阿维迪的 ISP 技术中首次使用了液芯压下技术，其技术方案如图 2-19（a）所示。在该技术中，结晶器为直弧形平行板式结构，结晶器内腔厚度为 60mm，结晶器下方的 0 号段由 12 对辊子组成，整段设计成钳式结构，内弧在液压缸的作用下可将辊缝调整成锥形，对铸坯实施在线液芯压下。0 段后面的多辊扇形段由 16 对辊子组成，内弧辊子可由其各自的液压缸单独压下，使多辊扇形段的辊缝也形成锥形，对铸坯继续实施压下。由于多辊扇形段的辊子可以单独压下，所以可根据不同的钢种实施灵活的液芯压下方案。在阿维迪 ISP 的基础上，德马克对后来的 ISP 技术又做了改进。将铸机改为立弯型，结晶器内腔厚度加大到 80~100mm，0 号段仍为钳式结构，多辊扇形段改为 6~8 对辊一组的常规扇形段，由前后各一对液压缸来调整每个扇形段的辊缝及其锥度，这样使扇形段的结构大为简化[8]。

西马克公司的 CSP 技术采用了漏斗形结晶器，连铸与连轧之间铸坯厚度匹配的矛盾相对缓和，所以在 CSP 技术的早期应用中并没有采用液芯压下技术。为了进一步增加结晶器的容积，将结晶器的出口厚度由原来的 50mm 增加到 70mm，减少结晶器内钢水的流动速度，使浇铸更加稳定，同时也进一步改善铸坯内部质量，CSP 技术在其后的工程中也采用了液芯压下技术[10]。CSP 技术液芯压下的基本原理如图 2-19（b）所示，结晶器下的 0 段为钳式结构，当坯头通过后，液压缸推动内弧收缩辊缝，对铸坯实施在线液芯压下。0 段后面的扇形段在前后各一对液压缸的驱动下，减小辊缝以适应已减薄的铸坯，也可以继续收缩辊缝对铸坯实施液芯压下。

意大利达涅利公司在其 FTSR 技术中采用了截面呈凸透镜形的结晶器[11]。结晶器出口处的足辊采用异径辊，承担将铸坯宽面凸肚压平的任务，所以该流程的液芯压下实际上从异径辊就已开始进行。异径辊以下为二冷支撑导向段，如图 2-19（c）所示。紧接着异径辊的 1 号段为钳式结构，由其下部的一对液压缸调节其辊缝收缩的锥度。2 号段实际上由三小段组成，每一小段在上下各一对液压缸的驱动下独立推进,调节辊缝的大小及其锥度。达涅利的液芯压下技术除了上述结构上的特点以外,还提供了动态液芯长度控制技术,能够针对不同的钢种和浇铸参数,根据凝固模型和现场扇形段液压缸压力的反馈来实现液芯压下终点位置的动态控制,以获得最佳的液芯压下效果。

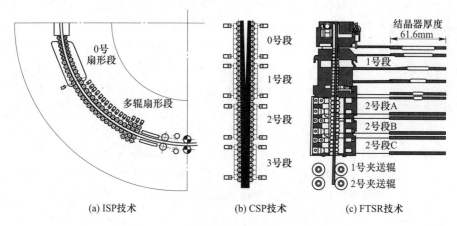

(a) ISP技术   (b) CSP技术   (c) FTSR技术

图 2-19 不同技术类型的液芯压下方案

2.2.3 铸机与轧机的衔接技术

薄板坯连铸连轧技术工业化应用以来,铸机与轧机的衔接技术也在不断地发展和完善,目前常用的衔接方式主要有四种,即辊底式均热炉、热卷箱、步进式加热炉和电磁感应加热炉等[12],如图 2-20 所示。

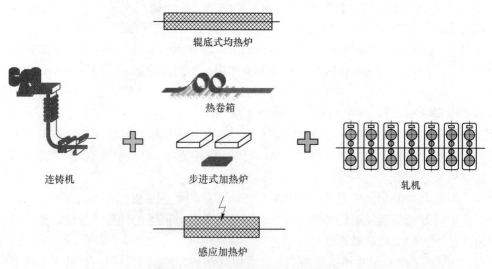

图 2-20 连铸机与轧机不同的衔接方式

西马克开发的 CSP 技术采用辊底式均热炉的衔接方式，这种衔接方式也是目前应用最为广泛的。均热炉间板坯的传输，开始采用的是横移式，随后又开发出摆动式，如图 2-21 所示，目前主要采用摆动式方案。辊底式均热炉的优点是工艺简单、中间环节少、操作可靠。存在的问题是设备长度较长，一般在 180～260m，如采用半无头轧制技术，其长度可能达到甚至超过 300m，占地面积也较大，投资相应增加；炉内的炉底辊一般多达 200 根以上，采用通水冷却方式，带走大量热量，导致炉子的热效率仅为 35%；炉辊结瘤，容易导致板坯下表面的表面质量问题等。达涅利的 FTSR 技术也采用辊底式均热炉。由于 FTSR 技术采用了粗轧机，因此均热炉分作两段，粗轧机后的均热炉考虑到便于处理中间坯跑偏等事故，采用了炉盖可倾翻的特殊结构，邯钢 CSP 生产线采用了类似的衔接方案，如图 2-22 所示。

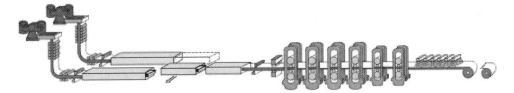

(a) 横移式

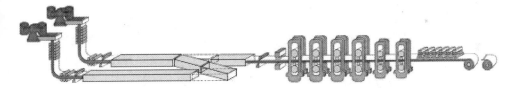

(b) 摆动式

图 2-21　辊底式均热炉间铸坯的传输方式

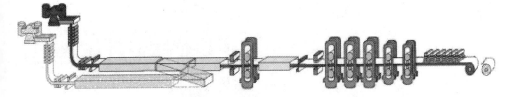

图 2-22　邯钢 CSP 辊底式均热炉布置形式

ISP 技术的衔接段在 ISP 技术发展过程中的变化也比较大。在阿维迪投产的第一条 ISP 生产线采用了感应加热和克日莫那炉的方案[13]，如图 2-23（a）所示。该技术的特点是生产线特别短，只有 175m，但存在的问题是克日莫那炉设备结构复杂，设备工作环境较差，故障率高，且缓冲能力小。随后在韩国浦项的

ISP 生产线上改用了感应加热、热卷箱的方案，如图 2-23（b）所示，大幅增加缓冲时间，有效提高生产灵活性。该技术的特点也是生产线比较短，例如浦项 1号线长度为 219m、浦项 2 号线 196m，但问题是生成的氧化铁皮比较多，设备结构也较复杂。在南非萨尔达尼亚钢厂 ISP 生产线开始采用辊底式均热炉，同时粗轧机和精轧机之间设置了热卷箱，如图 2-23（c）所示。

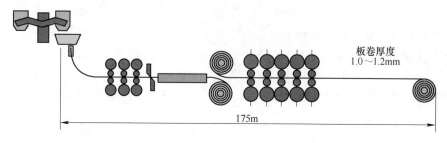

(a) 阿维迪 ISP 衔接方式

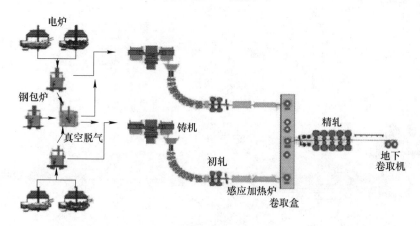

(b) 浦项 ISP 衔接方式

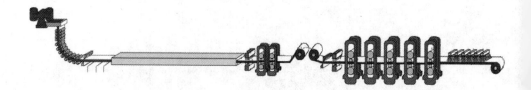

(c) 南非萨尔达尼亚钢厂 ISP 衔接方式

图 2-23 ISP 技术的衔接方式

奥钢联的 CONROLL 技术、住友的 QSP 技术以及鞍钢的 ASP 技术等，采用中厚板坯铸机，衔接段采用步进式加热炉。该工艺的特点是：设备占地面积小，生产调度灵活，工艺成熟可靠，但不适于薄板坯。因为在钢卷单位卷重一定的情况下，薄板坯的长度较长，如采用步进式加热炉势必会导致固定梁、移动梁太长，难以正常操作，且造成投资过大。

意大利阿维迪开发的 ESP 技术连铸坯出铸机之后直接进入粗轧机，但是在粗轧和精轧之间采用电磁感应加热炉进行补热[14]，如图 2-24 所示。相比于传统的薄板坯连铸连轧 200~300m 长的辊底式加热炉，感应加热炉长度只有 10m 左右，可大幅缩短产线长度，并且加热速度快，加热时间短，又避免了传统的薄板坯连铸连轧经过辊底式炉时容易造成铸坯下表面擦伤的问题。另外，感应加热炉在空载和维护期没有能量消耗，相比于辊底式加热炉降低了维护成本。这种衔接方式最大的问题是，采用优质能源，能源成本高。对 ESP 产线而言，感应加热炉的装机容量达到整条产线装机容量的 50%左右。

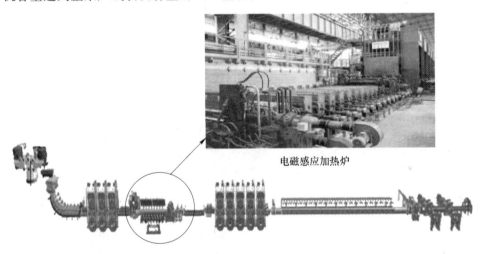

电磁感应加热炉

图 2-24　ESP 技术的衔接方式

2.2.4　轧机配置及轧辊材质

薄板坯连铸连轧技术发展初期，为尽可能达到近终形制造的目的，主要的工艺思想是减小连铸机输出铸坯的厚度，以最大限度地减少热轧机的机架数量。后来，为增加品种和提高产品质量，薄板坯的厚度有增加的趋势，新建的薄板坯连铸连轧产线相应地增加精轧机数量或配置 1~3 机架的粗轧机[15]。

采用纯精轧机组的布置方式，如图 2-25（a）所示，其优点是轧机布置比较紧凑，轧制过程中的温度及速度比较容易控制。存在的问题，一是只有一次除鳞，容易造成带钢表面缺陷；二是只能依靠机架间的冷却水对中间坯进行冷却，铁素体轧制难度大。代表产线包括 Nucor、TKS 和武钢的 CSP 等。

采用 1 架粗轧+5~6 架精轧的布置形式，如图 2-25（b）所示，粗轧和精轧

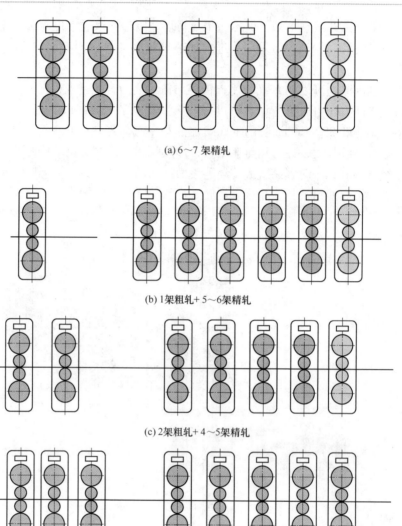

(a) 6~7 架精轧

(b) 1架粗轧＋5~6架精轧

(c) 2架粗轧＋4~5架精轧

(d) 3架粗轧＋5架精轧

图 2-25　薄板坯连铸连轧流程轧机的配置方式

之间不形成连轧，并在粗轧和精轧之间设加热炉对中间坯进行补温。这种布置方式的优点是，可以采用两次除鳞，改善带钢的表面质量；生产组织较为灵活。存在的主要问题是需要增加中间坯补热装置。代表的产线主要有邯郸 CSP 等。

采用 2~3 架粗轧机＋4~5 架精轧机的布置形式，如图 2-25（c）和图 2-25（d）所示，粗轧和精轧之间仍然是连轧关系，并且粗轧和精轧之间设有保温（冷却）段、高压水除鳞等。其优点是可以对中间坯进行冷却，对铁素体轧制十分有利；能够布置两次除鳞，对提高带钢表面质量有利；板坯相对较厚，有利于提高产量。存在的主要问题是机架数量较多，需要增加中间补热装置等。代表的产线主要有唐钢的 FTSR 和日照的 ESP 等。

另外，薄板坯连铸连轧的工艺特点也对轧辊的材质提出了新的要求，如图 2-26 所示。可见，由于薄板坯连铸连轧单道次大压下量、轧制温度较高、薄规格轧制负荷大、轧制公里数长等工艺特点，对轧辊的咬入性、抗热裂性、耐磨性提出了更高的要求，同时由于无头轧制，穿带、甩尾、堆钢事故减少，降低了对轧辊抗机械裂纹能力的要求，因此轧辊材质的选择由原来的高铬钢、ICDP 等逐渐向高速钢轧钢转变。如表 2-8 所示为某薄板坯连铸连轧产线轧辊的配置情况。

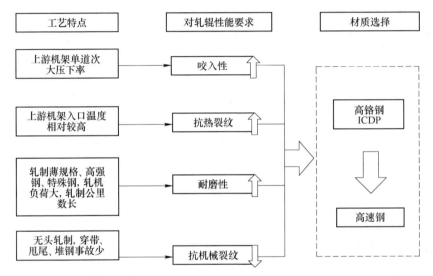

图 2-26　薄板坯连铸连轧的工艺特点及对轧辊的要求

表 2-8　某薄板坯连铸连轧产线的轧辊配置情况

	轧辊配置	R1	R2	R3	F1	F2	F3	F4	F5
工作辊	最大轧制力/kN	35000							
	直径/mm	670~750					520~580		
	辊宽/mm	1950					2200		
	辊型	凹辊					锥形辊		
	材质	高铬铁、高速钢					ICDP、高速钢		
	换辊周期	3 个浇次（平均 8000t）					1 个浇次（2100~3600t）		
	轧制公里数/km	—	—	—	—	—	平均 120 最高 200		
支撑辊	直径/mm	1300~1450							
	材质	Cr5 锻钢							
	换辊周期/d	30~36（三检修周期）					10~12（一检修周期）		

2.2.5   高效除鳞

传统厚板坯生产中均采用高压水除鳞系统，水压达到 15~18MPa 即可彻底清除氧化铁皮。在生产中，为了清除在轧制过程中产生的二次氧化铁皮，一般采用多次除鳞，即板坯在出加热炉进入粗轧机前、粗轧过程和入精轧机前都进行除鳞。薄板坯连铸连轧的工艺路线与传统热轧流程有较大的差异，板坯出连铸机后，直接进加热炉加热保温 20~30min，从加热炉出炉的薄板坯在很短的时间内就进入除鳞机除鳞。在这个过程中板坯所处的环境特点是：始终处于很高的温度下，没有传统板坯温度下降到室温的过程；加热时间很短，形成的氧化铁皮较薄；出加热炉后到进入除鳞机的时间很短，薄板坯温降很小。在实际生产中，人们发现薄板坯的氧化铁皮较薄，但是黏性大，很难去除，因而用薄板坯生产的热轧带钢表面质量一直是困扰行业的难题。在初期有依靠提高除鳞水压来清除表面氧化铁皮的做法，最高水压曾经达到 55MPa，过高的水压对除鳞效果的改善有限，但显著增加了高压水系统维修保养的工作量，同时事故率也相应增加。

西马克针对薄板坯连铸连轧氧化铁皮难以清除的问题，开发研制了新型除鳞机[16]。与常规的高压水除鳞装置相比，其特点是：减小了喷嘴与板坯表面之间的距离；水压由原来的 20MPa 提高至 40MPa，实际操作水压为 32~35MPa；设有防止飞溅水回落板坯表面的收集器。达涅利公司采用了多点除鳞工艺，根据薄板坯连铸连轧产线上各处氧化铁皮的特点，在三处设置了不同的除鳞装备：辊底式均热炉之前的旋转式除鳞机、粗轧机前和精轧机前的除鳞箱[17]。

2.2.6   连续化轧制技术

连续化是钢铁流程创新发展的重要方向，连续化技术发展的主要里程碑事件如图 2-27 所示。1924 年在 Armco 厂首次实现了热连轧，1926 年在 Columbia Steel 厂首次实现了冷连轧，1954 年在 Atlas Steel 厂首次实现了连铸，1971 年在 NKK 首次实现了连续酸轧，1972 年首次实现了连续退火，1986 年在 Nippon Steel 厂首次实现了酸洗、冷轧和退火过程的全连续，1989 年在 Nucor 首次实现了薄板坯连铸连轧的工业化生产，1996 年在 Kawasaki Steel 厂首次在热连轧产线上实现了无头轧制。

传统热轧带钢的生产一般采用单坯轧制，板坯在生产过程中需要经历咬钢、轧制和抛钢的过程，其存在的最大问题是带钢头尾的轧制是在无张力条件下进行的，轧制不稳定，尺寸公差得不到充分保证。同时，由于频繁的穿带、甩尾，必然会对轧辊造成损害，特别是薄规格热轧产品的轧制，问题尤为突出，产品生产难度大[18]。由于上述问题的存在，人们开始探讨、研究如何实现热轧带钢的连续化轧制。连续化轧制的优势是显而易见的：可减少轧制过程的间歇时间，利于

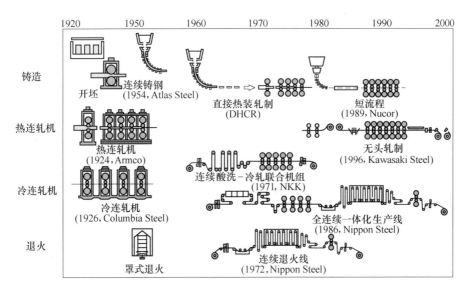

图 2-27 带钢连续化生产技术发展大事记

提高产量；可实现恒速轧制，轧制过程更稳定，温度和张力更均匀，利于产品的质量改进，同时也有利于薄规格热轧产品的批量、稳定生产。

连续化轧制技术在薄板坯连铸连轧产线实现之前，在传统热连轧产线上就已经开展了大量的研究工作[19,20]。1996 年，日本川崎 3 号热连轧产线上率先实现了连续化的无头轧制技术[21]，如图 2-28 所示，主要设备参数如表 2-9 所示。其最大的特点是采用如图 2-29 所示的焊机，将中间坯在运动的过程中连接起来，从而实现连续化的无头轧制。产线的主要技术经济指标如表 2-10 所示，可见，采用连续化轧制技术之后，其产品的尺寸精度和温度的均匀性得到明显改善，板形、表面质量和生产效率也得到显著提升。

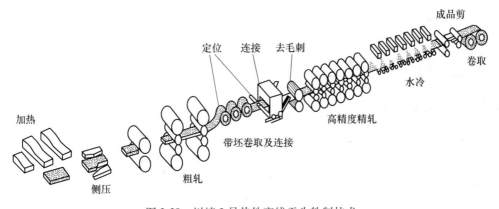

图 2-28 川崎 3 号热轧产线无头轧制技术

表 2-9 川崎 3 号热轧产线主要设备参数

基本设备	内　　容	技术条件
无头轧制薄板坯尺寸	厚度/mm	20~40
	宽度/mm	800~1900
卷取箱	数量	2
	卷取最大速度/m·min^{-1}	340
中间坯焊合设备	类型	台车自动型
	最大驱动速度/m·min^{-1}	60
	加热方式	感应加热
清毛刺机	类型	旋转式圆盘剪
高速飞剪	剪切速度/m·min^{-1}	1200
	剪切厚度/mm	0.8~6.0

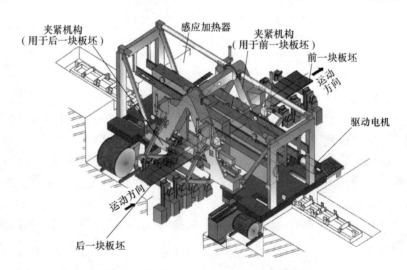

图 2-29 川崎 3 号热轧产线中间坯焊接装置

表 2-10 川崎 3 号热轧产线技术经济指标

项　　目		指　　标
质量	厚度控制	公差在±30μm 从 96% 提高到了 99.5%
	宽度控制	公差从 6mm 减小到 3mm
	温度波动	温度偏差从±30K 减小到±15K
生产率	提高了生产率	增加 20%
	因为夹送辊的原因导致的非预期的换辊	降低 90%

续表 2-10

项　目		指　标
改判	板卷头尾板形不良损失	减少 80%
	因为夹送辊辊印导致的表面质量改判	降低 90%

浦项 2 号热连轧产线于 2006 年 7 月也完成了无头轧制设备的安装，其布置示意图如图 2-30 所示，并于 2007 年 1 月正式投产[22]。与川崎 3 号热连轧产线不同的是，其中间坯的连接不是通过焊接的方法，而是采用特殊的切合方式把中间坯连接在一起，从而实现无头轧制。采用连续化轧制技术之后，其产线的生产效率得到明显提升，如图 2-31 所示，产品组织性能的均匀性也得到了明显改善，如图 2-32 和表 2-11 所示。目前可以实现最多 45 块坯（1000t 以上）60min 以上连续轧制，每月采用无头轧制技术生产钢卷的产量约为 1 万吨。

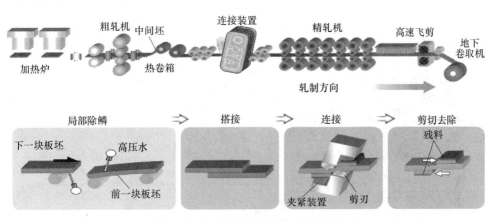

图 2-30　浦项 2 号热连轧产线无头轧制技术

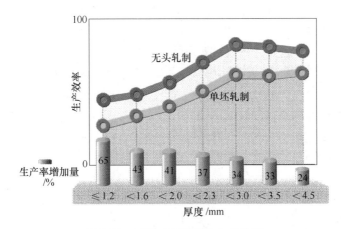

图 2-31　不同工艺流程的生产效率

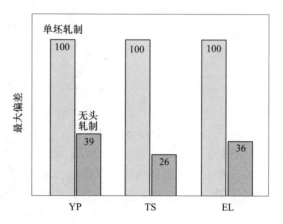

图 2-32　不同工艺流程产品的性能波动

表 2-11　浦项 2 号热轧产线全无头轧制不同部位产品微观组织

部位	头部 4m	头部 20m	尾部 20m	尾部 4m
单坯轧制	10μm	10μm	10μm	10μm
无头轧制	10μm	10μm	10μm	10μm

　　在薄板坯连铸连轧技术的发展过程中，连续化的思想也是贯穿始终。根据连续化的程度，一般可将薄板坯连铸连轧分为三代技术。第一代技术以单坯轧制为特征，最早在美国投产的纽柯克劳福兹维尔 CSP 线以及我国第一批引进的珠钢、邯钢、包钢等产线均属这代技术。第二代技术以半无头轧制为特征，最早是 1994 年在荷兰霍戈文实现，其产线布置示意图如图 2-33 所示。所谓半无头轧制技术，是指在薄板坯连铸连轧机组上采用相当于普通板坯最大长度 4~7 倍的板坯，实现连续轧制，再由卷取机前的飞剪将其分切成所要求重量钢卷的轧制工艺。为提高半无头轧制技术的效率，衔接段应有足够的长度，因此其均热炉的长度相对较长，荷兰霍戈文半无头轧制产线均热炉的长度达到 312m，是世界上最长的均热炉，其坯料长度可以达到 250m 以上，达到传统板坯长度的 7 倍左右。半无头轧

制可以尽可能延长一块板坯的连续轧制时间，从而获得连续化轧制所带来的一些优势。实际上，这是介于单坯轧制和无头轧制之间的一个过渡性的技术。

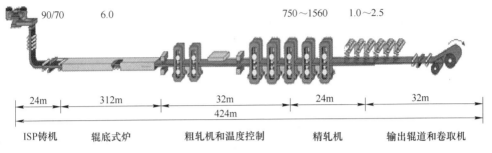

图 2-33　荷兰霍戈文半无头轧制产线布置示意图

我国涟钢 CSP 也采用了类似技术，其产线布置示意图如图 2-34 所示，其均热炉的长度也达到了 292m。涟钢应用半无头技术成功将长 269m、厚 70mm 的超长连铸坯稳定地轧制成 7 个切分卷。半无头轧制技术适于生产超薄带钢和宽薄带钢，拓宽产品的极限规格范围[23]，如图 2-35 所示。生产 SPHC 时，采用半无头轧制技术，当厚度为 0.8mm 时，宽度可达 1300mm；厚度为 1.2mm 时，宽度可达 1600mm。生产 Q235B 时，厚度为 1.0mm 时，宽度可达 1200mm；厚度为 1.2mm 时，宽度可达 1400mm。厚度为 1.4mm 时，宽度可达 1600mm。生产 Q345B 时，厚度为 1.5mm 时，宽度可由 1300mm 扩展至 1600mm。

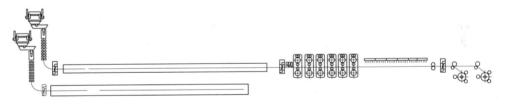

图 2-34　涟钢 CSP 产线布置示意图

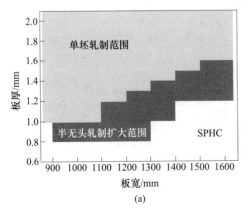

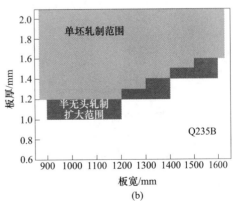

(a)　　　　　　　　　　　　　　　　　　(b)

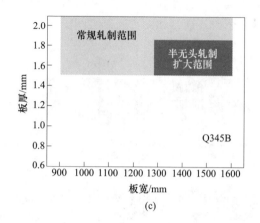

(c)

图 2-35   涟钢 CSP 单坯轧制和半无头轧制产品规格范围

此外，半无头轧制技术还减少了频繁穿带和甩尾带来的问题，有利于提高轧制过程的稳定性和控制精度，特别是头尾的控制精度，包括终轧温度、厚度、凸度和板形等，如图 2-36 所示。温度的均匀性也有利于带钢组织性能的均匀性控制，如图 2-37 和图 2-38 所示。带钢头尾的屈服强度波动小于 40MPa，抗拉强度波动小于 20MPa，晶粒尺寸波动小于 $2\mu m$[24]。

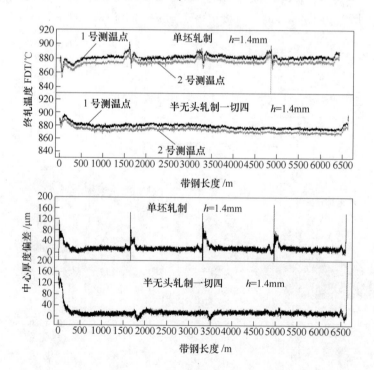

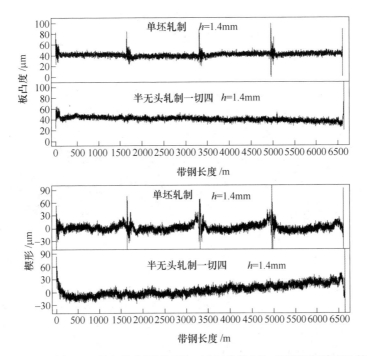

图 2-36 涟钢 CSP 单坯轧制同半无头（4 切分轧制）带钢控制精度比较

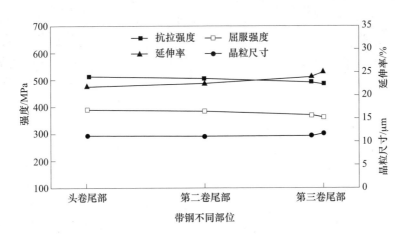

图 2-37 半无头轧制带钢不同部位的力学性能（Q235B，$h=1.5mm$）

第三代技术以完全连续化生产的无头轧制为主要特点，首次工业化生产 2009 年在意大利阿维迪的 ESP 产线上得以实现。2013 年我国的日照钢铁开始引进阿维迪的技术，目前已经有 4 条产线建成投产，每条产线的设计产能为 220 万吨/年，2016 年主要的技术指标如表 2-12 所示。另外，从日照的生产实践上看，

ESP 技术在薄规格热轧带钢生产上的优势也已经显现，产品的最小厚度规格达到0.6mm，并且可以实现 1.0mm 以下规格产品的批量化生产，2016 年 1.2mm 以下规格产品的比例约为 30%，1.5mm 以下产品的比例达到 55%。

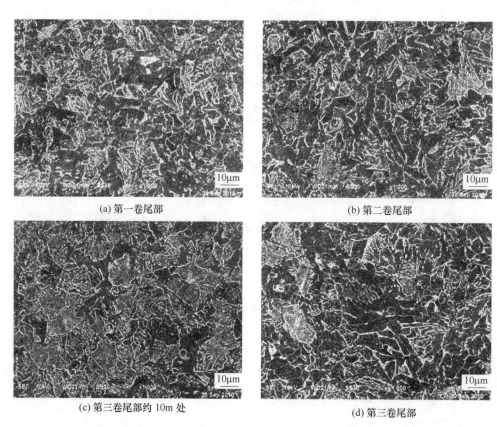

(a) 第一卷尾部

(b) 第二卷尾部

(c) 第三卷尾部约 10m 处

(d) 第三卷尾部

图 2-38   半无头轧制带钢不同部位的显微组织（Q235B，$h = 1.5mm$）

表 2-12   日照 ESP 产线 2016 年主要技术指标

工序	内 容	日钢 ESP
连铸	铸坯厚度、宽度范围/mm	厚度 95 宽度 1219/1250/1500
	包晶钢生产能力	不生产
	典拉合格率/%	99.57(5.5m/min)
	最高拉速/m·min^{-1}	5.7
	平均连浇炉数/连浇时间	7.04/6.5h
	最高连浇炉数	11
	全年漏钢率/%	0.15

续表 2-12

工序	内　　容	日钢 ESP
轧钢	氧化烧损率/%	0.65
	吨钢电耗/kW·h·t⁻¹	68（总电耗）
	金属收得率/%	97.79（钢水）
	连续轧制公里数/km	121.66
	产品的极限强度和规格	屈服 700MPa/1.5mm
	表面缺陷改判率/%	0.84
	一个轧制单位内≤1.6mm 规格的比例/%	60

除了 ESP 技术之外，韩国浦项的 CEM 产线也具备无头轧制的能力。2014 年采用无头轧制模式生产的产品占总产量的 50% 左右。采用无头轧制模式，连续轧制公里数可达到 133km，并且具有较高的尺寸精度，厚度偏差为 ±12μm。目前不同类型产品的拉速、连续轧制时间和厚度规格分布如表 2-13 和图 2-39 所示。2013 年产品厚度规格小于 2mm 的比例为 46%，其中小于 1.6mm 的比例为 22%；2014 年产品厚度规格小于 2mm 的比例达到 60%，其中小于 1.6mm 的比例达到 35%。

表 2-13　不同类型产品的连续生产能力

钢　种	拉速/m·min⁻¹	连续轧制时间/h	最小带钢厚度/mm
LC(0.04%C)	6.5~6.8	6	1.0
HSLA(0.06%C，0.12%Ti)	6.0	3	1.8
HC(0.45%C)	5.8	2	1.4

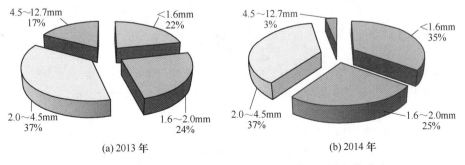

(a) 2013 年　　　　　　　　(b) 2014 年

图 2-39　韩国浦项 CEM 产线 2013~2014 年产品厚度规格分布

参 考 文 献

[1] Rohde W. Current state, capabilites and further development of the CSP technology [J]. MPT International, 1995 (4): 82-98.

[2] Klinkenberg C, Bilgen C, Boecher T, Schlüter J. 20 years of experience in thin slab casting and rolling state of the art and future developments [C]. Materials Science Forum, 2010, 638-642: 3610-3615.

[3] Carlo P Piemonte, Alessandro Pigani. 达涅利生产热轧钢卷的薄板坯连铸连轧技术的观点和经验 [J]. 世界钢铁, 2011 (3): 42-48.

[4] 关菊, 马小军, 王鹏, 等. ASP 流程与年产 500 万吨生产线技术集成 [C]. 2009 年薄板坯连铸连轧国际研讨会论文集, 2009: 18-22.

[5] 徐长青. 薄板坯连铸连轧技术调研 [J]. 马钢科研, 1996 (1): 10-15.

[6] 宣守蓉. 薄板坯连铸连轧技术的现状及发展趋势 [J]. 梅山科技, 2006 (3): 36-38.

[7] 杨春政, 张洪波, 杨杰, 等. 薄板坯连铸动态液芯压下技术的应用与完善 [J]. 钢铁, 2004, 39 (增刊): 468-471.

[8] 彭晓华. 薄板坯连铸连轧的液芯压下技术 [J]. 钢铁, 1999, 34 (9): 63-65.

[9] 邢长虎, 翟启杰, 于艳. 薄板坯连铸液芯压下工艺研究进展 [J]. 上海金属, 2003, 25 (1): 12-16.

[10] Hans Streubel. Thin slab casting with liquid core reduction [J]. MPT International, 1999 (3): 62-64.

[11] Andrea Carboni. Dynamic soft reduction in thin slab casting [J]. MPT International, 1999 (2): 68-70.

[12] Christian Bilgen, Christoph Klein, Christian Klinkenberg. From CSP to CSP flex: the new concept for thin slab technology [J]. Millennium Steel, 2012: 90-96.

[13] 赵明修. 薄板坯连铸连轧 ISP 工艺 [J]. 湖南冶金, 1994 (6): 55-58.

[14] 菅瑞雄 (译), 郝伟红 (校). Arvedi 公司的无头带钢生产线 (ESP)——7 分钟内钢水转变为热轧卷 [J]. 太钢译文, 2009 (4): 29-35.

[15] 殷瑞钰. 关于薄板坯连铸连轧工艺、装备的发展问题 [J]. 钢铁, 2004, 39 (10): 1-5.

[16] Reip C P, Henning W, Kempken J. CSP 面临的挑战及解决方案 [J]. 世界钢铁, 2008 (2): 1-4.

[17] 肖鹏, 崔晓嘉, 徐良. 浅谈板带钢的高精度轧制技术 [J]. 河北冶金, 2012 (2): 46-50.

[18] 毛新平. 薄板坯连铸连轧半无头轧制工艺 [J]. 钢铁, 2003, 38 (7): 24-28.

[19] 王利民. 热轧超薄带钢 ESP 无头轧制技术发展和应用 [J]. 冶金设备, 2014 (212): 60-64.

[20] 康永林, 朱国明. 热轧板带无头轧制技术 [J]. 钢铁, 2012, 47 (2): 1-6.

[21] 刘军, 张志勤. 日本热轧带钢无头轧制工艺与设备的开发 [J]. 鞍钢技术, 2000 (8): 18-22.

[22] Lee Jong-sub, Kang Youn-hee, Won Chun-soo, et al. Development of a new solid-state joining

process for endless hot rolling ［J］. Iron & Steel Technology，2009（8）：48-52.

［23］刘旭辉，成小军，吴浩鸿，等 . CSP 生产线半无头轧制技术研究与应用［J］. 金属材料
　　　与冶金工程，2012，40（2）：17-22.

［24］康永林，周明伟，刘旭辉，等 . 半无头轧制薄规格带钢的组织性能与板形［J］. 钢铁，
　　　2012，47（1）：44-48.

3　薄板坯连铸连轧流程产品定位与开发

3.1　国内外典型薄板坯连铸连轧产线的产品生产现状

3.1.1　国外典型产线的产品生产情况

美国纽柯克劳福兹维尔（Crawfordsville）CSP 产线于 1989 年建成投产，是全球第一条薄板坯连铸连轧产线。目前其可生产的产品主要包括：深冲钢（DDS）、冲压钢（DS）、商品材（CS）、结构钢（SS30~55）、HSLA 钢（HSLA 45~80）、API 钢（X42~X65）、高碳钢（C1035~1095）、合金钢、AHHS 钢、硼钢和耐磨钢等，带钢宽度为 889~1397mm，厚度为 1.4~15.9mm（酸洗钢最厚 6.4mm，酸洗高碳钢最厚 5.1mm），年产能约为 200 万吨。1992 年，纽柯希克曼（Hickman）CSP 产线建成投产，目前其产品范围涵盖商品材（CS）、冲压钢（DS）、结构钢（SS30~55）、HSLA 钢（HSLA 45~80）、API 钢（X42~X70）、耐磨钢、含铜钢、耐候钢（A606）等[1]。1996 年，纽柯伯克利（Berkeley）CSP 产线建成投产，目前其可生产的产品范围与 Crawfordsville 和 Hickman 产线基本类似。

德国蒂森克伯 CSP 产线于 1999 年建成投产，其可生产的品种多达 50 个以上，具体包括碳钢、结构钢、高强捆带、无取向电工钢、HSLA 钢、直接镀锌钢带、调质钢、多相钢、API 钢、SCALUR®热轧酸洗钢等，主要应用于汽车、机械、建筑、电气等领域[2]。SCALUR®热轧酸洗钢是蒂森克虏伯的特色产品，如表 3-1 所示。由表 3-1 可以看出，其深冲钢的最小厚度达到 1.2mm，700MPa 级低合金高强钢的最小厚度达到 2.0mm，780MPa 级双相钢的最小厚度达到 1.7mm，可用于替代传统的冷轧产品。

表 3-1　SCALUR 热轧酸洗钢牌号和规格

企业牌号	标准牌号	厚度/mm	宽度/mm
SCALUR® DD11	DD11	1.20~6.00	900~1600
SCALUR® DD12	DD12	1.20~6.00	900~1600
SCALUR® DD13	DD13	1.20~6.00	900~1600
SCALUR® DD14	DD14	1.20~6.00	900~1600
SCALUR® S235MC	S235MC	1.20~6.00	900~1600

续表 3-1

企业牌号	标准牌号	厚度/mm	宽度/mm
SCALUR® S315MC	S315MC	1.40~6.00	900~1600
SCALUR® S355MC	S355MC	1.50~6.00	900~1600
SCALUR® S420MC	S420MC	1.50~6.00	900~1600
SCALUR® S460MC	S460MC	1.50~6.00	900~1600
SCALUR® S500MC	S500MC	1.50~6.00	900~1600
SCALUR® S550MC	S550MC	1.50~6.00	900~1600
SCALUR® S600MC	S600MC	2.00~6.00	900~1600
SCALUR® S650MC	S650MC	2.00~6.00	900~1600
SCALUR® S700MC	S700MC	2.00~6.00	900~1600
SCALUR® HDT780C	HDT780C	1.70~5.00	900~1600

　　马来西亚 Mega 钢铁公司的 CSP 产线于 1998 年建成投产，目前其产品大纲如表 3-2 所示，主要包括普碳钢、汽车结构用钢、焊接结构用钢、耐磨钢、耐候钢、管线钢、供冷轧原料和花纹板等。

表 3-2　马来西亚 Mega 公司 CSP 产线产品结构

类　别	标　准	钢　种
普通结构钢	JIS G 3101	SS330、SS400、SS490、SS540
	JIS G 3131	SPHC、SPHD
	ASTM	A36、A1011、A572、A131、A283、A285、A516、A1018
	BS EN 10025	S235J2G3、S275J2G3、S355J2G3
煤气瓶罐钢	JIS G 3116	SG255、SG295
	EN 10120—1997	P245NB、P265NB
汽车结构钢/轮辋钢	JIS G 3113	SAPH370、SAPH400、SAPH440
焊接结构钢	JIS G 3106	SM400、SM490
耐磨耐腐蚀钢	JIS G 3125	SPAH
	ASTM	A242
	BS EN 10025	S355JOW
管件	JIS G 3132	SPHT1、SPHT2、SPHT3、SPHT4
	ASTM	A500
管线钢	API 5L	X42、X52、X56、X60、X65、X70
海洋用钢	BS 7191	275C、355C、355D
冷轧原料	SAE	1006、1008、1018、1020、1022
花纹钢板	JIS G 3101	SS400
	BS 4360	43A
	BS EN 10025	S275JR
	ASTM	A36

　　韩国浦项的 CEM 产线是在原有 ISP 产线的基础上发展而来的，2009 年完成无头轧制改造。目前主要用于生产超薄热轧卷，用于替代部分冷轧产品。其代表产品主要包括：SPHC、A715~60、SAPH440、IF、PHT590D（600DP）、PHT780D（800DP）、PHT590F（600FB）、PHT780F（800FB）、PDT1470M（1470MART）及 MNO、HNO、GO 等电工钢产品，产品厚度最小可达 0.8mm。另外，CEM 产线具有无头轧制和单坯轧制两种模式，其可生产的各类产品的规格范围如表 3-3 所示。

表 3-3　韩国浦项 CEM 产线各类产品规格范围

产品类别	无头轧制/mm	单块轧制/mm
AHSS	1.4~2.5	3.0~5.0
HSLA	1.4~2.5	2.5~5.0
高碳钢	1.4~2.5	2.5~5.0
中碳钢	1.4~2.5	2.0~5.0
低碳钢	0.8~2.5	1.4~5.0

　　泰国 GJ 钢铁公司的 CSP 产线于 1997 年建成投产，目前其可生产的产品如表 3-4 所示，主要包括冲压钢、焊接结构钢、汽车结构钢和耐候钢等。

表 3-4　泰国 GJ 钢铁公司 CSP 产线产品结构

类　别	标　准	钢　种
冲压钢/商业用钢	TIS 528	HR1、HR2、HR3
普通结构钢	TIS 1479	SS330、SS400、SS490
焊接结构钢	TIS 1499	SM400A、B、C SM490A、B、C、YA、YB
机械结构钢	TIS 1501	S17C~S45C
管材	TIS 1735	SPHT1、2、3、4
汽车结构钢	TIS 1999	SAPH310、370、400、440
汽车成形钢	TIS 1884	SPFH490、540、540Y
耐候钢	TIS 2011	SPHT1、2、3、4
煤气罐和压力容器用钢	TIS 2060	Grade 1、2、3

　　加拿大埃萨阿尔戈马钢铁公司的 FTSR 产线于 1997 年建成投产，主要生产低合金高强钢，主要产品如表 3-5 所示，产品的屈服强度最高达 700MPa 级。

表 3-5 加拿大 Algoform 的 FTSR 产线低合金高强钢产品

Algoma CB/V ASTM A607	ALGOFORM 成形系列	屈服强度/MPa
CB/V 35	ALGOFORM 35	250
CB/V 40	ALGOFORM 40	280
CB/V 45	ALGOFORM 45	310
CB/V 50	ALGOFORM 50	350
CB/V 55	ALGOFORM 55	380
CB/V 60	ALGOFORM 60	420
CB/V 65	ALGOFORM 65	450
CB/V 80	ALGOFORM 80	560
—	DSPC-700T/700HE	700

意大利阿维迪的 ISP 产线于 1992 年投产,可生产的产品主要包括:(1)HSLA(高强度低合金钢)含 Nb、V、Ti;(2)中碳钢(C 0.17%~0.25%);(3)高碳钢(C 0.25%~0.75%);(4)热处理用硼钢;(5)耐候钢(含 Cr、P);(6)合金钢(含 Cr、V);(7)包晶钢。其中铝镇静钢(S<0.03%)占 60%左右。阿维迪的产品广泛应用于替代冷轧卷的薄规格热卷材,如卷筒、板式散热器等;用于高压气瓶,活塞缸等结构钢板以及用于汽车冲压部件等的高强度低合金钢,其中含 Nb、V、Ti 的低合金高强度钢的抗拉强度高达 700MPa 级。典型产品的最小厚度规格如表 3-6 所示,其中 300MPa 级低合金钢的最小厚度达到 1.0mm。

表 3-6 阿维迪 ISP 不同产品的极限厚度规格

钢 级	ISP 最小厚度/mm	宽度/mm
QStE300TM(S315MC)	1.00	1250
QStE340TM	1.25	1250
S355MC	1.40	1250
QStE380TM	1.50	1250
QStE420TM(S420MC)	1.50	1250

意大利阿维迪公司的 ESP 生产线于 2009 年建成投产,目前可生产超低碳钢、低碳钢、中碳钢、高强钢、IF 钢、管线钢(最高至 X80)、双相钢、多相钢和无取向电工钢等品种,主要产品结构如图 3-1 所示。可生产的薄规格产品包括:深冲用钢的最小厚度达到 0.8mm,屈服强度为 315MPa 级的产品最小厚度达 1.0mm,屈服强度为 420MPa 的产品最小厚度达 1.2mm,屈服强度为 700MPa 级的产品最小厚度达 1.8mm。此外,DP600 的最小厚度达 1.2mm,DP1000 的最小厚度达 1.5mm,如表 3-7 所示。

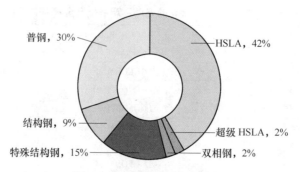

图 3-1   阿维迪 ESP 产品结构

表 3-7   阿维迪 ESP 产线不同产品的厚度范围

钢 级	厚度范围/mm
DD12	0.80~10.0
S235JR	0.85~12.0
S315MC	1.00~12.0
S355MC	1.20~12.0
S420MC	1.00~10.0
S700MC	1.80~8.0
DP600	1.20~5.0
DP1000	1.50~5.0

最后，美国大河钢铁（Big River Steel）的 CSP 产线于 2017 年投产，其产品设计大纲主要包括：碳钢、HSLA 钢、管线钢（X70/X80）、电工钢（无取向和取向）等，并且带钢的最大宽度达 1930mm。

3.1.2   国内典型产线的产品生产情况

H 产线 2014~2016 年的产品结构如表 3-8 和图 3-2 所示。可生产的产品主要包括：普碳钢、热轧酸洗钢、微合金高强钢（屈服强度 450~700MPa 级）、耐候钢、汽车用钢、中高碳钢和硅钢等，其中，无取向硅钢的比例最高达到 41%以上，年产量超过 80 万吨。

表 3-8   H 产线 2014~2016 年的品种构成情况

产品系列	主要牌号	厚度范围/mm	2014 年比例/%	2015 年比例/%	2016 年比例/%
供冷轧原料	SAPH310~370	1.4~2.0	0.00	0.00	0.00
热轧酸洗钢	RST330	1.8	1.32	1.10	0.95

产品系列	主要牌号	厚度范围/mm	2014年比例/%	2015年比例/%	2016年比例/%
普通热轧结构用钢	Q235B/Q345B	0.8~10.0	36.96	27.10	42.38
花纹板	H-Q235B	1.5~6.4	1.20	0.32	1.20
高强钢（$T_s \geqslant 500$MPa）	WYS500	1.2~6.0	0.09	0.22	0.57
耐候钢/集装箱用钢	WJX750-NH/SPA-H	1.4~3.5	16.36	16.87	7.00
汽车用钢	WYS600	1.2~6.0	0.05	0.00	0.01
中高碳钢	65Mn/75Cr1/30CrMo	1.6~4.0	0.09	0.19	0.31
其他	DP600/HCP/SPHC	1.2~10.0	10.91	12.96	13.50
硅钢	W20P/W30P/W23P	2.3~2.75	33.02	41.23	34.09

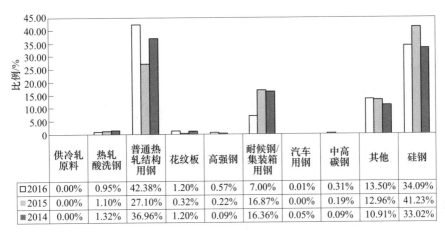

	供冷轧原料	热轧酸洗钢	普通热轧结构用钢	花纹板	高强钢	耐候钢/集装箱用钢	汽车用钢	中高碳钢	其他	硅钢
□2016	0.00%	0.95%	42.38%	1.20%	0.57%	7.00%	0.01%	0.31%	13.50%	34.09%
▨2015	0.00%	1.10%	27.10%	0.32%	0.22%	16.87%	0.00%	0.19%	12.96%	41.23%
■2014	0.00%	1.32%	36.96%	1.20%	0.09%	16.36%	0.05%	0.09%	10.91%	33.02%

图 3-2 H 产线 2014~2016 年的品种构成情况

K 产线 2014~2016 年的主要产品结构如表 3-9 和图 3-3 所示。可生产的产品主要包括：供冷轧原料、普碳钢、热轧酸洗钢、中高碳钢、耐候钢、汽车用钢和硅钢等。2016 年产品结构中冷轧原料比例 60.1%，主要为一冷轧提供退火、镀锌、酸洗原料，为二冷轧提供宽幅家电板等冷轧基料。

表 3-9 K 产线 2014~2016 年的品种构成情况

产品系列	主要牌号	厚度范围/mm	2014年比例/%	2015年比例/%	2016年比例/%
供冷轧原料	SPHC	1.5~10.5	23.10	36.46	61.16
热轧酸洗	TXHC	2.0~4.0	2.34	1.40	0.76
高碳类	40Mn	1.8~12.0	1.10	2.02	2.07

产品系列	主要牌号	厚度范围/mm	2014 年比例/%	2015 年比例/%	2016 年比例/%
耐候耐酸/耐热类	SPA-H	1.6~6.0	0.25	1.54	1.06
热交货汽车用钢	QStE700TM	1.2~4.0	0.69	0.20	0.04
电工钢	TWG800	2.3~2.75	6.24	2.15	0.59
其他		1.2~12.0	66.28	56.22	34.32

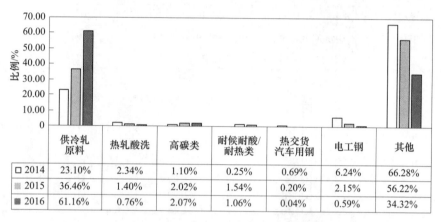

图 3-3   K 产线 2014~2016 年的品种构成情况

D 产线 2014~2016 年的产品结构如表 3-10 和图 3-4 所示。可生产的产品主要包括：供冷轧原料、普碳钢、热轧酸洗钢、中高碳钢、耐候钢、高强钢、汽车用钢和硅钢等，普碳钢的比例达到 70%。

表 3-10   D 产线 2014~2016 年的品种构成情况

产品系列	主要牌号	厚度范围/mm	2014 年比例/%	2015 年比例/%	2016 年比例/%
供冷轧原料	SPHD-SD	2.0~3.8	22.19	23.52	12.86
热轧酸洗钢	LG280VK/SHPD-I	2.1~3.8	0.13	0.07	0.58
普碳钢	Q235B	1.0~10.0	63.30	58.47	75.72
耐候钢/集装箱用钢	SPA-H	1.6~3.15	0.55	1.30	4.16
高强钢（$T_s \geqslant 500MPa$）	BC550	1.2~6.0	0.69	0.76	0.80
汽车用钢	SAPH400	2.0~4.85	0.71	0.73	0.17
中高碳钢	30CRMO	1.95~6.0	1.27	2.67	2.58
硅钢	LGW1000	2.5~3.0	10.78	10.11	0

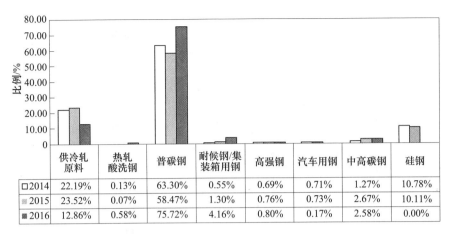

图 3-4   D 产线 2014~2016 年的品种构成情况

L 产线 2015~2016 年的产品结构如表 3-11 和图 3-5 所示。可生产的产品主要包括：供冷轧原料、普碳钢、热轧酸洗钢、中高碳钢、耐候钢、高强钢、汽车用钢和外贸黑卷等。

表 3-11   L 产线 2015~2016 年的品种构成情况

产品系列	主要牌号	厚度范围 /mm	2015 年 比例/%	2016 年 比例/%
供冷轧原料	RE 系列	0.8~4.5	30.91	42.57
热轧酸洗钢	SPHC 系列	0.8~4.5	4.45	7.53
普碳钢	Q235B 系列	0.8~4.5	30.96	19.18
高强钢（$T_s \geqslant 500MPa$）	SGH 系列	1.5~4.5	0.004	1.63
耐候钢/集装箱用钢	S355J0W、NH500MC	1.4~4.5	—	0.005
中高碳钢	Q345B、40Mn	1.5~4.5	—	1.27
双相钢	DP590	1.4~4.5	0.011	0.052
汽车用钢	QStE 系列 SAPH 系列	1.0~4.5	0.009	1.33
外贸黑卷	SAE1006B DD11	0.8~4.5	33.65	26.43

某 2019 年新建成投产的薄板坯连铸连轧产线，其产品设计大纲涵盖范围较广，包括冷轧基料、汽车结构钢、高强钢、耐候钢、酸洗板、双相钢、高扩孔钢、中锰钢、马氏体钢等，其中，高强钢的强度级别达到 900MPa 级，双相钢的强度级别达到 80MPa 级，高扩孔钢的强度级别达到 780MPa 级，甚至还包括中锰钢 HR800ART 和 1400MPa 级的马氏体钢等。

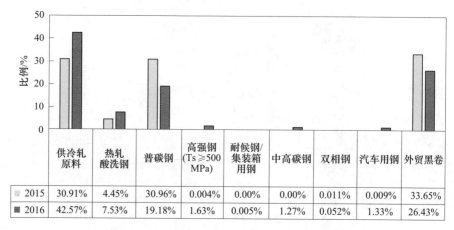

	供冷轧原料	热轧酸洗钢	普碳钢	高强钢(Ts≥500 MPa)	耐候钢/集装箱用钢	中高碳钢	双相钢	汽车用钢	外贸黑卷
2015	30.91%	4.45%	30.96%	0.004%	0.00%	0.00%	0.011%	0.009%	33.65%
2016	42.57%	7.53%	19.18%	1.63%	0.005%	1.27%	0.052%	1.33%	26.43%

图 3-5   L 产线 2015~2016 年的品种构成情况

3.2   薄板坯连铸连轧的工艺特点及产品定位思考

3.2.1   薄板坯连铸连轧流程的工艺特点

薄板坯连铸连轧流程具有不同于传统热轧流程的热履历和物理冶金特征，如图 3-6 和表 3-12 所示。薄板坯连铸连轧流程铸坯出连铸机之后直接进入均热炉，入炉温度一般在 850℃以上；常规流程铸坯出连铸机之后有个冷却过程，铸坯一般在室温时装入加热炉进行加热，即便是采用热送热装工艺，其板坯的入炉温度一般也在 600℃以下。薄板坯连铸连轧流程铸坯的厚度一般为 50~100mm，由于厚度相对较薄，且入炉温度较高，因此其加热温度一般为 1100~1150℃，在炉时间为 25~35min。而传统流程连铸坯的厚度一般为 230~250mm，厚度相对较大，且入炉温度较低，因此其加热温度一般为 1230℃以上，在炉时间大于 160min。

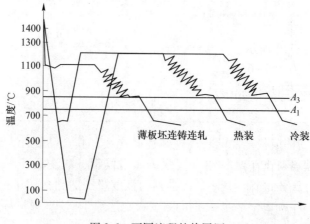

图 3-6   不同流程的热履历

表 3-12 两种流程的主要工艺参数对比

制造流程	坯厚 /mm	入炉温度 /℃	加热温度 /℃	在炉时间 /min	轧制前是否发生相变
传统流程	230~250	室温/300~600	1200~1250	≥160	是
薄板坯连铸连轧流程	50~100	850~1050	1100~1150	25~35	否

可见，传统的生产工艺中，铸坯要经过冷装或热装进行再加热的过程，经历钢水→δ铁素体→γ(1)奥氏体→α铁素体→γ(2)奥氏体的过程，铸坯通过中间冷却、再加热的γ(1)→α→γ(2)的相变过程，细化了晶粒，形成细小的奥氏体组织γ(2)。薄板坯连铸连轧工艺采用直接轧制工艺，没有γ→α相变温度区的中间冷却，铸坯经历钢水→δ铁素体→γ(1)奥氏体的过程，铸坯组织是粗大的原始奥氏体晶粒γ(1)，约为900~1000μm[3]。传统轧制工艺中，进入精轧机的是经过初轧的中间坯，晶粒均匀、细小，约为40~70μm。两种流程的奥氏体晶粒演变对比如图3-7所示。

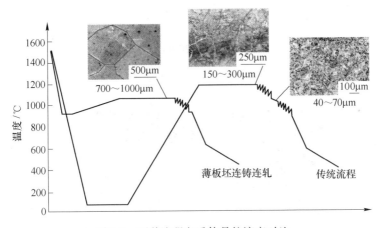

图 3-7 两种流程奥氏体晶粒演变对比

另外，如表3-13所示，薄板坯连铸连轧流程由于减小了铸坯厚度，提高了连铸拉速（通常为3.5~6.5m/min），增加了铸坯表面积（约为传统厚板坯的3~5倍），在结晶器内的冷却强度比传统的厚板坯高1个数量级。高的凝固速率改善了铸造组织，其二次、三次枝晶更短，50mm厚的板坯二次枝晶间距约为90~180μm，传统厚板坯的二次枝晶间距约为200~500μm，如图3-8所示。这是由于铸坯在凝固过程和凝固后的δ-γ相变过程中，存在非常好的高形核率条件，通过凝固过程的强冷使奥氏体组织明显细化，并且晶粒的细化作用随铸坯在冷却过程（1500~1350℃）中冷却速率的提高而加强。原始的铸态组织晶粒更细、更均匀，为最终组织的细化创造了条件[4]。同时，由于冷却强度大，板坯的宏观及微观偏析可得到较大的改善，分布也更均匀[5]，如图3-9所示和表3-14所示。

表 3-13   两种流程的主要技术特征对比

工　艺	传统板坯	薄板坯
铸坯厚度/mm	230~250	50~100
完全凝固时间/min	10~15	1
冷却速度（1560~1400℃）/℃·s^{-1}	0.15	2

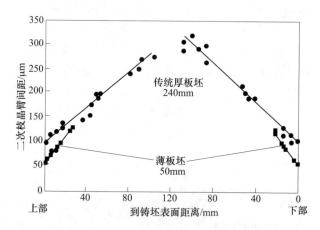

图 3-8   不同流程二次枝晶间距的比较

图 3-9   薄板坯连铸典型铸态组织

表 3-14   两种流程板坯偏析情况对比

对比项	传统板坯			薄板坯		
	C	P	S	C	P	S
统计偏析度/%	16.53	26.11	67.00	4.68	9.79	10.63
统计均匀度/%	97.84	87.35	68.37	99.32	99.57	99.55

快速凝固还导致氧化物、氮化物、硫化物等非金属夹杂物的尺寸减小，其尺寸一般为几十纳米至几百纳米，钢中存在大量尺寸<20nm的沉淀粒子[6-8]，如图3-10所示，从而达到阻止奥氏体晶粒长大、细化晶粒和通过沉淀强化提高强度的作用。

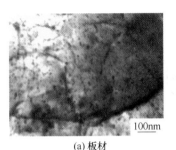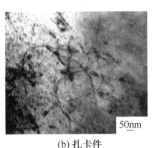

(a) 板材　　　　　　　　(b) 扎卡件　　　　　　　　(c) 铸坯

图3-10　薄板坯连铸连轧C-Mn钢中纳米尺寸析出颗粒的TEM形貌

薄板坯连铸后直接热装，对某些元素的碳氮化物或第二相粒子在板坯中的析出及存在形式也产生了明显的影响，其更有利于充分发挥合金元素的全部潜在作用。微合金元素的完全溶解是合金元素在钢中发挥多重作用的前提。薄板坯高温直接装炉，许多合金元素不会像在传统生产工艺中因为板坯冷却而析出，合金元素始终处于溶解的状态，从而不仅在初始组织而且在再结晶后均起到晶粒的细化作用。为了在成品组织中取得弥散强化，一部分合金元素在相变后仍应处于溶解状态。而常规工艺及冷装工艺时，由于在再加热前的冷却过程中合金元素已经以碳化物和氮化物的形式析出，在再加热过程中，一般不可能全部以固溶状态保持到相变以后，使最终产品晶粒细化的作用更弱。薄板坯连铸连轧则通过工艺的优化控制避免这一问题出现，可以根据需要在变形前使钢中的合金元素处于固溶状态，通过变形的诱导析出使析出物有更精细的尺寸和弥散的均匀分布，而剩余元素保留到相变后析出，形成对钢的进一步强化，这种状态可以最大地发挥合金元素的潜力，减少合金元素的用量[9]。

不同的热履历对产品的表面脱碳也会产生显著影响，特别是对于碳含量较高的中高碳而言尤为突出。图3-11所示为不同加热温度和加热时间对高碳钢75Cr表面脱碳层的影响，结果表明，薄板坯连铸连轧流程的短时、低温加热工艺制度更有利于表面脱碳现象的控制。

虽然薄板坯连铸连轧过程总变形量小，但通过高速、大应变量的道次变形（最大道次压下率达60%以上），如表3-15所示，最终产品晶粒明显细化[10]。图3-12为传统热轧工艺和薄板坯连铸连轧工艺生产同类型低碳钢的晶粒尺寸的比较。由图可以看出，薄板坯连铸连轧产品的晶粒尺寸更为细小。

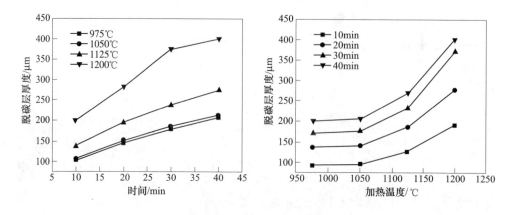

图 3-11　不同加热温度和加热时间对脱碳层深度的影响

表 3-15　CSP 典型轧制规程

规程	厚度/mm		道次压下率/%					
	入口	出口	1	2	3	4	5	6
1	50	1.70	32.00	51.18	57.38	50.58	36.62	23.27
2	50	1.35	30.52	55.04	60.05	54.18	38.14	23.67
3	50	1.20	40.00	59.59	59.59	54.50	33.64	18.87

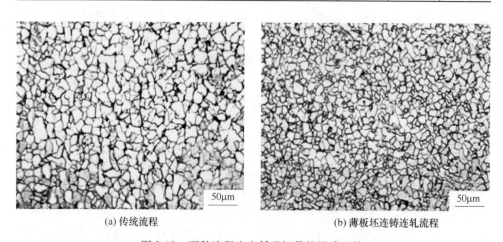

(a) 传统流程　　　　　　　　　　(b) 薄板坯连铸连轧流程

图 3-12　两种流程生产低碳钢晶粒尺寸比较

　　此外，薄板坯连铸连轧流程采用辊底式均热炉，板坯头部进入轧机之后，其余部分还在均热炉中，且一般采用恒速轧制，因此铸坯及带钢全长温度均匀，全长温度波动控制在 ±10℃，典型的温度曲线如图 3-13 所示[11]。轧制过程温度的均匀性，使得薄材的轧制更为稳定，尺寸精度更高，适合薄规格热轧产品的生产。图 3-14 为某 CSP 厂产品的实际厚度控制曲线。

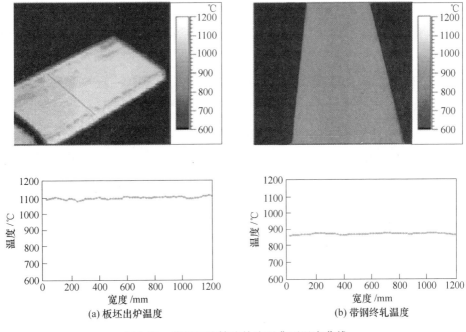

图 3-13 薄板坯连铸连轧流程典型温度曲线

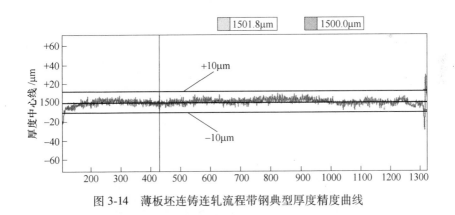

图 3-14 薄板坯连铸连轧流程带钢典型厚度精度曲线

3.2.2 薄板坯连铸连轧流程的定位思考

经过近 30 年的发展，薄板坯连铸连轧流程可生产的产品已经从最初的低碳钢、中碳钢等中低档次产品逐步发展到了低合金高强钢、工具钢、硅钢、耐候钢、双相钢、复相钢等高端产品，如图 3-15 所示，其产品范围已经可以覆盖 80% 以上的热轧板带产品，如图 3-16 所示[12]。薄板坯连铸连轧已经成为热轧板带钢的一种重要生产方式。

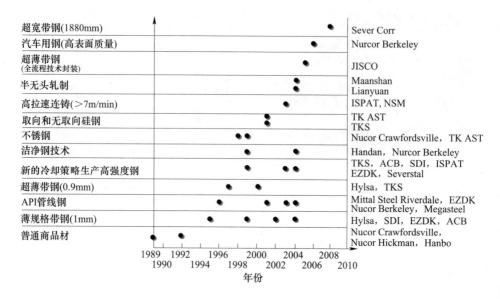

图 3-15　薄板坯连铸连轧流程产品技术的发展

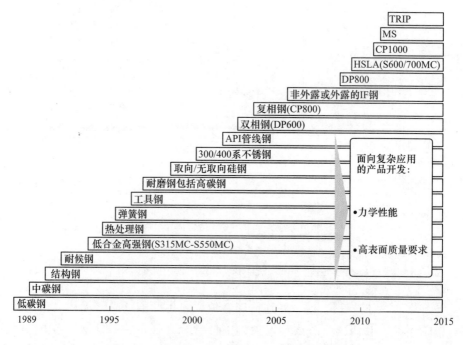

图 3-16　薄板坯连铸连轧可生产产品范围的拓展

但是另一方面，目前我国热轧带钢的产能处于过剩状态。在各个生产企业的实际调研结果也发现，薄板坯连铸连轧流程在常规产品的生产上与传统流程相比并不具备成本优势。薄板坯连铸连轧流程的产品如何定位，未来的产品研发往哪个方向发展，才能既避免与传统流程形成同质化竞争，又可以最大化地发挥薄板坯连铸连轧流程自身的工艺特点，提高产线的竞争力。这个问题已经成为目前行业所关注且迫切需要尽快解决的问题。

根据薄板坯连铸连轧流程的工艺及物理冶金特征，提出流程的产品定位，如图 3-17 所示。薄板坯连铸连轧流程具有铸态组织均匀、偏析小、析出物弥散、晶粒细小、性能均匀、板形良好和尺寸精度高等特点，特别适合生产薄规格、高强钢、特殊钢和硅钢等四大产品。

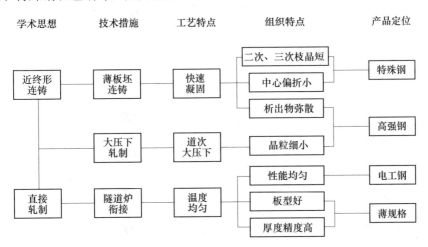

图 3-17　薄板坯连铸连轧流程的产品定位

3.3　薄板坯连铸连轧流程优势产品开发现状

3.3.1　薄规格热轧产品

厚度≤2.0mm 的薄规格带钢是一种重要的钢铁材料，广泛应用于箱柜、电缆桥架、焊管、汽车结构件、家电、物流运输等行业，国内的年需求量达到千万吨级，目前以冷轧产品为主，制造流程长，能耗和制造成本高。采用薄板坯连铸连轧流程直接生产出薄规格热轧产品，可用于替代同等强度和同等规格的冷轧产品，可大幅度缩短制造流程，节能减排效果显著。因此，薄规格热轧带钢是一种资源节约、环境友好的钢铁材料，符合钢铁工业简约高效、绿色生态的发展方向。据不完全统计，冷轧产品可能被热轧替代的厚度范围占比达到 60%～70%，如图 3-18 所示。综合考虑产品质量要求，根据钢铁工业协会的预测数据，我国每年"以热代冷"的需求量约 1000 万～1500 万吨。

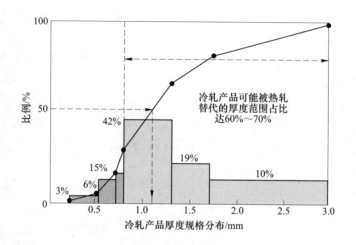

图 3-18　冷轧产品可能被热轧替代的厚度范围

典型的薄板坯连铸连轧产线如我国的 H 产线，2014~2016 年商品材产品的厚度规格分布如表 3-16 和图 3-19 所示。其中，2016 年商品材中厚度≤2.0mm 的比例达到 70% 以上，≤1.6mm 的比例约为 30%，≤1.2mm 的比例约为 8.0%，极限规格为 0.8mm。主体厚度规格为 1.2~2.0mm。

表 3-16　我国 H 产线 2014~2016 年商品材产品厚度规格分布

厚度规格 /mm	2014 年		2015 年		2016 年	
	产量/t	比例/%	产量/t	比例/%	产量/t	比例/%
$H>4.0$	194679	14.55	15293	1.27	75244	5.72
$4.0 \geqslant H > 2.0$	255807	19.12	310517	25.75	330498	25.12
$2.0 \geqslant H > 1.6$	387933	29.00	385378	31.96	510370	38.78
$1.6 \geqslant H > 1.2$	403696	30.18	400702	33.23	329088	25.01
$1.2 \geqslant H > 1.0$	95658	7.15	93641	7.77	70560	5.36
$H \leqslant 1.0$	—	—	132	0.01	154	0.01
合计	1337773	100.00	1205666	100.00	1315915	100.00

我国的 L 产线 2015~2016 年商品材产品的厚度规格分布如表 3-17 和图 3-20 所示。2016 年商品材中厚度≤2.0mm 的比例约为 76%，其中≤1.5mm 的比例约为 55%，≤1.2mm 的比例约为 32%，≤1.0mm 的比例约为 14%。

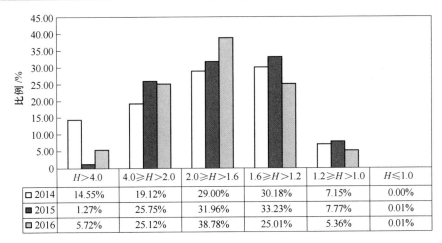

	$H>4.0$	$4.0\geqslant H>2.0$	$2.0\geqslant H>1.6$	$1.6\geqslant H>1.2$	$1.2\geqslant H>1.0$	$H\leqslant1.0$
□ 2014	14.55%	19.12%	29.00%	30.18%	7.15%	0.00%
■ 2015	1.27%	25.75%	31.96%	33.23%	7.77%	0.01%
▨ 2016	5.72%	25.12%	38.78%	25.01%	5.36%	0.01%

图 3-19　我国 H 产线 2014~2016 年商品材产品厚度规格分布

表 3-17　我国 L 产线 2015~2016 年商品材产品厚度规格分布

厚度规格/mm	2015 年		2016 年	
	产量/t	比例/%	产量/t	比例/%
$0.8\leqslant H\leqslant0.9$	12938	0.72	123146	2.35
$0.9<H\leqslant1.0$	239529	13.33	598083	11.39
$1.0<H\leqslant1.2$	299905	16.69	960942	18.31
$1.2<H\leqslant1.5$	413470	23.01	1166874	22.23
$1.5<H\leqslant2.0$	428923	23.87	1135956	21.64
$H>2.0$	402149	22.38	1263772	24.08
合计	1796913	100.00	5248773	100.00

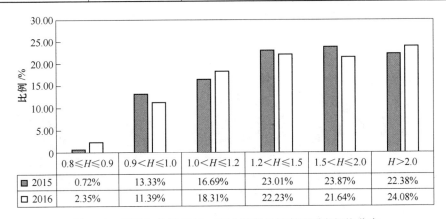

	$0.8\leqslant H\leqslant0.9$	$0.9<H\leqslant1.0$	$1.0<H\leqslant1.2$	$1.2<H\leqslant1.5$	$1.5<H\leqslant2.0$	$H>2.0$
■ 2015	0.72%	13.33%	16.69%	23.01%	23.87%	22.38%
□ 2016	2.35%	11.39%	18.31%	22.23%	21.64%	24.08%

图 3-20　我国 L 产线 2015~2016 年商品材产品厚度规格分布

2018 年 5 月日照 3 号 ESP 产线成功轧制出 5 卷 1.2mm×1500mm 超薄宽规格 RE700L 高强钢产品，实测屈服强度达到 730MPa 以上。2018 年 6 月 21 日，日照 4 号 ESP 产线第一卷 0.7mm 的热轧卷成功下线。2018 年 10 月 2 日，日照 4 号

ESP 产线第一卷 0.6mm 的热轧卷成功下线。无头轧制技术的实施，不仅在极限规格的生产上实现了进一步突破，同时在带钢尺寸精度的控制上也有了显著提升，特别是头尾的尺寸精度，如表 3-18 和图 3-21 所示，其产品的尺寸精度满足冷轧板乃至汽车用钢板的要求，如图 3-22 所示，目前已经在箱柜、电缆桥架、焊管、汽车结构件等领域得到广泛应用，如表 3-19 所示。

表 3-18　ESP 与传统热轧产线产品尺寸精度比较

产线类型	$H \leqslant 2.0$（中部）/μm	$H \leqslant 2.0$（头尾部）/μm	边部降/μm
传统热轧	±50	±100	70~100
ESP 产线	±14	±14	50~70

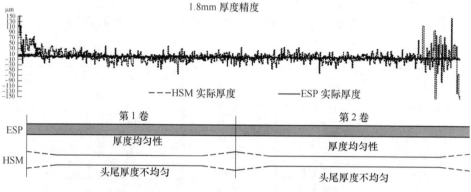

图 3-21　ESP 与传统热轧产品厚度精度曲线对比

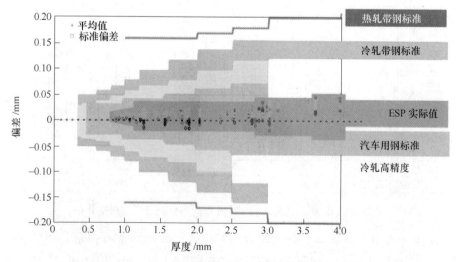

图 3-22　ESP 控制精度及各类型产品的精度标准要求

表 3-19　薄规格热轧产品的典型应用

产品大类	主要应用领域
酸洗板产品	压缩机壳体、电机外壳、汽车轮毂外圈、门框、门面开槽、门面压花等
热镀锌产品	电缆桥架、电气柜、充电桩、钢板仓、导流槽、汽车配件等
耐候钢产品	电缆桥架、集装箱、货架等
中高碳钢产品	太阳能支架、电梯滑轨、结构钢管、链条等

3.3.2　热轧高强钢

3.3.2.1　绿色低成本汽车用高强钢

近年来，我国汽车工业继续保持高速增长，2017 年产量达 2901 万辆，占全球产量 29.8%。随着汽车行业的快速发展，汽车产业用钢需求旺盛，据不完全统计，2017 年中国汽车用钢量突破 6000 万吨，近两年增速达到 5%以上，如图 3-23 所示。但是，与此同时，汽车工业的发展也面临着资源和环境的严峻挑战。2015 年中国汽车技术研究中心基于生态设计的理念，针对汽车全生命周期主要环保指标推出了 C-ECAP（China Eco-Car Assessment Programme）综合评价体系，从而对汽车用钢制造过程的能耗和排放提出了更高的要求。

传统的汽车白车身用高强钢主要采用热轧+冷轧的制造工艺，流程长、工序复杂、能耗高，面临来自汽车行业绿色制造和成本的挑战。薄板坯连铸连轧流程将传统的连铸、加热和轧制工序有机地结合在一起，流程简约高效、节能环保，适于生产薄规格热轧产品。采用薄板坯连铸连轧流程生产薄规格汽车用热轧高强钢替代传统的冷轧产品，可省掉复杂的冷轧工序，大幅度缩短制造流程，降低制造成本，减少能耗水耗和各类废弃物排放，如图 3-24 所示，从而实现汽车用钢铁

图 3-23　中国汽车行业用钢量与增速趋势图

材料的绿色制造和低成本高性能化。表3-20所示为不同流程生产汽车用高强钢制造过程的能耗对比，可见与传统流程相比，薄板坯连铸连轧流程的吨钢综合能耗可降低71.5%。

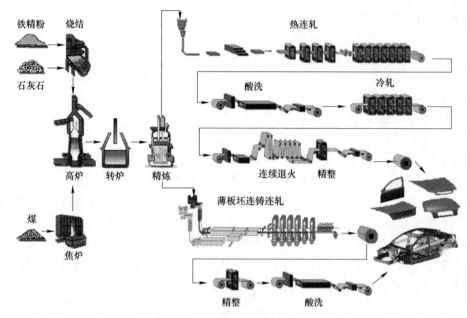

图3-24 汽车用高强钢制造流程对比

表3-20 不同流程生产汽车用高强钢制造过程能耗对比

流 程	工 序	燃料消耗 /GJ·t^{-1}	电耗 /GJ·t^{-1}	全流程综合能耗 /GJ·t^{-1}
传统流程	热轧	0.96	0.23	3.14
	冷轧	1.51	0.44	
薄板坯连铸连轧流程	热轧	0.65	0.18	0.895
	精整、酸洗	—	0.065	

A 热成形钢

热成形钢主要用于制作汽车的A柱、B柱和防撞梁等安全件，如图3-25所示。热成形零件在车身应用比例逐年提升，预计2020年全球使用量将超过10亿件。热成形零件的强度可达到1300MPa以上，采用高温成形，零件回弹小，尺寸精度高，有助于提高车身的安全性和汽车的轻量化水平，存在的最大问题是其制造成本高。

传统的热成形钢原料主要采用冷轧产品，目前国内企业已经率先在CSP产线上开始薄规格热轧热成形钢替代传统冷轧产品的探索研究，并成功开发出

图 3-25 热成形钢在汽车白车身上的应用

1500MPa 级的热成形钢，热轧的最小厚度达到 1.0mm。与同规格的冷轧产品进行对比分析，包括热成形前后的显微组织、热成形后的零件尺寸精度、平板淬火后的三点弯曲性能、抗氢致延迟断裂性能和防撞梁的碰撞性能等，结果如图 3-26~图 3-28 和表 3-21、表 3-22 所示。对比结果表明，薄规格热轧钢板生产热成形钢及其零部件的各项技术指标与冷轧钢板基本相当。

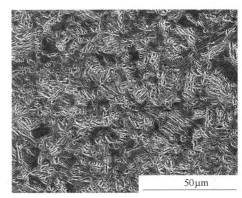

(a) 热成形前   (b) 热成形后

图 3-26 薄板坯连铸连轧流程热成形钢热成形前后组织

(a) 热成形前   (b) 热成形后

图 3-27 传统流程热成形钢热成形前后组织

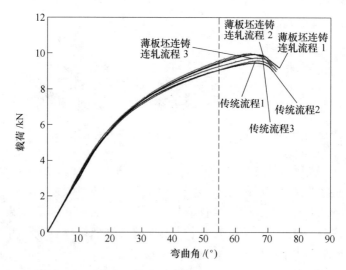

图 3-28　两种流程热成形钢平板淬火后弯曲性能比较

表 3-21　实测热成形零件尺寸精度公差　　　　　　　　　　　　（mm）

类　别	装配孔	装配型面	非装配型面
薄板坯连铸连轧流程	+0.11	+0.25	−0.52
传统流程	+0.10	+0.24	+0.49

表 3-22　两种流程热成形钢平板淬火后的抗氢致延迟断裂性能对比

钢　种	编号	断后伸长率/%		氢脆敏感性系数/%
		空气	0.1mol/L 盐酸介质	
传统流程	1	14.6	7.1	51.4
	2	13.9	7.0	49.6
薄板坯连铸连轧流程	1	14.8	7.6	48.6
	2	14.0	7.0	50.0

　　该产品已经通过汽车主机厂的材料认证，材料的各项技术指标均满足要求，如表 3-23 所示。目前该产品已经在进行小批量试用。

表 3-23　薄板坯连铸连轧流程热成形钢材料认证结果

序　号	评价项目	评价结果
1	零件力学性能	合格
2	零件硬度	合格
3	零件脱碳层深度	合格
4	零件尺寸精度	合格

序　号	评价项目	评价结果
5	零件三点弯曲性能	合格
6	零件焊接性能	合格
7	附着力	合格
8	铅笔硬度	合格
9	耐酸性	合格
10	耐碱性	合格
11	耐机油	合格
12	耐汽油	合格
13	耐中性盐雾	合格
14	侧碰	合格
15	40%偏置碰	合格

B　热轧双相钢

双相钢具有低屈强比、各向异性小的性能特点，主要用于汽车结构件、加强件和防撞件等，如图3-29所示。国内外薄板坯连铸连轧流程热轧双相钢的开发现状如表3-24所示。传统汽车白车身上的双相钢主要为冷轧产品，目前国内企业基于CSP产线已经率先开始探索薄规格热轧双相钢替代传统冷轧产品的可行性，并对冷热轧双相钢的组织性能和各项应用性能进行了系统的对比分析，结果如图3-30~图3-33和表3-25所示。对比结果表明，薄规格热轧双相钢的各项技术指标与同规格冷轧产品基本相当。该产品已经通过北汽的材料认证，广汽和长城的材料认证在2017年底之前全部完成。

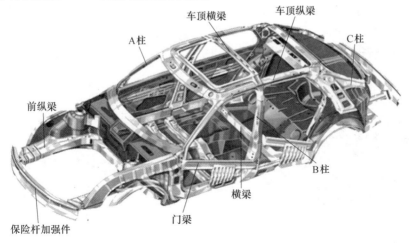

图3-29　不同强度级别双相钢零部件示例

表 3-24　国内外薄板坯连铸连轧流程热轧双相钢的开发现状

企 业	产 线	强度级别	厚度/mm
ACB	CSP	DP600~700	1.6~4.0
Ezz Eldekhela	CSP	DP600	2.0~4.0
Arvedi	ISP	DP600	1.8~3.0
Thyssen Krupp	CSP	DP600	1.8~4.7
Nucor	CSP	DP600/780	1.5~5.0
鞍钢	ASP	DP600	3.2~4.0
本钢	FTSR	DP600	3.0
包钢	CSP	DP540~590	4.0~11.0
涟钢	CSP	DP600	3.0~4.0
日照	ESP	DP600	1.4~4.5
武钢	CSP	DP600~780	1.0~3.0

表 3-25　两种流程 600MPa 级双相钢力学性能比较

牌 号	厚度/mm	屈服强度/MPa	抗拉强度/MPa	屈强比	延伸率 A_{80}/%
薄板坯连铸连轧流程	2.0	365	614	0.59	23
	1.5	364	616	0.59	23
	1.2	371	617	0.60	21
传统流程	1.5	361	618	0.58	26

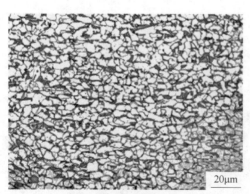

(a)薄板坯连铸连轧流程(1.5mm)

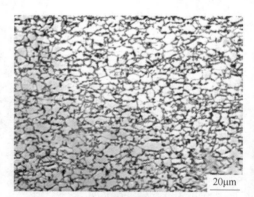

(b) 传统流程 (1.5mm)

图 3-30　两种流程 600MPa 级双相钢显微组织比较

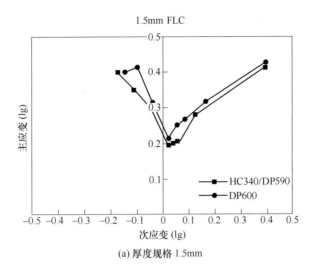

(a) 厚度规格 1.5mm

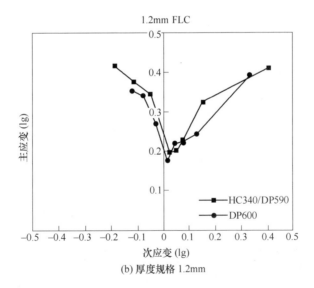

(b) 厚度规格 1.2mm

图 3-31 两种流程 600MPa 级双相钢成形极限 FLC 比较

C QStE 系列低合金高强钢

目前国内外的薄板坯连铸连轧产线已经成功开发出了 340~700MPa 级的低合金高强钢，产品的最小厚度达到 1.2mm，主要用于替代同等规格的冷轧产品。国内某企业在 CSP 产线上所开发 QStE340 和 QStE420 与同类型的冷轧产品对比如表 3-26、表 3-27 和图 3-34、图 3-35 所示。可见两种流程材料的性能基本相当，目前该产品已经通过汽车主机厂的认证。

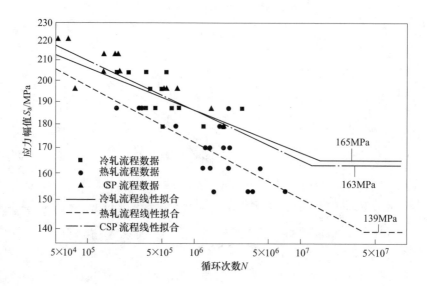

图 3-32　两种流程 600MPa 级双相钢疲劳性能比较

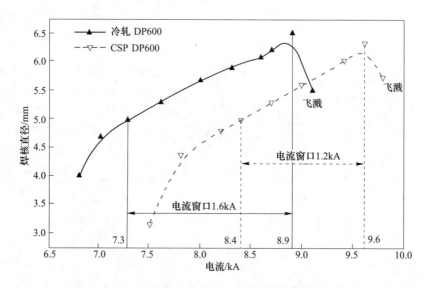

图 3-33　两种流程 600MPa 级双相钢焊接性能比较

表 3-26　两种流程生产 340MPa 级低合金钢的力学性能对比

牌　号	厚度/mm	屈服强度/MPa	抗拉强度/MPa	屈强比	延伸率/%
QStE340TM（薄板坯连铸连轧流程）	2.0	347	443	0.78	31
	1.5	371	452	0.82	27
	1.2	360	444	0.81	26

牌　号	厚度/mm	屈服强度/MPa	抗拉强度/MPa	屈强比	延伸率/%
HC340LA （传统流程）	2.0	345	449	0.77	29
	1.5	365	470	0.78	28
	1.2	368	478	0.77	28

表 3-27　两种流程生产 420MPa 级低合金钢的力学性能对比

牌　号	厚度/mm	屈服强度/MPa	抗拉强度/MPa	屈强比	延伸率/%
QStE420TM	2.0	436	514	0.85	25
	1.5	470	549	0.86	23
	1.2	497	542	0.91	22
HC420LA	2.0	433	547	0.79	23.5
	1.5	430	556	0.78	24.5
	1.2	443	563	0.79	24

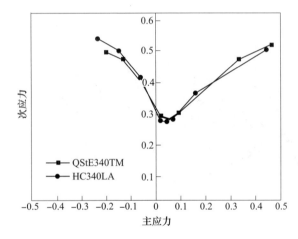

图 3-34　两种流程生产 340MPa 级低合金钢的 FLC 图（1.5mm）

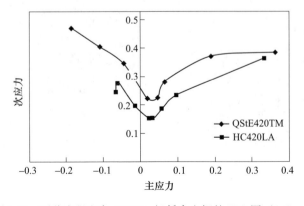

图 3-35　两种流程生产 420MPa 级低合金钢的 FLC 图（1.2mm）

　　另外，武钢在 CSP 产线上开发的 WYS600（相当于 QStE600）和 WYS700（相当于 QStE700）主体规格为 1.2~3.0mm，已经在商用车上得到广泛应用，主要用于制作载重汽车车厢部分，包括护栏、底板、横梁等结构件，也用于制造方矩形管，应用于客车车身和底盘的支撑件、行李架、顶棚等，特别是应用于新能源客车车身的制造，如图 3-36 所示。唐钢也成功开发了 QStE700，产品的最小厚度达到 1.2mm，主要用于制造方矩管，目前已经在纯电动小型车上得到应用，如图 3-37 所示。这些高强钢产品的应用，有利于汽车的轻量化。

(a) 载重汽车防撞梁

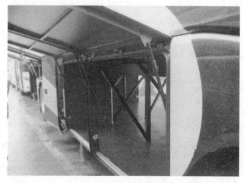

(b) 客车车身骨架

图 3-36　武钢薄规格高强钢在商用车上的应用

图 3-37　唐钢 QStE700 在纯电动小型车上的应用

3.3.2.2　高强集装箱用钢

A　550MPa 级新一代集装箱用钢

新一代集装箱用钢的屈服强度为 550MPa 级，产品的主体规格为 1.5~
4.0mm，传统热轧流程生产难度大。目前基于薄板坯连铸连轧产线已经成功开发
出了此类产品，并得到了规模化应用。该类产品主要用于制造轻量化集装箱，
其箱型为占集装箱总量 90% 以上的 20 英尺和 40 英尺标准箱两种，如图 3-38
所示。

(a) 20 英尺DV箱　　　　　　　　　　　　(b) 40 英尺HC箱

图 3-38　轻量化集装箱箱型

综合考虑减薄效果及保证安全性等因素，采用 550MPa 级新一代集装箱用钢
替代普通集装箱用钢 SPA-H，并对集装箱各零部件进行不同程度的减薄，具体设
计和各部件的减重效果如表 3-28 所示，集装箱减重效果如表 3-29 所示。由表
3-29 可以看出，新一代 20 英尺集装箱自重为 1900kg，普通常规 20 英尺集装箱自

重为 2220kg，自重减少 14.41%，钢材消耗量减少 15.2%；新一代 40 英尺集装箱自重为 3350kg，普通常规 40 英尺集装箱自重为 3840kg，自重减少 12.76%，钢材消耗量减少 14.75%。

表 3-28   集装箱各部件用钢板减薄设计和减重效果

部件名称	20 英尺标准箱			40 英尺标准箱		
	钢板厚度/mm		减重比例/%	钢板厚度/mm		减重比例/%
	550MPa 级	SPA-H		550MPa 级	SPA-H	
主侧板	1.5	1.6	6.25	1.5	1.6	6.25
前墙板、顶板、边侧板	1.7	2.0	15	1.7	2.0	15
门横梁	2.5	3.0	16.67	2.5	3.0	16.67
前底横梁、门楣	3.0	4.0	25	3.0	4.0	25
门槛、底侧梁	4.0	4.5	11.11	4.0	4.5	11.11
鹅颈横梁、鹅颈槽	—	—	—	3.0	4.0	25
前角柱	4.5	6.0	25.0	5.0	6.0	16.67
叉槽底板	5.0	6.0	16.67	—	—	—
后角柱	5.0	6.0	16.67	5.0	6.0	16.67

表 3-29   新一代轻量化集装箱总体减重效果

箱型比较	20 英尺标准箱		40 英尺标准箱	
	钢材用量	自重	钢材用量	自重
新一代箱/kg	1450	1900	2600	3350
常规集装箱/kg	1710	2220	3053	3840
减少重量/kg	260	320	453	490
减重比例/%	15.2	14.41	14.75	12.76

B   700MPa 级特种集装箱用钢

700MPa 级的特种集装箱用钢主要用于生产 53 英尺特种集装箱，其主要构成如图 3-39 所示。集装箱行业采用 700MPa 级特种集装箱用钢替代普通集装箱用钢 SPA-H，并对 53 英尺特种集装箱进行了减重设计，具体如表 3-30 所示。由表 3-30 可以看出，采用超高强耐候钢后，每个 TEU 的钢材使用量可减少 330.65kg，减重幅度达到 34.5%。

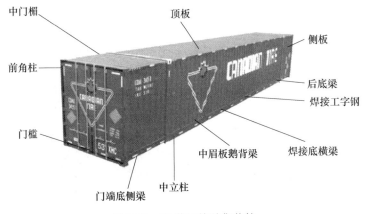

图 3-39 53 英尺特种集装箱

表 3-30 特种集装箱应用部件对比

序号	零件名称	数量	采用超高强耐候钢前			采用超高强耐候钢后		
			材质	板厚/mm	设计重量/kg	材质	板厚/mm	设计重量/kg
1	前短底侧梁	2		4.0	64.07		3.0	48.05
2	后短底侧梁	2		4.0	63.29		3.0	47.47
3	中角柱（外）	4		6.0	113.42		4.0	75.61
4	中角柱（内）	4		6.0	159.12		4.0	106.08
5	中加强角柱	4		4.5	74.15			
6	鹅侧梁	2		6.0	66.44		4.0	44.29
7	鹅主梁（下）	1	SPA-H	6.0	30.09	700MPa 级	4.5	22.57
8	鹅主梁（上）	1		6.0	35.95		4.5	26.96
9	短鹅主梁	2		6.0	15.81		4.5	11.86
10	内门槛	1		6.0	38.20		4.5	28.65
11	门楣	1		4.5	27.56		4.5	19.97
12	门槛	1		6.0	35.67		6.0	25.85
13	门槛底板	1		6.0	21.90		6.0	15.87
14	鹅颈槽面板	1		6.0	211.39		6.0	153.18
	钢材总用量				957.06			626.41

为降低箱体自重，特种集装箱的顶板和门板所使用的钢板厚度规格通常设计为 1.2mm，一般采用冷轧产品。近年来，武钢在薄板坯连铸连轧产线上成功开发出超高强耐候钢热轧产品，牌号为 WJX750-NH，并且产品的最薄厚度达到 1.2mm。经检测，各项性能指标满足特种集装箱用钢的使用要求。目前该产品已

取代冷轧产品用于特种集装箱的顶板和门板制造，实现"以热代冷"，大幅度降低特种集装箱的制造成本。

3.3.3   中高碳特殊钢

中高碳钢使用的工况条件苛刻，要求高的淬硬性、淬透性、耐磨性和韧性，可以热轧直接退火应用或冷轧后应用，热轧状态使用的中高碳钢还要求保证板形优良、厚度精度高。传统热轧流程生产中高碳钢主要存在以下共性问题：（1）成分偏析严重；（2）表层脱碳严重；（3）厚度精度不高；（4）组织性能不稳定等。薄板坯连铸连轧流程开发中高碳钢，具有如下技术优势：

（1）快速凝固，利于铸坯成分低偏析控制。钢水凝固过程的冷却速度是影响铸坯成分偏析的主要原因之一。薄板坯连铸过程的冷凝速度比传统厚板连铸高一个数量级，利于铸坯的成分偏析控制[13]。薄板坯连铸连轧流程生产的典型中高碳钢的铸坯碳偏析情况如图 3-40 所示。由图 3-40 可以看出，最大碳偏析指数一般可控制在 1.1 以下，而传统流程生产同类型产品，最大的碳偏析指数一般为 1.2~1.3。

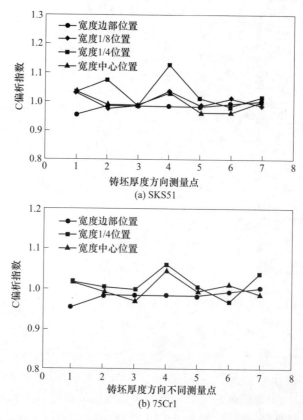

(a) SKS51

(b) 75Cr1

图 3-40   薄板坯连铸连轧流程生产典型中高碳钢碳偏析情况

（2）直接轧制，利于加热过程的浅脱碳层控制。加热温度和时间是影响脱碳层控制的主要影响因素。薄板坯连铸连轧流程与传统热轧流程的加热制度对比如表 3-31 所示。传统流程板坯的入炉温度一般为 200℃ 以下，加热温度为 1250~1300℃，在炉时间一般在 160min 以上。而薄板坯连铸连轧流程板坯出连铸机之后直接进入加热炉，入炉温度一般为 800℃ 以上，加热温度为 1150~1180℃，在炉时间一般为 30min 左右。薄板坯连铸连轧流程低温、短时加热的工艺特点利于中高碳产品的表面脱碳层控制[14]。两种流程生产典型中高碳钢的脱碳层对比如图 3-41 和表 3-32 所示。

表 3-31　两种流程加热制度对比

流　程	入炉温度/℃	均热温度/℃	在炉时间/min
传统流程	≤200	1250~1300	160~200
薄板坯连铸连轧流程	800~950	1150~1180	25~35

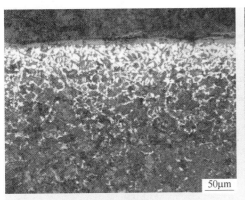

(a) 65Mn 传统流程

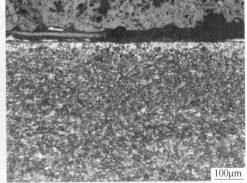

(b) 65Mn 薄板坯连铸连轧流程

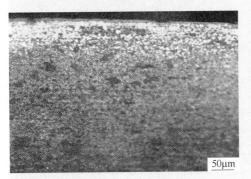

(c) 50CrV4 传统流程

(d) 50CrV4 薄板坯连铸连轧流程

(e) 75Cr1 传统流程　　　　　　　　　　　(f) 75Cr1 薄板坯连铸连轧流程

图 3-41　两种流程生产同类型中高碳钢的脱碳层比较

表 3-32　两种流程生产典型中高碳钢脱碳层深度比较

钢　种	薄板坯连铸连轧流程产品			传统流程产品		
	钢板厚度 /mm	脱碳层深度 /μm	脱碳层比例 /%	钢板厚度 /mm	脱碳层深度 /μm	脱碳层比例 /%
30CrMo	5.00	29.83	0.60	5.00	70.50	1.41
	3.00	6.50	0.22	3.00	50.60	1.69
50CrV4	5.00	26.50	0.53	5.00	55.70	1.11
	3.00	19.30	0.64	3.00	60.30	2.01
SK95	5.00	16.67	0.33	5.00	38.50	0.77
	4.00	10.50	0.26	3.00	31.00	1.03
SK85	5.00	16.67	0.33	5.00	60.60	1.21
	4.00	10.50	0.26	4.00	30.12	0.75

由表 3-32 可以看出，薄板坯连铸连轧流程产品脱碳层浅，单侧脱碳层深度仅为传统流程产品深度的 30%~60%[15]。

（3）道次大压下和快速冷却，利于最终产品的组织细化。薄板坯连铸连轧流程精轧上游机架的道次压下率达到 50%~60%，再加上层流冷却段较短，冷却速度快，利于产品的组织细化。两种流程生产典型中高碳钢的显微组织和珠光体片层间距对比如图 3-42 和图 3-43 所示。传统流程生产 SKS51 珠光体球团直径为 16μm，而薄板坯连铸连轧流程仅为 5.0μm；传统流程生产 SK95 的珠光体片层间距为 0.52μm，薄板坯连铸连轧流程仅为 0.3μm。

（4）温度均匀，利于产品的组织性能均匀性控制和尺寸精度控制。薄板坯连铸连轧流程具有较高的温度均匀性，有利于产品的组织性能均匀性控制，此外其产品也具有较高的厚度精度和良好的板形。典型厚度控制曲线如图 3-44 所示。

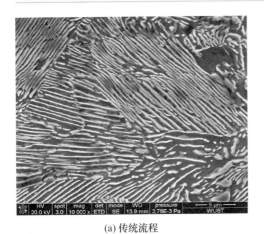
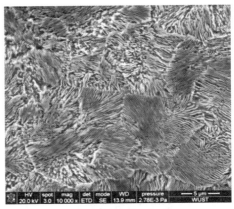

(a) 传统流程 　　　　　　　　　　　　　(b) 薄板坯连铸连轧流程

图 3-42　两种流程生产典型中高碳钢 SKS51 的显微组织对比

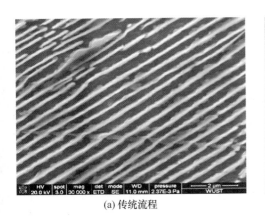
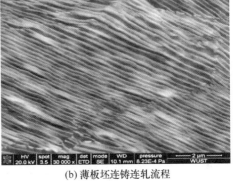

(a) 传统流程 　　　　　　　　　　　　　(b) 薄板坯连铸连轧流程

图 3-43　两种流程生产典型中高碳钢 SK95 的珠光体片层间距对比

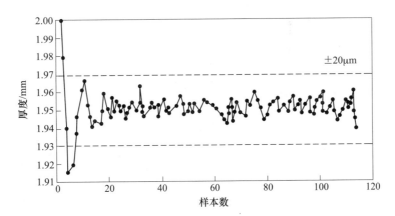

图 3-44　薄板坯连铸连轧流程生产 50Mn2V 的实际厚度控制曲线

（5）薄板坯流程的工艺特点，利于薄规格产品的生产。目前，基于薄板坯连铸连轧流程，已经生产出系列薄规格中高碳特殊钢，在产品的碳含量达到0.9%以上的同时，最小厚度达到1.5mm，如表3-33所示，并且还有继续减薄的空间。薄规格的优势主要体现在两个方面，如图3-45所示。一是可以直接替代同规格的冷轧产品，以热代冷，节省能耗，降低制造成本；二是可以减少用户中间退火和冷轧工序，降低制造成本，提高生产效率。

表3-33   薄规格中高碳钢生产情况

典型牌号	碳含量/%	热轧最小厚度规格/mm
30CrMo	0.27～0.33	1.4
60Si2Mn	0.6～0.65	1.5
75Cr1	0.72～0.80	1.5
9SiCr	0.85～0.95	1.5

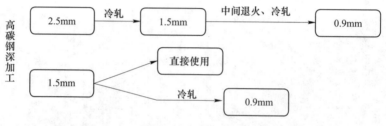

图3-45   薄规格中高碳钢缩短后续深加工流程

国内，珠钢率先在薄板坯连铸连轧产线上开发中高碳钢。目前，唐钢、涟钢、武钢等都已在薄板坯连铸连轧产线上实现中高碳特殊钢的批量化生产，所开发产品的最高碳含量超过1.0%，部分代表性产品如表3-34所示。产品主要应用于汽车零部件，高端锯片及五金工器具等领域，如图3-46所示。

表3-34   薄板坯连铸连轧流程部分特殊钢的化学成分   （%）

品种类别	牌号	C	Si	Mn	Cr	V
焊接锯片基体用钢	30CrMo	0.27～0.33	0.17～0.37	0.40～0.70	0.80～1.10	—
	50Mn2V	0.47～0.55	0.17～0.37	1.40～1.80	≤0.20	0.08～0.16
	75Cr1	0.72～0.80	0.20～0.45	0.60～0.90	0.30～0.60	—
弹簧钢	65Mn	0.62～0.70	0.17～0.37	0.90～1.20	≤0.20	—
	60Si2Mn	0.56～0.64	1.50～2.0	0.70～1.0	≤0.35	0.10～0.20
	50CrV4	0.45～0.55	0.17～0.37	0.50～0.80	0.80～1.10	0.10～0.20
工具钢	SK95	0.90～1.00	0.10～0.35	0.10～0.50	—	—
	SK85	0.80～0.90	0.10～0.35	0.10～0.50	0.15～0.25	—
	9SiCr	0.85～0.95	1.20～1.60	0.30～0.60	0.95～1.25	

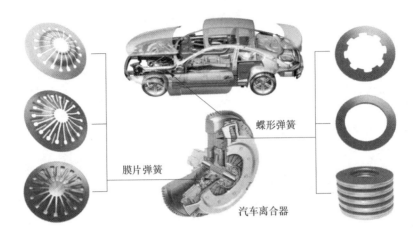

膜片弹簧

蝶形弹簧

汽车离合器

(a) 50CrV4、65Mn 在汽车零部件上的应用

(b) 30CrMo、50Mn2V 在锯片基体上的应用

(c) 70Cr1 在框架锯条上的应用

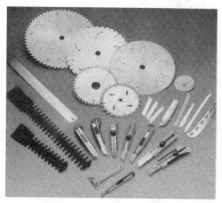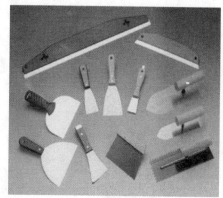

(d) SK4 在五金工器具上的应用

图 3-46   薄板坯流程生产中高碳钢的应用实例

3.3.4   硅钢

冷轧硅钢产品属于金属材料类的功能材料，主要用于各种电机、发电机和变压器的铁芯，是电力、电子和军事工业中重要的、不可缺少的软磁合金，是支撑国家机电产业发展与国家节能发展战略最主要的功能材料之一。冷轧硅钢片分为取向硅钢片和无取向硅钢片两大类。其中，取向硅钢片具有晶粒和磁性的各向异性，主要用于输变电行业变压器的制造；无取向硅钢片具有晶粒和磁性的各向同性，主要用于电动机、发电机等制造。

冷轧硅钢片是钢铁产品中工艺最复杂、工序最长、技术含量最高、难度最大的产品之一，其关键技术的突破和进步可以带动钢铁、机电、电子电力等相关行业的技术进步。冷轧硅钢片的制造技术和产品质量是衡量一个国家钢铁科技发展和制造水平的重要标志之一，国内外均视其为企业的生命，并以专利形式加以保护。

3.3.4.1   硅钢的生产工艺要点

A   无取向硅钢工程流程与基本要求

无取向硅钢的生产工艺流程为：铁水脱硫→转炉冶炼→真空处理→连铸（电磁搅拌）→热连轧→酸洗常化→冷轧→退火涂层。

在上述工艺流程中，根据产品 Si+Al 含量的不同，工艺流程稍有不同。低碳低硅低牌号硅钢，可采用酸洗后的一次冷轧法生产。产品特点是晶粒较小，铁损较高。对硅含量较高的（Si+Al ≥ 1.5%）中高牌号以上的品种，热轧卷需经常化后再进行冷轧和其他后续工序。

无取向硅钢生产的基本要求为：高纯净的钢水，使产品具有同牌号条件下较低的铁损；铸坯较高的等轴晶粒，以克服产品沿轧向的瓦楞状缺陷，高硅产品尤其如此；较低加热温度条件下相对较高的终轧温度，使热轧板二次再结晶充分，提高产品的磁感应强度。

现有的研究结果还表明，在无取向硅钢铸坯加热过程中，铸坯加热温度应尽量低，以防止 MnS 和 AlN 等析出物固溶。这是因为其固溶后在热轧过程中以细小的弥散状析出而阻碍退火时晶粒长大，[111] 组分增多，磁性变坏。与此同时，为改善无取向硅钢的组织和磁性，还应控制好终轧温度。终轧温度尽可能高，以得到较粗大的晶粒尺寸，提高产品的磁感应强度，无取向硅钢生产要求轧件在轧制过程中温降尽可能低。

B　取向硅钢生产的工艺流程及工艺要求

取向硅钢分为一般取向硅钢和高磁感取向硅钢，根据其生产工艺也可分为高温取向硅钢和低温取向硅钢。高磁感取向硅钢（HiB 钢）又可分为高温高磁感取向硅钢和低温高磁感取向硅钢。取向硅钢的工艺流程如图 3-47 所示。

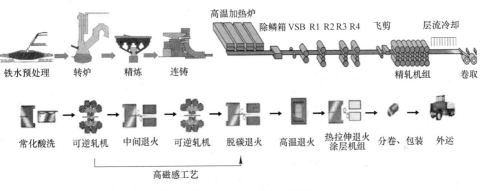

图 3-47　取向硅钢的工艺流程

抑制剂的利用是目前生产取向硅钢的核心技术。为了获得二次再结晶后高的 (110) <001>织构取向度，必须利用抑制剂来抑制初次晶粒的长大以促进二次晶粒的生长。钢中产生抑制剂的技术思路有两种：一是在炼钢时控制加入，这是现在生产取向硅钢的主要方法，可称为"固有抑制剂"工艺。这种工艺由于要在板坯再加热时充分固溶早已经析出的 MnS、AlN 等抑制剂，因而必须高温长期加热（约 1400℃），又可称为"板坯高温加热工艺"。另一种是在硅钢生产的后工序，即在成品高温退火前加入抑制剂的方法，可称为"后添加抑制剂工艺"。这是为了改进原固有抑制剂工艺而研发的新工艺，例如主要利用在二次再结晶前在硅钢中渗氮，以产生大量弥散分布的 AlN 来起抑制剂的作用，这种工艺可明显降低硅钢加热的温度，简化生产工艺，降低生产成本。此外，还有一种固有抑制剂+后添加抑制剂的中间工艺，虽可使硅钢加热温度略有降低，但仍须不低于 1200℃，达 1300℃，生产技术改进不大，基本未脱离原固有抑制剂的影响。

取向硅钢生产的基本要求为：

（1）连铸过程的电磁搅拌。钢中 Si 高 C 低，在无电磁搅拌情况下，易产生较发达的柱状晶。S 高 Mn 低，使 Mn/S 可低至 1.5～2.0，因而在连铸时，易于形成硫的中心偏析及内裂。Si 高时，钢的导热性降低，从而使铸坯冷却速度慢，同时易在铸坯内造成较大的热应力，因而铸坯拉速应较慢。

（2）热轧生产过程抑制剂控制。将抑制剂（GO 主要是 MnS）在板坯加热时完全固溶，为了完全固溶 MnS，钢坯的加热温度应保持在 1360～1370℃，因而在设备上需要加热温度更高的加热炉。为了使钢坯各部分（特别是板坯的底面）在炉内加热温度均匀，除了对烧嘴的类型及分布有一定要求外，在炉子结构上也有较高的要求，避免板坯底面温度偏低的不良现象，对热轧过程实行控制轧制，即：粗轧、精轧、层流冷却、卷取工艺，包括温度、板厚、轧制速度、压下率、喷水量等，以得到细小、均匀、弥散的 MnS 粒子及较细小的碳化物粒子。

3.3.4.2 硅钢产品特性及薄板坯连铸连轧流程的适应性分析

A 无取向硅钢产品特性及流程的适应性分析

硅钢成分体系的控制与纯净钢的要求相似，薄板坯连铸连轧工艺在这一点上与传统热连轧工艺生产硅钢的要求是一致的。牌号越高，对 C、S、N、O 的控制要求也就越高，高牌号要求 S≤0.002%，N≤0.0015%，O≤0.002%。

无取向硅钢片生产工艺，首先要求钢水纯净，经真空处理后碳含量降至 0.01%～0.005%，氧<0.005%，保护浇铸成厚板坯，低温热送，加热到 1100～1200℃，保温 3～4h，使 AlN 粗化。若轧机能力较强，最好是 1050～1100℃加热，防止铸坯中较粗的 AlN、MnS 析出物再固溶，使热轧及退火后晶粒细化，（111）组分增多，磁性变坏。终轧温度应适当高些，以使晶粒变粗，铁损降低。对 Si>1.7% 的无取向硅钢，由于变形抗力显著提高，导热性降低，并且连铸后柱状晶粗大，产品表面易产生瓦楞状缺陷，铸坯易产生内、外裂纹。故需慢热慢冷，加热温度也可略高一些，达 1200℃，使其更利于热轧而且提高终轧温度，有利于热轧板晶粒粗化，改善磁性。加热到 1200℃，MnS 不会固溶，而 AlN 可能部分固溶，但由于钢中碳含量降低（如<0.01%～0.004%），可使 AlN 固溶度明显减小，亦即使固溶温度提高。含 Si<1.7% 或 Si<2.5%，而 C>0.01% 的硅钢在约 1000℃时存在明显的 α+γ 两相区，热轧塑性显著降低，γ 相与 α 相变形抗力之差易引起不均匀变形，恶化板形并易导致边裂，成材率下降。因此，应尽量降低碳含量，使热轧精轧基本处于 α 相区或避开 α+γ 两相区，C≤0.003% 的 1.5%Si 钢，热轧时由于 γ 相减少，也可减少裂边。另外，碳量低时，后续退火也无需脱碳。近代由于炼钢技术的进步，已可使钢中 C、N、O 降低至 0.005% 以下。

薄板坯连铸连轧取消了粗轧机架，能实现较高的终轧温度。出口厚度 2.5～3.5mm 时，终轧温度可控制在 850～950℃之间，终轧温度控制精度也较高，一般为±7℃。在传统的热连轧机中，铸坯加热温度为 1150℃时，将终轧温度控制在

850~950℃之间难度很大。另外，传统工艺采用粗轧机架减薄铸坯，温控精度条件较差，终轧温度控制精度在±15℃已属不易。相比较而言，在温度控制上，薄板坯连铸连轧比传统工艺更适宜生产中低牌号无取向硅钢[16]。

B　取向硅钢产品特性及流程的适应性分析

与传统厚板坯流程相比，薄板坯连铸连轧的铸坯厚度相对较小，薄板坯经均热炉加热后无需粗轧，直接轧制成 2.0~3.0mm 厚度的热轧带卷。同时薄板坯连铸连轧流程生产的热轧带卷厚度可以减至 1.2mm，有利于实现一次冷轧工艺生产取向硅钢。薄板坯连铸连轧流程的抑制剂类型为固有+后添加抑制剂，在初次再结晶和脱碳退火过程后，以相对较高的温度用 NH_3 进行渗氮处理，直接形成 AlN 沉淀。

与传统厚板坯流程相比，薄板坯连铸连轧生产取向硅钢还具有如下技术优势[17]：

（1）第二相析出物细小。析出的 MnS 和 AlN 细小均匀，有效抑制晶粒长大，有利于二次再结晶晶粒取向织构的形成与发展，提高磁性能。

（2）板坯加热温度低、时间短。可避免传统工艺的铸坯高温加热所带来的问题并省去保温炉，在很大程度上缩短工艺过程，降低生产成本。

（3）切边量小，成材率高。传统厚板坯工艺带钢单边需要切 25mm，共切 50mm；薄板坯连铸连轧工艺单边切 10mm，共切 20mm。

（4）组织和成分均匀，铸态组织好。薄板坯铸态组织晶粒尺寸细小，表面层和中心层的组织及成分差别小。同时，薄板坯连铸连轧工艺是一火轧制，不存在边部裂纹和横向裂纹。

（5）能量利用率高。薄板坯连铸连轧工艺不存在铸坯的中间冷却及再加热过程，可以充分利用铸坯热量，节约能源。

（6）热轧带卷厚度可小于 1.2mm，采用一次冷轧法，即可生产厚度不超过 0.23mm 的取向硅钢产品。

拟定一种钢的生产技术思路和生产工艺过程，主要根据该钢种的技术特性和产品的技术要求。此外，还必须考虑现有工厂的技术设备条件。若是仍采用比较成熟的现有"固有抑制剂"思路，则对加热炉的加热能力有较高的要求。薄板坯连铸连轧产线，如 CSP、FTSR 等都是采用辊底式加热炉，装炉温度一般为 900~1000℃，加热温度一般为 1150~1200℃，无法完全满足加热要求。根据取向硅钢的钢种特性、产品技术要求以及薄板坯连铸连轧生产工艺设备的情况，对取向硅钢连铸连轧技术的研发思路应是：不采用含高熔点抑制剂元素的固有抑制剂工艺，不采用 MnS 抑制剂，而只采用 AlN 的后添加抑制剂工艺或固有抑制剂+后添加抑制剂工艺。采用这种工艺时，二次再结晶所必需的抑制剂全部或部分在硅钢生产的退火工序中加入，即在脱碳退火线的后段，向退火气氛中加入 NH_3，通过氨分解进行渗氮，使之形成足够的弥细（Al、Si）N 抑制剂以保证完善二次再结晶的产生。

薄板坯连铸由于冷却强度大，析出的夹杂物尺寸较小，氧化物多为 $2\sim5\mu m$，硫化物多为 $30\sim200nm$；同时，由于薄板坯连铸冷却强度大，铸坯凝固速度快，等轴晶率相对较高，这一点是有利于取向硅钢生产的。但是，目前采用薄板坯连铸连轧生产取向硅钢尚存在工艺技术瓶颈，主要体现在以下四个方面：

（1）由于铸坯厚度薄，宽厚比大，铸坯表面积大，需用的保护渣量大，如果保护渣选用不当，熔点高的保护渣来不及熔化，容易导致夹渣和水口结瘤；结晶器开口度小，固态保护渣熔化的空间小，增大了液面紊流，易于把保护渣卷入钢液，这是成品材中夹渣、结疤形成的主要原因。实践证明，这类缺陷占总让步率的 15% 以上。

（2）取向硅钢中硅含量高达 3.2% 左右，钢的导热性降低，从而使铸坯冷却速度慢，易在铸坯内造成较大的热应力，形成纵裂纹。在薄板坯连铸过程中，通常在铸坯皮下 $2\sim3mm$ 处由于凝固速度快，杂质元素来不及析出便发生凝固。而当凝固前沿推进到柱状晶区域时，出现杂质元素的富集析出，使该区域的熔点降低，从而形成低塑性区，在极小的外力作用下也会成为裂纹源进而发展为皮下裂纹。皮下裂纹延伸到铸坯表面形成细小的纵裂纹缺陷，这种纵裂纹是导致成品重皮、气泡的主要原因。实践证明，这类缺陷占总让步率的 8% 左右。

（3）取向硅钢硅含量高，铸坯表面易形成的低熔点 Fe_2SiO_4，通过炉身长 250m 的隧道炉后，易黏附于炉底辊辊面形成结瘤，并难以清除，破坏了钢坯表面，这是形成划伤、线状缺陷的主要原因。实践证明，这类缺陷占总让步率的 6% 左右。

（4）薄板坯连铸连轧流程生产取向硅钢时，钢板表面的氧化铁皮很薄并且很黏，氧化铁皮很难去除。虽经高压水除鳞但效果不佳，尤其是下表面，氧化皮附着率高，再经热连轧后进一步压入带钢表面，在后序的酸洗过程中更加难以清除，这是形成涂层不良、露晶、氧化色缺陷的主要原因。实践证明，这类缺陷占总让步率的 35% 左右。这也是用薄板坯连铸连轧生产取向硅钢一直存在的最大问题之一。如果采用无头轧制，取消辊底式均热炉，预计有利于表面质量的改善，但实际效果还需要在工业实践中做进一步评估。

3.3.4.3　产品开发及应用现状

日本钢管株式会社西本昭彦和住友金属公司屋铺裕义、冈本笃树率先提出利用薄板坯连铸连轧流程生产无取向硅钢的方法。1991~1992 年 Nucor 试生产了 5 炉无取向硅钢，其中三炉含硅 1.32%，两炉含硅 2.35%。试验表明热轧卷的组织与采用传统流程生产的相当。1997~1998 年意大利 AST 公司的 Terni 也试生产了取向和无取向硅钢，试验也表明冷轧后的硅钢性能与该厂传统流程相当。Terni

成功开发出含 Si 为 3.2% 的无取向硅钢，其电工钢月产能力达 2 万~5 万吨，占该公司产量的 13%，其中取向硅钢占 6%。德国蒂森-克虏伯（Thyssen Krupp）CSP 生产的硅钢的比例占该厂产量的 15% 左右，仅次于低碳钢的比例。目前该厂已将常规连铸机生产的无取向硅钢，全部改由 CSP 生产，所生产的无取向硅钢已用于上海的磁悬浮列车。西班牙 ACB 厂也利用 CSP 生产线生产硅钢，其产量占总产量的 2% 左右。此外，韩国浦项的 CEM、意大利阿维迪的 ESP 产线等都有生产硅钢的相关报道，美国大河钢铁的 CSP 产线产品大纲含有无取向和取向硅钢等。

　　国内，在国家科技部高新司的资助下，马钢与武钢、钢铁研究总院合作，开展了"薄板坯连铸连轧生产电工钢新技术研究""薄板坯连铸连轧生产取向硅钢新技术研究"工作，并于 2005 年采用薄板坯连铸连轧工艺成功轧制出第一卷合格的无取向硅钢热轧卷，这是我国首次应用薄板坯连铸连轧工艺生产电工钢产品[18]。2010 年，马钢中低牌号无取向电工钢年产已超 40 万吨，其产品的典型性能如表 3-35 所示，所生产的产品已经在格力、美的、海尔、东芝、西门子、三星等众多厂家得到广泛应用。

表 3-35　马钢采用 CSP 生产无取向硅钢性能

牌　号	密度 /kg · dm^{-3}	$P_{1.0/50}$ /W · kg^{-1}	$P_{1.5/50}$ /W · kg^{-1}	B_{25}/T	B_{50}/T	$\mu_{1.0}$ /Gs · Oe^{-1}
M50W400	7.70	1.323	2.991	1.624	1.716	7013
M35W440	7.70	1.295	2.896	1.611	1.701	6378
M35W550	7.75	1.381	3.042	1.637	1.725	6348
M50W470	7.70	1.457	3.218	1.629	1.717	6709
M50W470H	7.75	1.388	2.983	1.636	1.727	6383
M50W600G	7.75	1.456	3.207	1.640	1.729	6456
M50W600-H	7.75	1.501	3.326	1.640	1.729	6567
M50W270	7.60	1.051	2.408	1.584	1.679	8216
M35W300	7.65	1.078	2.461	1.608	1.698	7495
M50WLD	7.8	1.815	4.077	1.628	1.716	5883
M50W310	7.65	1.201	2.736	1.594	1.686	7170
M50W290	7.6	1.162	2.609	1.584	1.678	6989
M50W350	7.65	1.321	2.855	1.599	1.693	5488

　　2009 年 5 月，武钢 CSP 产线投产并开始试生产无取向硅钢，2018 年已经实现 50WW600~50WW1300 的批量生产，最高年产量达到 96.4 万吨，占武钢中低牌号无取向硅钢热轧原料的比例达到 85.8%，如图 3-48 所示。目前其产品的表面缺陷率已经和常规热轧流程基本相当，如图 3-49 所示。

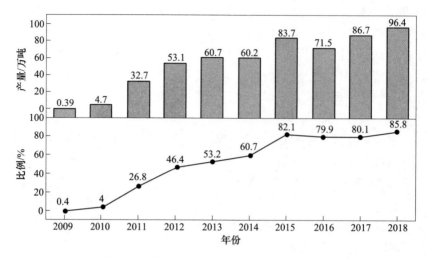

图 3-48 武钢 CSP 无取向硅钢历年产量情况

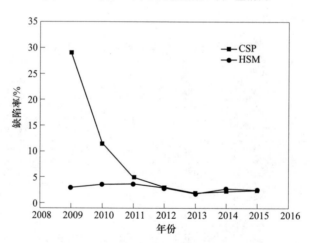

图 3-49 武钢无取向硅钢表面缺陷率情况

多年的工业生产实践表明,与传统流程相比,薄板坯连铸连轧流程生产无取向硅钢的磁性更高,铁损更低,尺寸精度和成材率更高,如表 3-36 所示。

表 3-36 两种流程无取向硅钢主要技术指标对比

牌 号	质量指标	常规流程	薄板坯连铸连轧流程
50WW600	磁性/T	1.682	1.71
	铁损/W·kg^{-1}	4.09	3.901
50WW800	磁性/T	1.713	1.736
	铁损/W·kg^{-1}	4.85	4.96

牌　号	质量指标	常规流程	薄板坯连铸连轧流程
50WW1300	磁性/T	1.742	1.754
	铁损/W·kg^{-1}	5.80	5.42
7μm 同板差精度合格率/%		88.5	95.8
成品综合成材率/%		88.11	92.25

除了中低牌号的无取向硅钢外，武钢 CSP 于 2010 年开始高牌号无取向硅钢的试生产，共计生产了 13600t，其牌号比例情况如图 3-50 所示。在取向硅钢方面，武钢 CSP 也尝试试制高磁感取向硅钢，但因技术瓶颈未能有效解决，截至 2018 年尚未进入规模化生产。

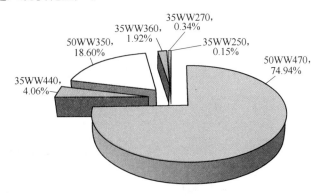

图 3-50　武钢 CSP 产线高牌号无取向硅钢生产情况

参 考 文 献

[1] 康永林，傅杰. 关于薄板坯连铸连轧产品开发问题的探讨 [J]. 中国冶金，2004 (6)：8-14.

[2] 高真凤，黄维，陈付红，等. CSP 产品开发及发展趋势 [J]. 鞍钢技术，2014 (3)：8-11.

[3] Zhang Yongquan. Metallurgical character and grade exploitation of thin slab conlinuous casting and roling process [J]. Journal of Iron and Steel Research，2005，17 (supplement)：1-6.

[4] 周德光，傅杰，金勇，等. CSP 薄板坯的铸态组织特征研究 [J]. 钢铁，2003，38 (8)：47-51.

[5] 杨晓江，杨春政，张洪波，等. FTSC 连铸薄板坯的质量 [J]. 连铸，2006 (5)：19-23.

[6] Kang Yonglin，Yu Hao，Fu Jie，et al. Morphology and precipitation kinetics of AlN in hot strip of low carbon steel produced by compact strip production materials [J]. Materials Science & Engineering A，2003，351 (1-2)：265-271.

［7］ Liu D L，Wang Y L，Huo X D，et al. Electron microscopic study on nanoscaled precipitation in low carbon steels ［J］. Journal of Chinese Electron Microscopy Society，2002，21（3）：283-287.

［8］ 傅杰，康永林，柳得橹，等. CSP 工艺生产低碳钢中的纳米碳化物及其对钢的强化作用 ［J］. 北京科技大学学报，2003，25（4）：328-331.

［9］ 张迎晖，赵鸿金，康永林. 薄板坯连铸连轧工艺的研究进展 ［J］. 上海金属，2006，28（5）：51-55.

［10］ 康永林，于浩，王克鲁，等. CSP 低碳钢薄板组织演变及强化机理研究 ［J］. 钢铁，2003，38（8）：20-26.

［11］ Hoen K，Klein C，Krämer S，et al. Recent development of thin slab casting and rolling technology in a challenging market ［J］. BHM Berg-und Hüttenmännische Monatshefte，2016，161（9）：415-420.

［12］ Klinkenberg C，Bilgen C，Boecher T，Schlüter J. 20 years of experience in thin slab casting and rolling state of the art and future developments ［C］. Materials Science Forum，2010，638-642：3610-3615.

［13］ 陈景浒. 中高碳合金钢薄板坯连铸连轧新工艺的研究 ［D］. 广州：广东工业大学，2011.

［14］ 沈训良. 薄板坯连铸连轧中高碳钢制造关键技术研究 ［D］. 广州：华南理工大学，2013.

［15］ 毛新平，陈麒琳，李春艳. 珠钢薄板坯连铸连轧高碳钢生产技术 ［C］. 第三届中德（欧）冶金技术研讨会论文集，2011：215-223.

［16］ 汪水泽，李长生，王廷溥，等. 薄板坯连铸连轧生产无取向硅钢技术的发展及前景［J］. 钢铁研究学报，2008（9）：1-4.

［17］ 仇圣桃，项利，岳尔斌，等. 薄板坯连铸连轧流程生产取向硅钢技术分析 ［J］. 钢铁，2008，43（9）：1-7.

［18］ 康永林. 我国薄板坯连铸连轧生产现状分析与建议 ［J］. 轧钢，2006，23（6）：40-43.

4 我国薄板坯连铸连轧产线运行现状调研及价值评估

4.1 我国主要薄板坯连铸连轧产线的运行概况

依托中国工程院战略咨询项目《我国钢铁工业近终形制造流程发展战略研究》，研究人员对2014~2017年我国主要薄板坯连铸连轧产线的实际运行情况进行调研，调研的主要技术指标包括连铸机拉速、铸机作业率、平均连浇炉数、平均连浇时间、全年最高连浇炉数、漏钢率、加热炉燃料消耗、轧机作业率、产品的平均宽度、产品的平均厚度、总产量、厚度小于2.0mm的产量等。调研结果如表4-1~表4-4所示。

表4-1 2014年我国主要薄板坯连铸连轧产线技术指标

序号	生产单位	拉速/m·min⁻¹	铸机作业率/%	平均连浇炉数	平均连浇时间/min	全年最高连浇炉数	漏钢率/%	加热炉燃耗（标煤）/t	轧机作业率/%	产品平均宽度/mm	产品平均厚度/mm	厚度<2.0mm产量/万吨	轧材产量/万吨
1	A厂	3.6~4.1	86.85	20.6	796.8	29	0.06	16.61	86.1	1332	3.45	12.87	262.5
2	B厂	3.8~4.5	85.22	22.5	802.7	33	0.024	14.23	84.04	1429	5.06	0	260.1
3	C厂	3.0~4.5	64.7	12.6	586.8	21	0.11	26.97	78.72	1282.58	3.254	17.16	163.6
4	D厂	3.5~4.5	—	18.6	720	30	0.04	—	—	1220	2.32	43.76	174.6
5	E厂	3.86	67	8.1	569	14	0.24	27.67	78.85	1230	2.58	36.17	128.4
6	F厂	3.8~4.0	75.43	21	945	32	0.05	30.55	88.06	1454.8	5.41	17.6	248.0
7	H厂	3.5~4.8	81.86	9.15	623	17	0.129	34.37	84.72	1254	2.32	84.94	206.6
8	I厂	3.8~4.9	68.22	15.2	970	21	0.03	37.74	78.7	1298	4.86	2.6	181.3
9	J厂	1.8~2.8	76.88	16.8	758	58	0.009	59.20	58.18	1192	7.18	0.25	239.0
10	K厂	4.2~4.5	70.32	13.7	587	22	0.05	28.26	81.18	1345	2.97	66.94	204.7

表 4-2　2015 年全国薄板坯连铸连轧产线主要技术指标

序号	生产单位	拉速 /m·min⁻¹	铸机作业率/%	平均连浇炉数	平均连浇时间 /min	全年最高连浇炉数	漏钢率/%	加热炉燃耗（标煤）/t	轧机作业率/%	产品平均宽度 /mm	产品平均厚度 /mm	厚度<2.0mm产量 /万吨	轧材产量 /万吨
1	A厂	3.6~4.2	88.92	21.4	829.2	29	0.02	16.38	87.2	1326	3.44	13.96	268.8
2	B厂	4.0~4.5	84.41	21.6	789.4	33	0.03	15.60	83.7	1413	5.35	0	247.1
3	C厂	3.5~4.5	77.64	13.3	636.7	20	0.12	19.92	85.3	1270	3.10	1.13	99.9
4	D厂	3.5~4.5	—	17.9	635	29	0.05	29.88	—	1245	2.64	37.31	140.6
5	E厂	3.9~4.3	68.64	10.3	669	14	0.11	31.9	69.2	1274	2.73	32.44	110.7
6	F厂	3.9~4.2	80.68	22.3	1003.5	30	0.07	28.31	78.2	1462	5.66	11.19	194.9
7	H厂	3.5~4.8	83.42	9.1	655.8	17	0.08	35.54	82.7	1238	1.94	94.56	204.9
8	I厂	3.8~4.9	74.02	15.5	685.3	21	0.02	35.07	77.9	1349	5.42	25.10	207.5
9	J厂	1.8~2.8	69	14.3	672.1	69	0.02	68.42	50	1237	7.65	7.23	175.4
10	K厂	4.3~5.5	84.6	15.9	717	25	0.07	25.75	86.2	1296	2.87	76.84	213.6

表 4-3　2016 年全国薄板坯连铸连轧产线主要技术指标

序号	生产单位	拉速 /m·min⁻¹	铸机作业率/%	平均连浇炉数	平均连浇时间 /min	全年最高连浇炉数	漏钢率/%	加热炉燃耗（标煤）/t	轧机作业率/%	产品平均宽度 /mm	产品平均厚度 /mm	厚度<2.0mm产量 /万吨	轧材产量 /万吨
1	A厂	3.6~4.2	89.28	20.9	830.4	29	0.01	16.58	88.08	1308	3.39	15.39	266.6
2	B厂	3.8~4.0	85.22	22.5	802.7	33	0.02	14.23	84.04	1429	5.06	0	260.1
3	C厂	3.0~4.5	64.77/58.26	12.6	586.8	21	0.11	26.97	78.72	1283	3.254	17.16	163.6
4	D厂	3.5~4.8	47	18	646	26	0.08	24.86	92.90	1313	3.30	36.2	163.2
5	E厂	3.6~4.3	58.29	6.7	458	15	0.13	43.02	71.98	1269	2.88	20.8	116.2
6	F厂	3.0~4.0	55.90	22.1	992.9	30	0.08	33.56	89	1460	6.63	9.88	167.0
7	H厂	3.5~4.8	84.9	9.15	569	17	0.10	35.66	83.32	1228	1.96	90.5	203.1
8	I厂	3.8~4.9	68.22	15.2	970	21	0.03	37.74	78.72	1298	4.86	2.6	181.3
9	J厂	1.8~2.8	76.88	16.8	758	58	0.09	59.2	58.18	1192	7.18	0.25	239
10	K厂	4.3~4.7	75.28	14	680	25	0.04	25.02	79.94	1420	3.10	40.02	201.5

表 4-4　2017 年我国主要薄板坯连铸连轧产线技术指标

序号	生产单位	拉速 /m·min⁻¹	铸机作业率/%	平均连浇炉数	平均连浇时间 /min	全年最高连浇炉数	漏钢率/%	加热炉燃耗（标煤）/t	轧机作业率/%	产品平均宽度 /mm	产品平均厚度 /mm	厚度<2.0mm产量 /万吨	轧材产量 /万吨
1	A 厂	3.6~4.2	82.84	20.48	793.8	29	0.01	18.56	86.59	1336	3.72	10.04	252.5
2	B 厂	4.1	86.86	23.8	859.8	35	0.04	14.48	87.34	1428.45	5.79	0	260
3	C 厂	3.89	69.57	12.7	597	20	0.14	27	78.47	1277.12	3.22	25.88	154.6
4	D 厂	4.0~5.0	65	19	668	30	0.09	23.88	90.1	1265	3.15	54.68	136.3
5	E 厂	3.6~4.3	58.29	6.7	458	15	0.13	28.7	64.16	1251	2.99	17.3	100.8
6	F 厂	—	—	—	—	—	—	—	—	—	—	—	—
7	H 厂	3.5~4.8	85.76	9.67	585	17	0.1	33.46	81.07	1250	2.18	50.7	217.1
8	I 厂	3.8~5.0	75	16.2	840	22	0.06	29.24	75	1270	4.5	3.0	184
9	J 厂	—	—	—	—	—	—	—	—	—	—	—	—
10	K 厂	4.0~5.0	82.12	17	714	25	0.06	26.12	83.79	1370	3.1	41.77	215

注：根据各厂要求，隐去企业名称，用代号代替。

4.2　典型产线技术经济性调研

4.2.1　D 厂技术经济性调研

基于 D 厂内部的两种制造流程，即薄板坯连铸连轧流程和传统的热轧流程（2250mm 热轧线），选择常规钢种 SPHC 为调研对象，调研不同制造流程各主要工序的能耗和制造成本。调研结果如表 4-5~表 4-7 所示。数据采集时间范围为 2017 年 6 月份。

表 4-5　两种流程冶炼工序的成本比较

项　目	传统流程			薄板坯连铸连轧流程		
	单价 /元·kg⁻¹	单位用量 /kg·t⁻¹	单位成本 /元·t⁻¹	单价 /元·kg⁻¹	单位用量 /kg·t⁻¹	单位成本 /元·t⁻¹
一、原主材料	—	—	—			1987.85
1. 钢铁料	—	1094.5	1948.2	—	1089.94	1951.82
① 铁水	1.95	879.31	1714.65	1.950	878.61	1713.29
② 废钢	1.09	215.19	233.6	1.129	211.33	238.53

项 目	传统流程			薄板坯连铸连轧流程		
	单价 /元·kg⁻¹	单位用量 /kg·t⁻¹	单位成本 /元·t⁻¹	单价 /元·kg⁻¹	单位用量 /kg·t⁻¹	单位成本 /元·t⁻¹
2. 合金	—	—	28.37	—	—	36.03
二、辅助材料	—	—	16.35	—	—	12.46
熔剂	—	55.26	16.35	—	54.19	12.46
三、减：回收废钢	—	—	-5.25	—	—	-16.88
四、预处理费用	—	—	13.08	—	0	0
五、转炉费用	—	—	89.9	—	—	89.35
六、炉外精炼费用	—	—	11	—	—	42.81
1. 吹氩费用	—	—	0	2.6 元/m³	0.27	0.7
2. 钢包精炼费用	—	—	11	—	—	42.11
3. 真空脱气费用	—	—	0	0	0	0
七、连铸费用	—	—	8.02	—	—	7.32
1. 中间包费用	—	—	4.87	—	—	3.18
2. 浸入式水口费用	—	—	1.54	—	—	1.31
3. 保护渣费用	—	—	1.61	—	0.43	1.94
八、其他费用	—	—	22.07	—	—	20.09
炼钢工序成本合计	—	—	2131.8	—	—	2142.15

表 4-6 两种流程热轧工序的成本比较

项 目	传统流程			薄板坯连铸连轧流程		
	单价	单耗	单位成本 /元·t⁻¹	单价	单耗	单位成本 /元·t⁻¹
一、原料成本	—	—	2056.05	—	—	2222.19
钢坯成本	2040	1.017	2074.6	2197.131	1.018	2236.7
减：回收废钢	—	—	-18.55	—	—	-15.22
二、轧制费用	—	—	127.57	—	—	125.84
1. 轧辊	—	—	6.44	—	—	7.7
2. 辅助材料	—	—	15.92	—	—	20.16
3. 耐火材料	—	—	0.26	—	—	1.36
4. 加热燃料消耗	40	—	47.91	40	—	28.69

项　目	传统流程			薄板坯连铸连轧流程		
	单价	单耗	单位成本/元·t⁻¹	单价	单耗	单位成本/元·t⁻¹
5. 电消耗	—	—	54. 30	0. 62	79. 92	49. 55
6. 水消耗	—	—	0. 39	0. 69	0. 43	0. 4
7. 其他	—	—	2. 35	—	—	17. 88
轧钢工序完全成本	—	—	2219. 88	—	—	2348. 02
轧钢工序附加成本	—	—	143. 62	—	—	150. 9

注：不含折旧费。

表4-7　薄板坯连铸连轧流程与传统热轧+冷轧流程成本比较

项　目	传统热轧+冷轧流程			薄板坯连铸连轧流程			备注
	单价	单耗	单位成本/元·t⁻¹	单价	单耗	单位成本/元·t⁻¹	
一、钢坯成本	—	—	2280	—	—	2292	—
二、热轧工序成本	—	—	143. 62	—	—	150. 9	—
三、热轧平整工序成本	—	—	—	—	—	29. 8	同一条平整线
四、冷轧工序	—	—	348. 47	—	—	98. 47	同一条冷轧线
1. 酸耗	—	—	6. 04（包括轧制油等其他生产辅料成本）	—	—	—	
2. 水耗	—	—	9. 5	—	—	—	
3. 能源消耗	—	—	113. 97	—	—	—	
4. 辊耗	—	—	8. 22	—	—	—	
5. 其他	—	—	—	—	—	—	
五、酸洗工序成本	—	—	98. 47（酸洗连轧工序成本）	—	—	—	
六、退火工序成本	—	—	112. 27（退火平整工序成本）	—	—	—	

4.2.2　H厂技术经济性调研

基于H厂内部的两种制造流程，即薄板坯连铸连轧流程和传统的热轧流程（2250mm热轧线），选择常规钢种 Q235B 和 SPHC 为调研对象，调研不同制造流程各主要工序的能耗和制造成本。具体分为两类：（1）薄板坯连铸连轧流程和传统热轧流程都能够生产的产品和规格，以 Q235B、厚度为 2.5~3.0mm、宽度 1150~1250mm 为例进行比较分析，结果如表 4-8 和表 4-9 所示；（2）薄板坯连铸连轧流程可以直接生产，而传统流程必须经过热轧和冷轧流程，以 SPHC/DC01、厚度为 1.2~1.5mm、宽度 1150~1250mm 为例进行比较分析，结果如表 4-10 和表 4-11 所示。数据采集时间范围为 2016 年全年。

表 4-8　两种流程冶炼工序的成本比较（对比钢种：Q235B）

项　目	传统流程			薄板坯连铸连轧流程		
	单价 /元·kg^{-1}	单位用量 /kg·t^{-1}	单位成本 /元·t^{-1}	单价 /元·kg^{-1}	单位用量 /kg·t^{-1}	单位成本 /元·t^{-1}
一、原主材料	—	—	—	—	—	1577.18
1. 钢铁料	1415.2	1077.94	1525.5		1047	1501.98
① 铁水	1454	968.24	1407.8	1454	989	1438.01
② 废钢	1103	106.69	117.7	1103	58	63.97
2. 合金	—	—	47.56	—	—	75.20
二、辅助材料						32.30
熔剂	528.21	94.33	49.83	—	—	32.30
三、减：回收废钢	403.28	-16.24	-6.55	—	—	-5.32
四、预处理费用	—	—	—	—	—	5.88
五、转炉费用	—	—	—	—	—	38.34
六、炉外精炼费用	—	—	—	—	—	22.61
1. 吹氩费用						3.45
2. 钢包精炼费用						19.16
3. 真空脱气费用						
七、连铸费用	—	—	—	—	—	65.09
1. 中间包费用	—	—	—	—	—	7.31
2. 浸入式水口费用	—	—	—	—	—	—
3. 保护渣费用	—	—	—	—	—	2.23
八、其他费用	—	—	—	—	—	147.10
炼钢工序成本	—	—	400.23	—	—	429.18

表 4-9　两种流程热轧工序的成本比较（对比钢种：Q235B）

项　目	传统流程（2250 热连轧）			薄板坯连铸连轧流程		
	单价	单耗	单位成本/元·t^{-1}	单价	单耗	单位成本/元·t^{-1}
一、原料成本	—	—	1845.55	—		1917.99
钢坯成本	1812	1.026	1860	1883.18	1.0216	1923.86
减：回收废钢	—	—	14.45	—		−5.87
二、轧制费用	—	—	152.7	—		145.4
1. 轧辊			8.85			13.6
2. 辅助材料	—	—	4.91			7.1
3. 耐火材料			1.23			1.2
4. 加热燃料消耗	48.4	1.0	48.36	—		45.6
5. 电消耗	0.58	79.18	45.92			42
6. 水消耗	2.9	1.05	3.05			3.5
7. 吨钢人工成本	—	—	12.18			21.3
8. 折旧	—	—	—			—
9. 备件			13.86			11.1
10. 其他			14.33			0
三、管理费用			—			0
轧钢工序完全成本	—	—	185.76			180.2

表 4-10　两种流程冶炼工序的成本比较（对比钢种：SPHC）

项　目	传统流程			薄板坯连铸连轧流程		
	单价	单位用量	单位成本/元·t^{-1}	单价	单位用量	单位成本/元·t^{-1}
一、原主材料	—	—				1568.88
1. 钢铁料	1419.3	1112	1578.24	—	1056.2	1513.88
① 铁水	1454	1002.3	1456.91	1454	994	1445.28
② 废钢	1103	109.69	121.33	1103	62.2	68.61
2. 合金	—	—	45.72			55.00
二、辅助材料	—	—				33.60
熔剂	528.21	94.33	49.83			33.60
三、减：回收废钢	403.28	−16.24	−6.55			−5.32
四、预处理费用	—	—				5.87

续表 4-10

项　目	传统流程			薄板坯连铸连轧流程		
	单价	单位用量	单位成本 /元·t^{-1}	单价	单位用量	单位成本 /元·t^{-1}
五、转炉费用	—	—	—	—	—	42.67
六、炉外精炼费用	—	—	—	—	—	23.78
1. 吹氩费用	—	—	—	—	—	3.45
2. 钢包精炼费用	—	—	—	—	—	20.33
3. 真空脱气费用	—	—	—	—	—	—
七、连铸费用	—	—	—	—	—	74.54
1. 中间包费用	—	—	—	—	—	7.52
2. 浸入式水口费用	—	—	—	—	—	—
3. 保护渣费用	—	—	—	—	—	2.88
八、其他费用	—	—	—	—	—	150.06
炼钢工序成本	—	—	414.73	—	—	440.08

表 4-11　两种流程生产薄规格产品的成本比较（对比钢种：SPHC/DC01）

项　目	传统流程			薄板坯连铸连轧流程		
	单价	单耗	单位成本 /元·t^{-1}	单价	单耗	单位成本 /元·t^{-1}
一、原料成本	—	—	1830.36	—	—	1931.15
二、热轧费用	—	—	198.64	—	—	276.1
1. 轧辊	—	—	9.58	—	—	19.2
2. 辅助材料	—	—	5.31	—	—	7
3. 耐火材料	—	—	1.34	—	—	1
4. 加热燃料消耗	48.4	1.08	52.36	48.7	0.81	39.36
5. 电消耗	0.58	85.74	49.73	0.57	70.5	40.2
6. 水消耗	2.9	1.14	3.3			22.85
7. 吨钢人工成本	—	—	13.19			25.2
8. 折旧	—	—	33.31	—	—	106.2
9. 备件	—	—	15.01			15.1
10. 其他	—	—	15.52			0
热轧工序完全成本	—	—	230.27			313.17
三、热轧平整费用						27

续表4-11

项　目		传统流程			薄板坯连铸连轧流程		
		单价	单耗	单位成本/元·t^{-1}	单价	单耗	单位成本/元·t^{-1}
四、冷轧工序成本		—	—	连退：607.15 罩退：523.78	—	—	—
连续退火	1. 酸耗	217.68	2.21	0.48	—	—	—
	2. 水耗	0.48	53.69	26.03	—	—	—
	3. 电耗	0.57	123.09	70.16	—	—	—
	4. 燃料消耗	35.29	1.51	53.33	—	—	—
	5. 辊耗	—	—	11.95	—	—	—
	6. 其他	—	—	426.20	—	—	—
	7. 酸洗成本	—	—	—	—	—	100
	五、酸轧工序成本	—	—	252.43	—	—	—
	六、退火工序成本	—	—	278.43	—	—	—
罩式退火	1. 酸耗	221.28	5.58	1.24	—	—	—
	2. 水耗	0.63	14.14	8.88	—	—	—
	3. 电耗	0.57	109.95	62.67	—	—	—
	4. 燃料消耗	49.91	0.67	33.59	—	—	—
	5. 辊耗	—	—	14.22	—	—	—
	6. 其他	—	—	99.30	—	—	—
	7. 酸洗成本	—	—	—	—	—	100
	五、酸轧工序成本	—	—	219.9	—	—	—
	六、退火工序成本	—	—	80.32	—	—	—
全过程制造成本合计		—	—	连退：837.42 罩退：754.05	—	—	440.17

4.2.3　K厂技术经济性调研

基于K厂内部的两种制造流程，即薄板坯连铸连轧流程和传统的热轧流程（1700mm热轧线），选择常规钢种SS400和SPHC为调研对象，调研不同制造流程各主要工序的能耗和制造成本。具体分为两类：（1）薄板坯连铸连轧流程和传统热轧流程都能够生产的产品和规格，以SS4400、厚度为2.5~3.0mm、宽度1150~1250mm为例进行比较分析，如表4-12和表4-13所示；（2）薄板坯连铸连轧流程可以直接生产，而传统流程必须经过热轧和冷轧流程，以SPHC/DC01、厚度为1.2~1.5mm、宽度1150~1250mm为例进行比较分析，如表4-14~表4-16

所示。两种流程生产 SS400 和 SPHC 时采用相同的冶炼工艺：顶底复吹转炉→LF 精炼→连铸。数据采集时间范围为 2017 年 1~3 月份。

表 4-12　两种流程冶炼工序的成本比较（对比钢种：SS400）

项　目	传统流程			薄板坯连铸连轧流程		
	单价 /元·t^{-1}	单位用量 /kg·t^{-1}	单位成本 /元·t^{-1}	单价 /元·t^{-1}	单位用量 /kg·t^{-1}	单位成本 /元·t^{-1}
一、原主材料	—	—	—	—	—	—
1. 钢铁料	—	1065.23	2213.95	—	1066.42	2216.45
①铁水	2090	1010.23	2111.38	2090	1011.42	2113.87
②废钢	1865	58.7	109.47	1865	61.29	114.31
2. 合金	—	7.44	45.99	—	7.6	46.8
二、辅助材料	—	123.27	104.98	—	125.87	106.66
1. 石灰	584.05	36.63	21.39	584.05	38.59	22.54
2. 轻烧	275.73	13.07	3.60	275.73	13.07	3.60
三、减：回收废钢	1865	-3.7	-6.9	1865	-6.29	-11.73
四、预处理费用	—	—	—	—	—	—
五、转炉费用	—	—	224.18	—	—	226.68
六、炉外精炼费用	—	—	57.1	—	—	59.11
1. 吹氩费用	—	—	—	—	—	—
2. 钢包精炼费用	—	—	57.1	—	—	59.11
3. 真空脱气费用	—	—	—	—	—	—
七、连铸费用	—	—	50.8	—	—	63.62
1. 中间包费用	—	—	7.2	—	—	7.9
2. 浸入式水口费用	—	整体承包 在中间包内		4245	—	2.09
3. 保护渣费用	4190	0.45	1.89	6750	0.4	2.7
八、其他费用	—	—	104.8	—	—	108.6
炼钢工序成本合计	—	—	436.88	—	—	458.01

表 4-13　两种流程热轧工序的成本比较

（对比钢种：SS400，厚度 2.5～3.0mm，宽度 1150～1250mm）

项　目	传统流程			薄板坯连铸连轧流程			备注
	单价	单耗	单位成本/元·t⁻¹	单价	单耗	单位成本/元·t⁻¹	
一、原料成本	—	1000	2556.04	—	1000	2570.01	—
钢坯成本	2.527	1019.68	2576.73	2.548	1015.26	2586.88	—
减：回收废钢	—	−19.87	−20.69	—	−12.45	−16.87	—
二、轧制费用	—		160.15	—		159.03	
1. 轧辊	18.38	0.48	8.82	17.13	0.80	13.70	
2. 辅助材料	—		—	—		—	
3. 耐火材料	—		1.38			1.38	
4. 加热燃料消耗	—	0.96	28.18	—	0.65	31.74	煤气质量不同
5. 电消耗	0.5	63.78	31.89	0.5	50.90	25.45	
6. 水消耗	—	48.01	15.67	—	37.03	12.11	
7. 其他（制造费用）	—		74.21			74.65	
轧钢工序成本合计	—		189.19	—		181.04	

表 4-14　两种流程冶炼工序的成本比较（对比钢种：SPHC）

项　目	传统流程			薄板坯连铸连轧流程		
	单价	单位用量	单位成本/元·t⁻¹	单价	单位用量	单位成本/元·t⁻¹
一、原主材料	—	—	—		—	—
1. 钢铁料	—	1068.58	2219.75	—	1069.11	2213.48
① 铁水	2090	1013.58	2118.38	2090	1014.11	2110.9
② 废钢	1865	58.7	109.47	1865	61.29	114.31
2. 合金	—	4.76	53.03	—	4.96	55.46
二、辅助材料		123.27	105.46		124.57	106.18
1. 石灰	584.05	35.88	20.96	584.05	37.05	21.64
2. 轻烧	275.73	15.69	4.33	275.73	16.02	4.42
三、减：回收废钢	1865	−3.7	−6.9	1865	−6.29	−11.73
四、预处理费用	16.49	0.05	0.82	16.49	0.05	0.82
五、转炉费用	—		234.48			236.87
六、炉外精炼费用	—		62.48			64.91

项 目	传统流程			薄板坯连铸连轧流程		
	单价	单位用量	单位成本/元·t⁻¹	单价	单位用量	单位成本/元·t⁻¹
1. 吹氩费用	—	—	—	—	—	—
2. 钢包精炼费用	—	—	62.48	—	—	64.91
3. 真空脱气费用	—	—	—	—	—	—
七、连铸费用	—	—	52.44	—	—	65.28
1. 中间包费用	—	—	7.2	—	—	7.9
2. 浸入式水口费用	—	整体承包在中间包内	—	4245	—	2.09
3. 保护渣费用	4190	0.45	1.89	8400	0.4	3.36
八、其他费用	—	—	103.98	—	—	109.8
炼钢工序成本合计	—	—	453.38	—	—	476.86

表 4-15 两种流程热轧工序的成本比较（对比钢种：SPHC/DC01）

项 目	传统流程			薄板坯连铸连轧流程		
	单价	单耗	单位成本/元·t⁻¹	单价	单耗	单位成本/元·t⁻¹
一、原料成本	—	1000	2573.41	—	1000	2597.37
钢坯成本	2.543	1020.42	2594.93	2.567	1017.81	2612.72
减：回收废钢	—	−20.41	−21.52	—	−14.57	−15.35
二、轧制费用	—	—	157.16	—	—	187.30
1. 轧辊	18.38	0.48	8.82	17.13	0.95	16.27
2. 辅助材料	—	—	—	—	—	—
3. 耐火材料	—	—	1.38	—	—	1.38
4. 加热燃料消耗	—	—	25.47	—	—	41.44
5. 电消耗	0.5	63.78	31.89	0.5	74.58	37.29
6. 水消耗	—	47.16	15.39	—	50.56	16.27
7. 其他（制造费用）	—	—	74.21	—	—	74.65
轧钢工序成本合计	—	—	187.57	—	—	217.67

表 4-16　两种流程生产薄规格产品的成本比较（对比钢种：SPHC/DC01）

项　目	传统热轧+冷轧流程			薄板坯连铸连轧流程		
	单价	单耗	单位成本/元·t⁻¹	单价	单耗	单位成本/元·t⁻¹
一、热轧工序成本	—	—	187.57	—	—	217.67
二、热轧平整工序成本	—	—	—	—	—	43.87
三、冷轧工序	—	—	418.03	—	—	—
1. 酸耗	0.5	1.57	0.78	—	—	—
2. 轧制油	24.25	0.24	5.82	—	—	—
3. 脱盐水	15	0.163	2.4	—	—	—
4. 循环水	0.45	20.62	9.28	—	—	—
5. 压缩空气	0.13	70.34	9.16	—	—	—
6. 蒸汽	0.12	21.36	2.56	—	—	—
7. 氮气	0.1	13.75	1.38	—	—	—
8. 辊耗	39.55	0.21	5.76	—	—	—
9. 电耗	0.56	68.11	38.14	—	—	—
10. 焦炉煤气	0.9	33.24	29.61	—	—	—
11. 氢气	3	2.79	8.36	—	—	—
12. 包装	—	—	120.95	—	—	—
13. 其他	—	—	178.21	—	—	—
四、酸轧工序成本	—	—	170.42	—	—	—
五、退火工序成本	—	—	247.61	—	—	—

4.2.4　L厂技术经济性调研

以 L 厂的薄板坯连铸连轧产线和 1580mm 产线（传统热轧）及配套的 120t 转炉生产的 SPHC 钢种为调研对象。薄板坯连铸连轧流程生产的规格为 1.2mm，1580mm 产线生产的规格为 3.0mm。调研结果如表 4-17～表 4-19 所示。数据采集时间范围为 2017 年 1～3 月份。

表 4-17 两种流程冶炼工序的成本比较（对比钢种：SPHC，工艺路线 BOF-LF）

项目	单位	单价	传统流程		薄板坯连铸连轧流程		对比	分析
			单耗	成本	单耗	成本		
一、直接材料	—	—	—	—	—	—	—	—
1. 钢铁料	t	1992.75	1.0938	2179.98	1.08308	2158.86	−21.12	钢铁料消耗比 120t 低 10kg/t
① 铁水（自产）	t	2042.54	0.9200	1879.14	0.91850	1876.07	—	
② 铁块（自产）	t	2083.59	0.0185	38.59	0.01093	22.77	—	
③ 废钢	t	1500.00	0.0176	26.33	0.01504	22.56	—	
④ 废钢（外购）	t	1713.11	0.1377	235.93	0.13861	237.45	—	
2. 自循环	t	198.79	0.0115	2.29	0.00497	0.99	—	
3. 合金料	t			12.78		2.34	−10.44	薄板坯强度高，锰含量−0.10%
4. 脱氧剂	t	11454.57	—	40.85	0.00364	41.70	—	
5. 减：回收污泥	t	50.00	−0.0182	−0.91	−0.01609	−0.80	—	
二、辅助材料	t	1.71	—	60.96	45.99600	69.13	—	
1. 活性石灰	t	325.65	0.0363	11.81	0.04329	14.10	—	辅料成本相同连铸耐材成本高
2. 白云石（块）	t	66.77	0.0288	1.92	0.02095	1.40	—	
3. 烧结矿	t	660.18	0.0153	10.13	0.01121	7.40	—	
4. 金属化球团	t	661.63	0.0066	4.33	0.00363	2.40	—	
5. 耐火材料	元	—	—	28.35	—	36.62	8.27	
三、燃料及动力	元	—	—	60.48	—	61.39	—	—
四、工资及福利费	元	—	—	4.30	—	3.41	—	
五、制造费用	元	—	—	47.90	—	83.06	35.164	薄板坯连铸扇形段维护成本及铜板成本高
1. 折旧	—	—	—	15.22	—	34.13	—	
2. 铜板	—	—	—	1.50	—	7.00	—	
3. 连铸维修	—	—	—	3.50	—	8.50	—	
4. 其他	—	—	—	27.68	—	33.43	—	
六、制造成本	元	—	—	2408.62	—	2420.08	11.46	—
炼钢工序成本合计	—	—	—	366.08	—	377.54	−11.5	—

表 4-18　两种流程热轧工序的成本比较（对比钢种：SPHC）

项　目	单位	单价	传统流程		薄板坯连铸连轧流程		对比	分析
			单耗	成本	单耗	成本		
一、直接材料	元	—	97.3%	—	98.02%	—	0.71%	
1. 原料	t	—	0.9999	2472.60	0.99991	2449.17	−23.43	
① 钢水	t	2420.08	1.0275	2486.73	1.02015	2468.84	—	薄板坯成材
② 切头尾	t	1500.00	−0.0057	−8.51	−0.00161	−2.42	—	率高0.71%
③ 氧化铁皮	t	300.00	−0.0181	−5.43	−0.00672	−2.02	—	成本低
④ 污泥	t	50.00	−0.0039	−0.20	−0.00181	−0.09	—	23.43元/t
⑤ 中包注余	t	1500.00	—	—	−0.00412	−6.18	—	
⑥ 楔形坯	t	1500.00	—	—	−0.00598	−8.97	—	
2. 轧辊	元	—	—	8.71	—	16.68	7.97	受轧制规格影响轧辊成本高7.97元/t
二、燃料及动力	元	—	—	85.90	—	105.54	19.65	
1. 电	kW·h	0.53	128.6276	67.67	194.59226	102.38	—	受电及煤气定价影响成本高能耗低
2. 高炉煤气	m³	0.10	114.68274	11.47			—	
3. 转炉煤气	m³	0.10	61.75224	6.18				
三、工资及福利费	元	—	—	1.89	—	1.79	—	
四、制造费用	元	—	—	54.12	—	84.73	—	
1. 折旧	元	—	—	18.21	—	56.74	—	折旧高维护费用低
2. 其他	元	—	—	35.91	—	27.99	—	
五、制造成本	元	—	—	2623.22	—	2657.91	—	
轧钢工序成本	元	—	—	184.93	—	181.10	−3.84	—

表 4-19　酸平工序生产成本（对比钢种：SPHC）

项　目	单位	单价	酸　平	
			单耗	成本
一、直接材料	元	—	—	—
1. 原料及主要材料	元	—	1.0081	2687.67
① 卷板	t	2657.91	1.0152	2698.31
② 切头及剪废	t	1500.00	−0.0071	−10.64
2. 辅助材料	t			18.95

续表4-19

项　目	单位	单价	酸　平	
			单耗	成本
① 轧辊	kg	18.63	0.04	0.75
② 盐酸	L	—	—	0.36
③ 再生酸	L	—	—	12.5
④ 平整液	kg	—	—	1.08
⑤ 防锈油	kg	—	—	0.68
⑥ 缓蚀剂	kg	—	—	1.74
⑦ 捆带	kg	—	—	0.93
⑧ 钝化剂	kg	—	—	0.91
二、燃料及动力	元	—	—	11.3
1. 电	kW·h	0.53	15.5099	8.22
2. 脱盐水	m³	7.75	0.2455	1.9
3. 新水	m³	1.65	0.194	0.32
4. 蒸汽	t	60	—	—
5. 压缩空气	m³	0.06	15.0493	0.9
三、直接人工	元	—	—	2.33
四、制造费用	元	—	—	43.85
1. 折旧	—	—	—	29.57
2. 备件	—	—	—	6.46
3. 其他	—	—	—	7.82
五、制造成本	元	—	—	2764.10
去折旧加工成本	元	—	—	76.62

4.3　薄板坯连铸连轧流程的价值评估

（1）薄板坯连铸连轧流程简约、高效、节能降耗效果显著，是一种绿色、环保的热轧板带生产工艺技术。

薄板坯连铸连轧流程具有不同于传统热轧流程的产线布置和热履历，导致热轧过程能耗也存在显著差异。所调研企业内部两种流程生产同类型产品的过程工序能耗对比如表4-20所示。可见，虽然不同企业的薄板坯连铸连轧产线布置上略有不同，不同厂之间的实际技术和操作水平也存在一定的差异性，但从总体趋势上看，与传统的热轧流程相比，薄板坯连铸连轧流程在降低工序能耗上的效果较为显著，其节能的幅度达到23%~42%。

表 4-20 两种流程热轧过程的工序能耗对比

典型企业	薄板坯连铸连轧流程			传统热轧流程			节能降耗比例/%
	燃料消耗/GJ·t⁻¹	电耗/GJ·t⁻¹	综合能耗/GJ·t⁻¹	燃料消耗/GJ·t⁻¹	电耗/GJ·t⁻¹	综合能耗/GJ·t⁻¹	
D 厂	0.65	0.18	0.83	0.96	0.23	1.19	30.2
H 厂	0	0.72	0.72	0.848	0.39	1.238	41.8
K 厂	0.81	0.25	1.06	1.08	0.31	1.39	23.74
L 厂	0.72	0.288	1.008	1.20	0.315	1.515	33.5

注:1. 综合能耗 = 燃料消耗 + 电耗;

2. 节能降耗比例 = $\dfrac{传统热轧流程的综合能耗 - 薄板坯连铸连轧流程的综合能耗}{传统热轧流程的综合能耗}$。

(2) 薄板坯连铸连轧流程在普通规格产品的生产上并不具备成本优势,但在薄规格产品上优势明显。薄板坯连铸连轧流程是生产薄规格产品的更为绿色、经济的方式。

通过典型企业内部两种流程生产同类型产品的技术经济性对比发现,薄板坯连铸连轧流程在普通产品(普碳钢、厚度≥2.5mm)的生产上并不具备成本优势。在炼钢工序,冶炼及浇铸相同产品时,不同企业两种流程的成本差异虽略有不同,但具有相同趋势,即薄板坯连铸连轧流程的工序成本比传统流程高 10~30 元/t,如表 4-21 所示。

表 4-21 两种流程炼钢工序的成本比较 (元/t)

企业名称	SS400/Q235B			SPHC		
	传统流程	薄板坯连铸连轧流程	差值	传统流程	薄板坯连铸连轧流程	差值
H 厂	400.23	429.2	−28.9	414.73	440.08	−25.3
K 厂	436.88	458.01	−21.3	453.38	476.86	−23.48
L 厂	—	—	—	366.08	377.54	−11.5

在热轧工序中,两种流程生产相同产品(同牌号、同规格:≥2.5mm)时,工序成本基本相当,薄板坯连铸连轧流程略低 3~8 元/t,如表 4-22 所示。两种流程冶炼+热轧工序综合成本比较如表 4-23 所示,可见薄板坯连铸连轧流程比传统流程高 8~23 元/t。

表 4-22 两种流程热轧工序的成本比较 (元/t)

企业名称	SS400/Q235B			SPHC		
	传统流程	薄板坯连铸连轧流程	差值	传统流程	薄板坯连铸连轧流程	差值
H 厂	185.76	180.2	5.56	—	—	—
K 厂	189.19	181.04	8.15	—	—	—
L 厂	—	—	—	184.93	181.1	3.83

表 4-23　两种流程综合成本的比较　　　　　　　　　（元/t）

企业名称	SS400/Q235B			SPHC		
	传统流程	薄板坯连铸连轧流程	差值	传统流程	薄板坯连铸连轧流程	差值
H 厂	586.0	609.4	−23.4	—	—	—
K 厂	626.1	639.1	−13.0	—	—	—
L 厂	—	—	—	551.01	558.64	−7.63

薄板坯连铸连轧流程在普通产品的生产上并未体现出成本优势，究其原因，主要有几个方面：一是与传统流程相比，薄板坯连铸连轧流程为满足薄板坯高拉速连铸的需要，对钢水的成分、温度、纯净度以及连铸的耐材等方面提出了更高的要求，这在一定程度上增加了炼钢工序成本；二是薄板坯连铸的平均连浇炉数低于传统流程，漏钢率高于传统流程，在一定程度上增加了耐材成本和事故成本；三是薄板坯连铸连轧流程的产能仅为传统流程的一半左右，各种分摊成本相对较高。

虽然薄板坯连铸连轧流程在普通规格产品的生产上不具备成本优势，但在薄规格产品上优势明显。由于装备及工艺限制，厚度小于 2.0mm 的薄规格产品一般采用传统热轧+冷轧的生产工艺，制造流程长，过程能耗大，生产成本高。采用薄板坯连铸连轧流程直接生产出薄规格产品，可大幅度缩短制造流程，降低过程能耗。对典型企业不同流程生产同等厚度薄规格（≤1.5mm）产品的过程工序能耗进行对比分析，结果如表 4-24 所示。可见，与传统的热轧+冷轧流程相比，薄板坯连铸连轧流程可降低能耗 50%~65%，节能减排效果非常显著。此外，由于减少冷轧工序，过程制造成本也显著降低，如表 4-25 所示。与传统流程相比，薄板坯连铸连轧流程（含平整和酸洗工序）生产同等厚度规格的薄规格产品，制造成本可降低 240~440 元/t，具有显著技术经济性。

表 4-24　两种流程制造过程的能耗比较

主要生产工序	H 厂		降耗幅度/%	K 厂		降耗幅度/%
	薄板坯连铸连轧流程	传统流程		薄板坯连铸连轧流程	传统流程	
热轧/GJ·t⁻¹	1.06	1.39	23.74	0.83	1.19	30.2
平整/GJ·t⁻¹	0.05	—	—	0.05	—	—
冷轧　电耗/G·t⁻¹	—	罩退：0.396	—	—	0.245	—
		连退：0.443	—			
冷轧　燃料消耗/GJ·t⁻¹	—	罩退：0.67	—	—	0.6	—
		连退：1.51	—			
综合能耗/GJ·t⁻¹	1.21	罩退：2.456	50.73	0.88	1.805	51.25
		连退：3.34	63.77			

表 4-25　两种流程制造过程的工序成本比较 （元/t）

工序费用	H 厂		K 厂	
	传统流程	薄板坯连铸连轧流程	传统流程	薄板坯连铸连轧流程
冶炼工序	414.7	440.1	453.4	476.9
热轧工序	230.3	243.2	187.6	217.7
平整工序	—	27	—	43.87
冷轧工序 （酸轧+退火）	523.8（罩退） 607.2（连退）	100	418.03 （罩退）	80
合　计	1160（罩退） 1252（连退）	810.3	1059	818.5

（3）薄板坯连铸连轧流程更适于与电炉相匹配，充分发挥废钢资源优势，提高流程的竞争力。

在国外，特别是欧美国家，电炉+薄板坯连铸连轧已经是成熟的流程配置方式，可大幅度缩短制造流程，显著提高劳动生产效率。由于欧美国家的废钢资源较为丰富，且电价较低，其生产成本与传统流程相比可降低 10%~20%。目前，国外的薄板坯连铸连轧产线 50% 以上都是与电炉相匹配，特别是美国，其现有的17 条产线全部与电炉相匹配。我国在引进薄板坯连铸连轧技术时，考虑到废钢资源不足，电价较高的国情，除珠钢 CSP 产线以外，后续引进的薄板坯连铸连轧产线都采用转炉+薄板坯连铸连轧的工艺配置。但是近二十年来，我国钢铁的生产量和消费量连续保持世界第一，废钢资源逐渐丰富，预计到 2025 年我国的废钢资源年产出量将超过 2 亿吨。为充分发挥废钢资源优势，实现绿色生态的可循环钢铁制造模式，电炉炼钢再次引起广泛关注。薄板坯连铸连轧流程的产能规模一般为 200 万~250 万吨，更适于与电炉流程相匹配，提高流程的竞争力。

4.4　现有产线运行过程中存在的问题分析

（1）大部分产线的产品结构较为单一，且主要是中低档产品，薄规格产品的比例也较低，流程的竞争优势未得到充分发挥。

目前大部分产线的产品结构主要还是以低碳钢、普碳钢和供冷轧料为主，如图 4-1 所示，其在产品结构中所占的比例甚至达到 70% 以上。薄板坯连铸连轧流程独特的工艺及物理冶金优势未得到充分发挥，产品质量与传统流程相比不具备优势，甚至在某些方面还存在一定的劣势，如供冷轧原料强度偏高，表面质量也有一定的差距，导致产品的竞争力不强。

在产品的厚度规格上，除日照 ESP 以外，产品平均厚度达到 2.0mm 以下的只有 1 家，达到 3.0mm 以下的也仅有 3 家，其他大部分产线产品的平均厚度都在 3.0mm 以上，部分产线甚至达到 5.0mm 以上，如图 4-2 所示。在所调研的产

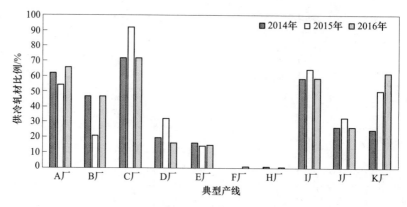

图 4-1　2014~2016 年各厂供冷轧材产品比例

线当中，产品厚度规格小于 2.0mm 所占比例大于 20% 的只有 4 家，其他产线的比例一般都在 5% 以下，有的产线甚至几乎放弃了厚度≤2mm 薄规格热轧带卷的生产，如图 4-3 所示。

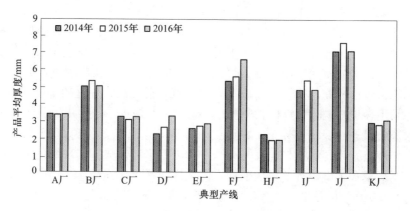

图 4-2　2014~2016 年各厂产品平均厚度

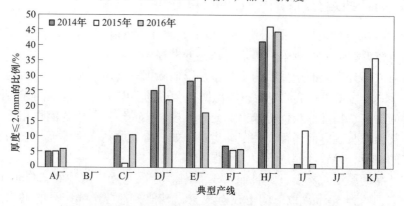

图 4-3　2014~2016 年各厂产品厚度≤2.0mm 的比例

（2）各厂的实际生产水平和技术经济指标存在明显不平衡，并且差距较大，行业的交流与合作需要进一步加强。

从调研结果上看，目前各厂的主要技术经济指标如铸机作业率、连浇炉数、漏钢率、加热能耗、轧机作业率等相差较大。以铸机作业率和平均连浇炉数为例，部分产线的铸机作业率可达到85%～90%，平均连浇炉数达到20炉以上，但也有部分产线的铸机作业率仅为60%～70%左右，平均连浇炉数低于10炉，如图4-4和图4-5所示。

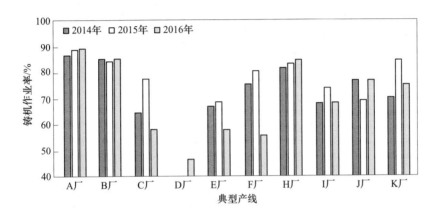

图 4-4　2014～2016 年各厂铸机作业率

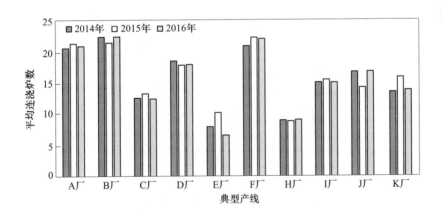

图 4-5　2014～2016 年各厂平均连浇炉数

此外，受到市场以及产线自身存在问题的影响，大部分产线近三年的产量未达到设计产能，如图4-6所示。由于生产效率较低，制造成本升高，也导致产线的竞争力下降。

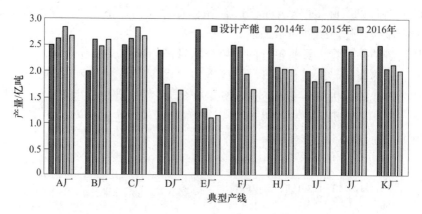

图4-6　各厂设计产能及实际产量情况

5 薄板坯连铸连轧流程专利技术分析

5.1 专利分析背景及检索策略

5.1.1 背景及分析工具

20世纪80年代初，漏斗形结晶器构想的出现，使得通过浸入式水口浇铸薄板坯成为可能，从而成功开启了薄板坯连铸连轧技术的发展历程。80年代中期以后，原联邦德国施罗曼·西马克、曼内斯曼·德马克以及奥钢联、意大利达涅利等多家公司开展了大量的研究工作，并先后完成了薄板坯连铸机的工业性试验，开始进入了工业化生产阶段。表5-1示出了20世纪80年代薄板坯连铸机的开发情况。

表 5-1　20世纪80年代薄板坯连铸开发现状

开 发 者	连铸机类型	铸坯厚度/mm	铸坯宽度/mm	拉速/m·min^{-1}
原联邦德国施罗曼·西马格（SMS）	立弯式	40~50	1200~1600	6
原联邦德国曼内斯曼·德马克（MDH）	全弧形	40~70	900~1200	6
奥钢联（VAI）	全弧形	80	1200~1870	6
意大利达涅利（Danieli）	立弯式	45~75	700~1600	6

1984年，施罗曼·西马克（SMS）公司决定研制浇铸薄板坯的试验设备，其设计原则是尽量采用普通板坯连铸机中已经成熟的设备部件，仅按铸坯厚度较薄和拉速较高的要求进行部分修改。1985年，该公司设计了一种使用漏斗形结晶器的新型薄板坯连铸机，并于次年成功地以6m/min的拉速生产出了50mm×1600mm的薄板坯。曼内斯曼·德马克（MDH）公司开发的薄板坯生产技术称为薄板坯铸-轧工艺，简称TCR工艺（Thin-Slab Casting Roll），通过在连铸机的拉矫辊对全凝或带液芯的铸坯进行铸轧，使铸坯在连铸机出口处的厚度减少到40~70mm。1987年，该公司开发成功具有薄片形长水口和平行铜板结晶器的薄板坯连铸机，并以4.5m/min的拉速在意大利阿维迪热轧生产线上生产出60mm×900mm和70mm×1200mm的薄板坯。奥钢联（VAI）也于1988~1989年间在瑞典针对等周长结晶器、平行板直形结晶器、漏斗形结晶器等不同类型薄板坯连铸结晶器开展了试验研究，并拥有了漏斗形结晶器的专利。但因当时漏斗形结晶器浇铸过程中的技术难题无法解决，最终决定采用平行板直型结晶器。同期，达涅利（Danieli）根据其在意大利Udone短流程钢厂的试验成果，公布了自己的薄板坯

连铸机设计理念。日本住友金属也进行了相关试验研究。

1989 年 7 月，全球第一条工业化生产的 CSP 薄板坯连铸连轧产线在美国纽柯钢铁公司的顺利投产，进一步推动了西马克、德马克、达涅利等先进冶金装备和技术供应商的研发动力，除西马克开发的 CSP 技术外，达涅利 FTSR 技术、奥钢联 CONROLL 技术、德马克 ISP 技术、住友金属 QSP 技术等相继开启了工业化发展进程。加上我国鞍钢开发的 ASP 技术、意大利阿维迪开发的 ESP 技术以及韩国浦项的 CEM 技术等，截至 2018 年年底，全球已建成不同工艺类型的薄板坯连铸连轧产线 68 条，年生产能力超过 1.2 亿吨。

本研究以 Orbit 专利分析平台为主要研究工具，结合德温特、国家知识产权局专利数据库、欧洲专利局专利数据库等数据库进行辅助分析，同时结合其他文献研究的成果，从产业发展的实际出发做出分析。

5.1.2　检索策略及检索结果的处理

本研究采用的中英文检索策略概括如表 5-2 所示。

表 5-2　专利检索策略的制定

序号	检 索 式
1	TI/AB/IW/CLMS =（薄板坯 4D 连铸）or（薄板坯 4D 连续铸造）or（薄板坯 4D 连铸连轧）or（薄板坯 4D 连铸机）
2	TI/AB/IW/CLMS =（薄板坯 or 薄板）AND 短流程 AND（炼钢 2W 轧钢）
3	TI/AB/IW/CLMS =（薄板 4D 连铸直送）or（薄板连铸 4W 直送）or（板坯 4D 连铸直送）or（板坯连铸 4W 直送）or（薄板坯 4D 铸轧复合）or（薄板 4D 铸轧复合）or（板坯 AND 铸轧复合）
4	TI/AB/IW/CLMS =薄板坯 AND（均热炉 or 隧道式辊底加热炉 or 隧道式加热炉 or 辊底式加热炉 or 辊底加热炉 or 隧道加热炉）
5	TI/AB/IW/CLMS =（平行板形 or 漏斗形 or 透镜形 or 全鼓肚型 or 凸透镜形）AND 薄板坯 AND 结晶器
6	TI/AB/IW/CLMS =浸入式水口 AND 薄板坯
7	TI/AB/IW/CLMS =（steel and csp）or（slab and csp）or（薄板坯 and csp）or（compact strip production）or（steel and isp）or（slab and isp）or（薄板坯 and isp）or（inline strip production）or（in-line strip production）or（Compact Endless cast-rolling Mill）or（compact endless milling）or CEM or（steel and FTSR）or（slab and FTSR）or（薄板坯 and FTSR）or（steel and FTSRQ）or（slab and FTSRQ）or（薄板坯 and FTSRQ）or（flexible thin slab rolling）or（steel and CONROLL）or（Concast & Rolling）or（Concast Rolling）or（steel and qsp）or（slab and qsp）or（薄板坯 and qsp）or（quality slab production）or（quality strip production）or（steel and TSP）or（slab and TSP）or（薄板坯 and TSP）or（tippins-samsung process）or（steel and CPR）or（slab and CPR）or（薄板坯 and CPR）or（casting pressing rolling）or（steel and ASP）or（slab and ASP）or（薄板坯 and ASP）or（angang strip production）or（steel and ESP）or（slab and ESP）or（薄板坯 and ESP）or（endless strip production）or（steel and TSCR）or（slab and TSCR）or（薄板坯 and TSCR） IPC =（C21+ or C22+ or B21+ or B22+）

续表 5-2

序号	检 索 式
8	TI/AB/IW/CLMS =（thin slab casting and direct rolling）or（Thin slab continuous casting and rolling）or（Thin slab continuous casting and continuous rolling）or（Thin slab cast rolling）or（Thin slab cast-rolling）or（Thin slab casting and rolling）or（Thin slab casting rolling）or（ thin slab continuous casting-continuous rolling）or（Thin slab cast and rolling）or（Thin slab continuous casting and direct rolling）or（Thin slab continuous casting and tandem rolling）or（Thin slab continue casting direct rolling）or（Thin slab continue casting-direct rolling）or（Thin slab continuous casting-direct rolling）or（thin slab-casting & direct rolling）or（strip-casting-direct rolling）or（Compact Strip Casting） IPC =（C21+ or C22+ or B21+ or B22+）

本研究通过检索、优化检索条件等步骤，明确了检索策略，初步筛选出专利申请数据。为了保证查全率，表 5-2 采用的检索策略保持了比较宽的检索范围，因此会不可避免地带来专利噪声，即不相关专利。因此，初步检索后，对数据进行了加工处理和除杂过程。通过关键词检索和人工检查相结合的方式剔除部分不相关专利，对名称不同。实质为同一申请人的专利权人进行合并统一，最终得到基础分析数据。汇总统计得知，截至 2017 年 5 月，薄板坯连铸连轧流程的全球专利申请共计 2286 个专利族；合计专利申请数量为 7647 件。其中中国专利申请为 1056 个专利族。

5.2 国外薄板坯连铸连轧流程专利分析

薄板坯连铸连轧流程专利分析主要从专利文献中抽取专利数量指标和专利质量指标来构建评价该技术竞争力和企业创新能力的指标体系。专利族是指具有共同优先权的在不同国家或国际专利组织多次申请、多次公布或批准的内容相同或基本相同的一组专利文献，本研究部分分析基于专利族数量为样本开展，部分分析是以专利数量为基础进行。

5.2.1 全球专利整体发展状况

图 5-1 列举了 1980~2017 年薄板坯连铸连轧相关专利族申请数量的统计分析。限于专利的审查程序，专利从提出申请到公开需要 1~3 年的时间，因此2014~2017 年的数据仅供参考。

通常专利技术的发展会经历技术引入、发展、成熟、淘汰等阶段。如图 5-1所示，目前全球薄板坯连铸连轧专利申请数量仍呈现逐年增加的态势，从专利技术的发展阶段来看，该技术尚处于发展过程中。具体而言，从专利发展的角度看，薄板坯连铸连轧技术的发展经历了五个阶段：

（1）技术萌芽期（1980~1988 年）。20 世纪 80 年代以后，施罗曼·西马克、曼内斯曼·德马克、达涅利、奥钢联以及日本住友金属等多家公司，从薄板坯连

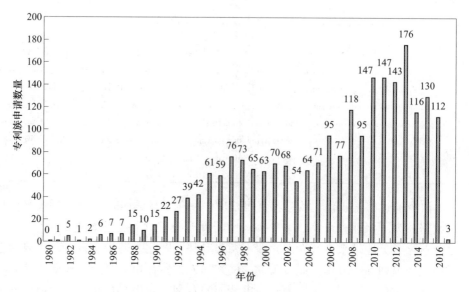

图 5-1　薄板坯连铸连轧流程专利族全球年度趋势图

铸结晶器及浸入式水口等设备开始竞相对薄板坯连铸连轧工艺开展了大量的研究和开发，并取得了突破性进展。这一时期，专利申请量还不是很多，平均每年申请 5 个专利族。

（2）工业化初期（1989~1993 年）。这一阶段专利申请量逐年平稳增长，总申请量为 113 个专利族，每年申请数量约为 23 个。这一时期是薄板坯连铸连轧技术由理论向应用的转型期，美国纽柯 CSP、意大利阿维迪 ISP 建成了工业化产线，奥钢联的 CONROLL 技术、达涅利的 FTSR 技术、日本住友的 QSP 技术等处于半工业试验阶段。我国的钢铁研究总院及北京科技大学等也开始了薄板坯连铸连轧流程的研究工作。

（3）快速成长期（1994~1999 年）。这一时期专利族申请量为 374 个，占总数的 16.4%，专利族数量较前期有明显上升。对应行业的发展来看，各技术装备供应商通过简化炼轧衔接工艺，优化机构配置和生产流程来提高产量和质量。全球共改造和新建投产了 31 条薄板坯连铸连轧生产线，总产线达 35 条。除西马克的 CSP 技术和德马克的 ISP 技术继续拓展其商业应用外，奥钢联的 CONROLL 技术、达涅利的 FTSR 技术、住友金属的 QSP 技术、三星与蒂平斯开发的 TSP（Tippins-Samsung Process）技术等陆续实现了商业化。

（4）稳定发展期（2000~2008 年）。2000 年到 2008 年，薄板坯连铸连轧流程的专利申请量稳中有升，从 2000 年的 63 个专利族迅速增长到 2008 年的 118 个，这一期间共申请专利族 680 个，占总量的 30%。经过 20 多年的发展，工艺、设备、自动化系统日趋完善，国内外半无头轧制技术、铁素体轧制技术得到了广泛应用，薄规格及超薄规格产品的开发力度加强。

（5）新技术推动期（2009~2017年）。从2009年开始，薄板坯连铸连轧流程的专利申请量以142个/年的速度呈爆发式增长，其中我国武钢、鞍钢、马钢等企业的专利数量贡献较大。这一时期的无头轧制技术开发成功，意大利的阿维迪及中国的日照先后建成了多条ESP产线，韩国浦项CEM技术也开发成功。

5.2.2　申请地和技术研发地分析

图5-2列举了薄板坯连铸连轧相关专利在不同国家/地区/组织的专利申请数量，从中可以看出，按照专利申请数量依次排序，该技术在中国提交的专利最多，达到1486件；其后依次为韩国（641）、欧盟（577）、德国（513）、美国（503）、日本、世界知识产权组织、奥地利、印度、加拿大、巴西、俄罗斯联邦、西班牙、澳大利亚等；其中中国、韩国、欧盟、德国、美国这五个国家/地区/组织的专利申请量达到500件以上，合计达到3720件，占总数（7647件）的48.65%。由此可以看出，专利申请人非常重视通过PCT获得薄板坯连铸连轧技术的国际保护，同时也非常重视中、韩、欧、德、美等地区的市场，通过专利申请获得相应地区的法律保护。此外，专利申请人在日本、世界知识产权组织、奥地利、印度、加拿大、巴西、俄罗斯联邦、西班牙、澳大利亚的申请数量也较多，显示了其在薄板坯连铸连轧全球市场中的地位。

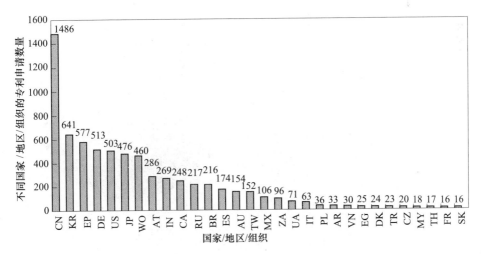

图5-2　不同国家/地区/组织的专利申请数量

CN—中国；KR—韩国；EP—欧洲专利局；DE—德国；US—美国；JP—日本；WO—世界知识产权组织；
AT—奥地利；IN—印度；CA—加拿大；RU—俄罗斯联邦；BR—巴西；ES—西班牙；AU—澳大利亚；
TW—中国台湾地区；MX—墨西哥；ZA—南非；UA—乌克兰；IT—意大利；PL—波兰；AR—阿根廷；
VN—越南；EG—埃及；DK—丹麦；TR—土耳其；CZ—捷克（下同）

进一步梳理专利的申请年度，如图 5-3 所示，大部分国家近年来的专利申请数量保持平稳上升的状态；德国、奥地利、加拿大、西班牙、澳大利亚的专利申请数量呈现先上升后下降的态势；个别国家，例如中国呈现急剧上升的态势。这说明不同专利申请人在该领域的全球战略布局在发生改变。

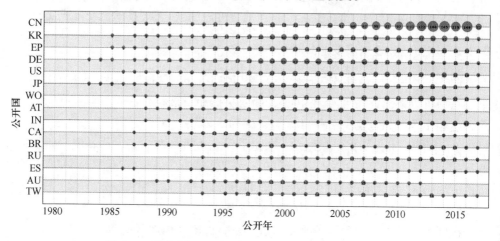

图 5-3   不同国家/地区/组织的专利申请数量按时间分布

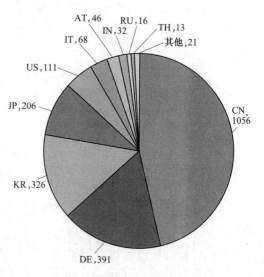

图 5-4   专利族按照优先权国的分布

基于一个专利家族中优先权专利申请人所在的国家，统计其所在国在薄板坯连铸连轧领域的专利申请数量，可知某个国家在该领域的技术研发状况，图 5-4 所示为申请人所在国的专利族申请分布图。分析发现总体上，该技术专利族申请最多的国家是中国，为 1056 个，其次是德国、韩国、日本、美国、意大利、奥地利、印度等。中、德、韩、日、美在薄板坯连铸连轧领域的研发产出最多，五个国家的申请专利总和（2090 个专利族）占全球专利申请（2286 个专利族）的 91%，可见该领域的技术集中度较高，专利技术创新主要集中在以上五个国家。

进一步研究发现，2000 年以前德国、美国、日本专利申请数量较多，其专利申请起步较早，时间跨度较长，数量分布相对均匀，但作为产钢强国的日本至今未建设薄板坯连铸连轧产线。中国、韩国专利则是从 20 世纪 90 年代开始起步，时间相对较晚，但是发展很快，如图 5-5 所示。

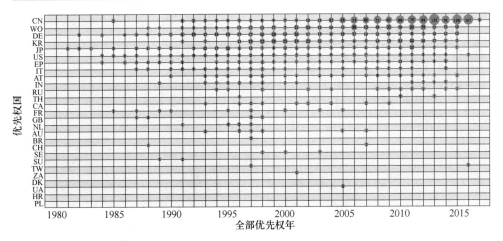

图 5-5 各优先权国专利族申请量按时间分布

（检索结果分布按全部优先权年/优先权国）

5.2.3 专利申请人分析

图 5-6 列举了薄板坯连铸连轧流程全球专利家族数申请数量最多的前 30 位申请人，并按申请数量依次排序，西马克申请了 339 个专利族，数量处于领先地位，德马克申请了 34 个专利族（合并前）。其次是浦项申请了 233 个专利族，武钢申请了 148 个专利族。三者合计占薄板坯连铸连轧流程全球专利申请总数（2286 个专利家族）的 33%。由此不难看出，这三个申请人在该领域表现出非常强劲的技术创新活力。

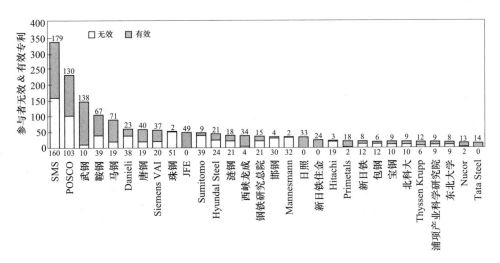

图 5-6 专利权人、申请人的专利家族数量分布

从图 5-7 可以看出，虽然我国武钢和韩国浦项申请的专利数量较多，但浦项起步于 20 世纪 90 年代，而武钢则更晚，起步于 21 世纪。西马克、德马克、达涅利的专利申请较早，经过多年的技术积累，每年仍有相关专利申请，这充分说明其不仅技术研发起步早，而且技术创新能力和优势是可持续发展的状态。必须说明的是，许多企业的专利技术是在西马克、德马克等的专利基础上，经过技术再创新申请的。

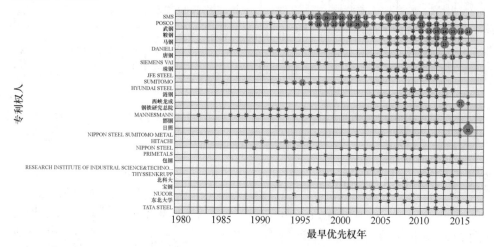

图 5-7 各专利权人的专利成长图（检索结果分布按专利权人/最早优先权年）

5.2.3.1 德马克/Mannesmann

德马克的专利成长呈平稳发展的趋势，1982~1997 年（与西马克合并之前）共申请 34 个专利族，合计 259 件专利，其中有效专利占比 0.4%，无效专利占比 99.6%。图 5-8 为德马克在不同国家/地区/组织的专利申请情况。

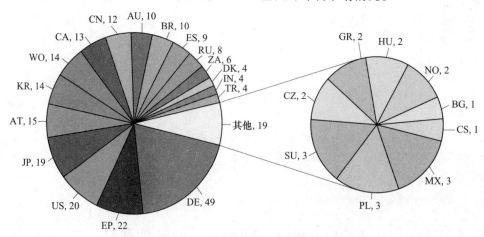

图 5-8 德马克在不同国家/地区/组织的专利申请情况

　　德马克 ISP 技术的主要特点是采用带有液芯及固相的铸轧技术，经过不断改进，该工艺采用了 Cremona 炉或热卷箱使带坯温度均匀。此外，为满足用户对年产量从 50 万吨到 200 万吨的不同需求，设计了一系列的 ISP 工艺流程，精轧机可选用连续式四机架或行星式轧机。早期德马克设计的系列工艺流程如下。

　　在 1982 年公开的专利 US4698897 中提到了一种用连铸坯生产热轧钢带的方法。如图 5-9 所示，该方法是先把连铸扁坯卷成坯卷，经加热后在轧机前再把坯卷打开并按最终要求的截面尺寸轧制成材。其中轧机采用的是斯蒂克尔轧机或热轧带材轧机的精轧机组。

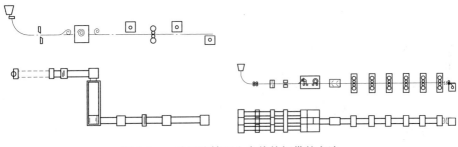

图 5-9　一种用连铸坯生产热轧钢带的方法

　　1988 年专利 EP0369555 则公开了一种与连铸机联机的热轧设备和热轧方法，其目的是为了提高连铸和轧制的效率，主要技术方案是把多组轧辊部件组装在一个机架内，如图 5-10 所示。

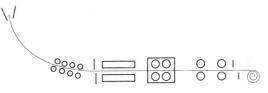

图 5-10　一种与连续铸造机联机的热轧设备

　　1993 年公开的专利 US5430930 中提到了一种热轧带钢的生产方法，如图 5-11 所示。1995 年公开的专利 JP3807628 中提到了一种具有冷轧性能的带钢制造方法和设备，如图 5-12 所示。这两种方法均采用了类似 ISP 工艺的设计。

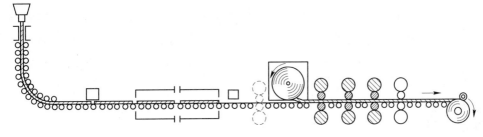

图 5-11　一种热轧带钢的生产方法

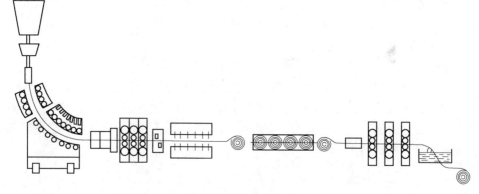

图 5-12　一种具有冷轧性能的带钢制造方法和设备

　　与德马克开展技术合作的企业有意大利的阿维迪、西马克、浦项、Chaparral Steel 等。其中有 19 件是与 Chaparral Steel 共同开发的，13 件与西马克共同开发，11 件与阿维迪共同开发。图 5-13 示出了 1990 年德马克与美国 Chaparral Steel 共同开发的制造扁平热轧薄带钢的系统及方法，其中轧机采用了普拉茨行星轧机。该工艺被称为 UTHS 工艺（Ultra Thin Hot Strip），即超薄热钢带生产工艺。但由于轧制质量不均匀、设备复杂昂贵等原因，该工艺方法至今没有得到推广应用。

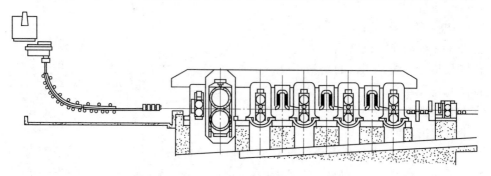

图 5-13　制造扁平热轧薄带钢的系统及方法

5.2.3.2　西马克/SMS

　　西马克专利从 1984 年至今呈现先快速增长后平稳发展的态势，活跃期为 1995~2009 年，共申请了 338 个专利族，涉及 2364 件专利，其中有效专利占 33.8%，无效专利占 66.2%。西马克专利中，有 102 件是与德马克共同开发的，22 件与 Salzgitter 钢铁厂共同开发，20 件与 Acciai Speciali Terni 共同开发，20 件与西班牙 Aceria Compacta de Bizkaia（ACB 钢公司）共同开发。图 5-14 为西马克在世界各国、各地区的专利布局。

　　自 1989 年西马克与纽柯合作开发并建成第一条 CSP 产线以来，有很多 CSP

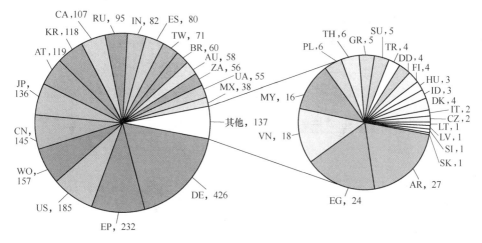

图 5-14 西马克在不同国家/地区/组织的专利申请情况

产线投产。在实践中西马克 CSP 工艺在工艺技术、装备及控制系统等方面均做了不少改进，现普遍采用高压水除鳞、液芯压下、结晶器液压振动、第一架精轧机架前加立辊轧机等技术。西马克 CSP 工艺的主要技术发展可总结如下：

质量保证	最终产品厚度	钢种	生产能力
漏斗形结晶器	≥1.8mm 碳钢	高质量低碳钢	增加第 2 流
浸入式水口设计	↓	↓	提高拉速
连铸用保护渣	≥12mm 碳钢	高碳钢、高强度钢	液芯压下
电磁制动	↓	↓	适当增加板坯厚度
轻压下技术	1.0mm 或者更薄的碳钢	高合金钢、超低碳钢	
除鳞系统	超低碳钢以及 1.2mm 碳钢		
板形、平直度、断面	1.5mm 高强度材料		
控制系统	↓		
	为进一步剪薄厚度、		
	增大物流流量、提高强		
	度而增加的新的控制系统		

　　早期西马克设计的系列工艺流程如下：在 1986 年公开的专利 ES2029818（扁坯铸造机的后置多机架连续轧机）中提出了具有 3~4 个机架的轧机布置技术，与前面的连铸工艺衔接，如图 5-15 所示。接着在 1988 年专利 EP0327854 中公开了一种轧制带钢的方法和装置，如图 5-16 所示。

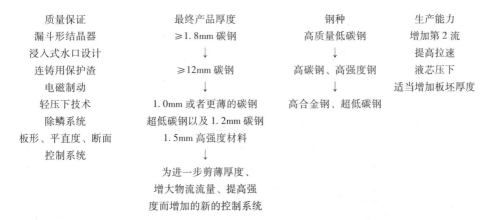

图 5-15 专利 ES2029818

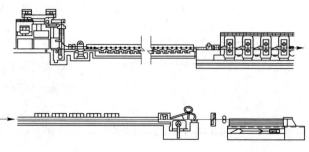

图 5-16　专利 EP0327854

在 1992 年公开的专利 CA2109397 中提到了从连续浇铸的坯料制造热轧带钢的方法和设备，其中涉及一种由连续浇铸薄板坯在加热条件下，通过 CSP 方法制造热轧带钢的方法和设备，如图 5-17 所示。

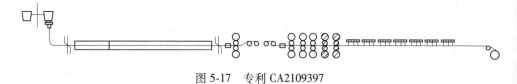

图 5-17　专利 CA2109397

西马克与德国蒂森、法国 Usinor Sacilor 公司合作开发的 CPR（即铸压轧制工艺）则是将从结晶器出来的连铸坯，在液芯终点由两对挤压辊压薄至 15～20mm，经加热送四辊轧机轧成板卷。

5.2.3.3　达涅利/Danieli

意大利达涅利公司于 20 世纪 80 年代也开始了薄板坯连铸连轧技术的开发，其专利成长也呈现平稳发展的趋势，共申请 61 个专利族，涉及 404 件专利，其中有效专利占 34.4%。图 5-18 为达涅利的全球专利布局。

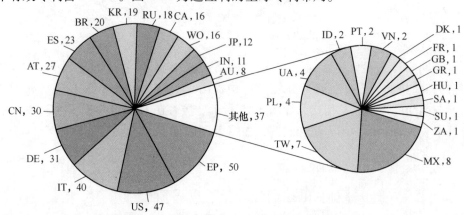

图 5-18　达涅利在不同国家/地区/组织的专利申请情况

　　其在 1986 年公开的专利 US4793169 中就提到了一种热轧连铸薄板坯的方法，如图 5-19 所示，该方法采用的是连续可逆式轧机（Continuous backpass rolling mill）。

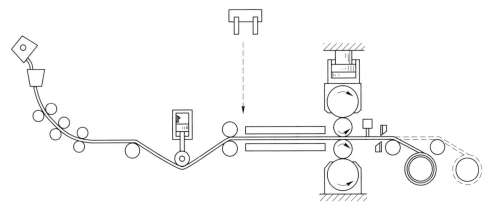

图 5-19　专利 US4793169

　　1987 年，在 ES2030453（图 5-20）及 FR2612098 中分别公开了其自行开发的薄板坯连铸用结晶器和薄板坯连铸设备。1993 年在专利 KR100263778 中则公开了用于连续铸造薄板坯的凸透镜形模子，如图 5-21 所示。

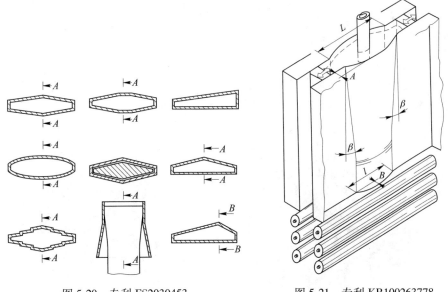

图 5-20　专利 ES2030453　　　　　图 5-21　专利 KR100263778

　　FTSR 工艺是达涅利于 1994 年开发的有自己特色的专有技术，采用了其自行设计的专利技术 H^2 型结晶器和厚壁浸入式水口。图 5-22 所示为其在 1994 年公开的专利 BRPI9401981 中提到的一种带材和/或板材生产线工艺。该产线是从至少一组连续铸造薄或中等厚度板坯的连续铸造设备开始的，连续铸造设备按顺序包括一台连铸机、至少一台剪切机、升温系统、轧机和可能的冷却带材/板材用的冷却室以及加速进给板坯的运输机。升温系统包括一台至少以一种工作频率加热板坯表面和边缘的感应炉，其后设有低速氧化皮清除机和隧道炉、一台应急剪切机以及隧道炉和轧机之间的高速氧化皮清除机。与达涅利合作开发该工艺的有加拿大 Algoma 公司等。

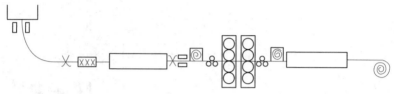

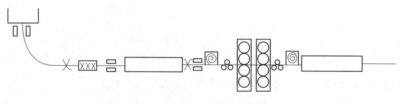

图 5-22　专利 BRPI9401981

5.2.3.4　奥钢联/Siemens VAI

奥钢联于 1990 年开始薄板坯连铸连轧的专利申请，2005 年被西门子收购，专利成长稳中有增。共申请 57 个专利族，414 件专利，其中有效专利占 54.8%，无效专利占 45.2%。图 5-23 为奥钢联在全球的专利布局。

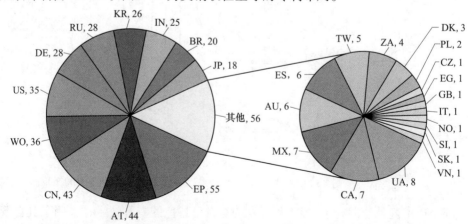

图 5-23　奥钢联在不同国家/地区/组织的专利申请情况

奥钢联开发的 CONROLL 连铸连轧工艺，铸坯厚度达到 75～130mm，甚至 150mm，属于中等厚度板坯连铸的范畴，其结晶器采用平行板形。早期奥钢联独具特色的科研成果有：1990 年专利 AT396559 公开了一种紧跟薄板坯连铸的轧机布置，而在 1993 年公开的专利 US5964275 中提到了一种用于生产带钢、薄板坯或初轧板坯的方法，如图 5-24 所示。图 5-25 和图 5-26 均为其开发的独具特色的工艺。

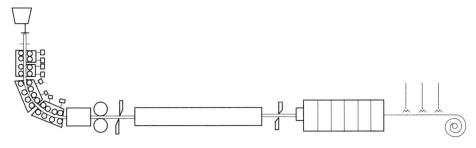

图 5-24 生产带钢、薄板坯或初轧板坯的方法

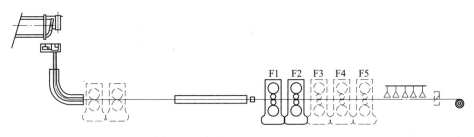

图 5-25 专利 DE59902292—1998

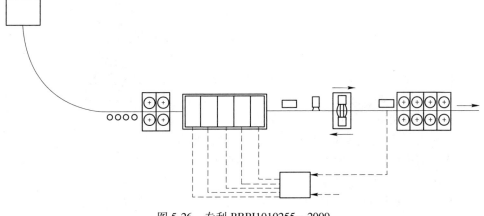

图 5-26 专利 BRPI1010255—2009

5.2.3.5   三菱日立/Hitachi、住友金属/Sumitomo

尽管日本至今并未建设薄板坯连铸连轧产线，但日本三菱日立、住友金属等企业却对该技术做过深入研究，其技术与设备被不少薄板坯连铸连轧产线引进和采用。三菱日立于1983～2008年间申请了22个专利族，共75件专利，其中有效专利占13.6%。图5-27为三菱日立在全球的专利布局。

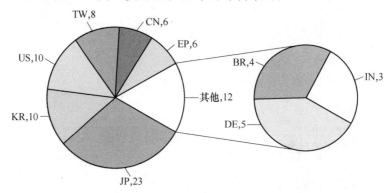

图 5-27   三菱日立在不同国家/地区/组织的专利申请情况

三菱日立独具特色的专利技术如下：1988年在专利JPH01224102中曾提到了一种薄板连铸连轧装置，如图5-28所示，其中有一组紧急活套装置。

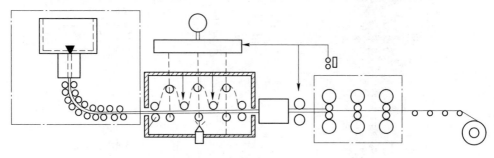

图 5-28   专利 JPH01224102

1993年其在专利DE69424200中同样公开了一种用于连续铸造和热轧的方法和装置，如图5-29所示。图5-30所示为其1993年在专利JPH07185603中公开的另一种带卷取装置的热轧薄板生产装置。

1994年公开专利KR100366164（与连铸机联机的热轧设备及其轧制方法）则是将连铸机铸出的厚为80mm以下的扁坯进行升温与除鳞，由粗轧机7粗轧至板厚20～60mm；再升温与除鳞，由具有直径500mm以下小径工作辊的精轧机精轧成板厚1.6～15mm的薄板或3～40mm的厚度。该装备生产规模小，设备长100m以下，设备量小，如图5-31所示。

日本住友金属于20世纪80年代也开始了板坯连铸连轧技术的开发，QSP工

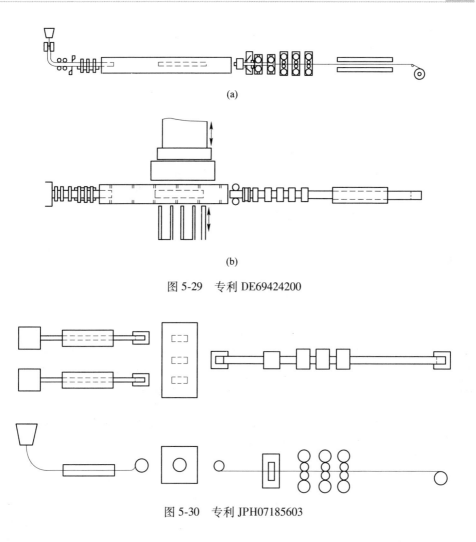

(a)

(b)

图 5-29 专利 DE69424200

图 5-30 专利 JPH07185603

图 5-31 专利 KR100366164

艺便是住友金属与住友重工联合开发的生产中薄厚度板坯的技术。住友金属在1985~2005 年间申请了 48 个专利族，共 102 件专利，其中有效专利占 15.7%。图 5-32 为住友金属在全球的专利布局。

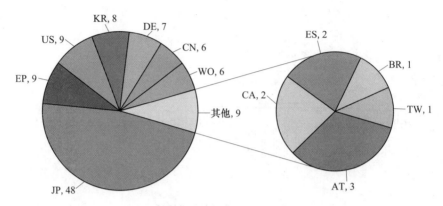

图 5-32   住友金属在不同国家/地区/组织的专利申请情况

　　住友技术早期在板坯连铸连轧方面的研究如下：在 1985 年公开的专利 JPS6289502 中提到了一种薄板坯连铸连轧的方法，如图 5-33 所示。该方法由连铸机生产的 20~80mm 厚的薄板坯经剪切、加热、卷取、保温、开卷后进入两机架可逆轧机进行热轧，形成带材进行卷取。1993 年公开的专利 JPH07164002 中提到了在薄板坯连铸连轧装置中使用森吉米尔式轧机生产带材的方法，如图 5-34 所示。

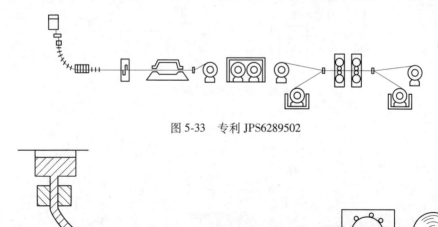

图 5-33   专利 JPS6289502

图 5-34   专利 JPH07164002

在 1993 年公开的专利 JP2738280 中,薄板坯连铸后,经过保温炉进入 U 型或 W 型两辊带槽轧机及垂直的四辊万能轧机,其厚度逐渐减薄。经过两辊 HVH 轧机对板坯厚度进行进一步的细微调节,并将其轧制到规定厚度,最后通过与之相串联的热连轧机,如图 5-35 所示。

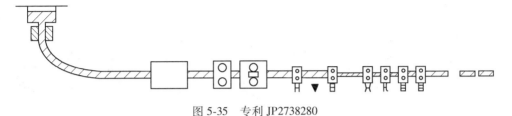

图 5-35　专利 JP2738280

5.2.3.6　阿维迪/Arvedi

意大利阿维迪公司从 1988 年至今共申请了 12 个专利族,共 118 件专利,其中有效专利占比 15.7%。图 5-36 为阿维迪的全球专利布局。

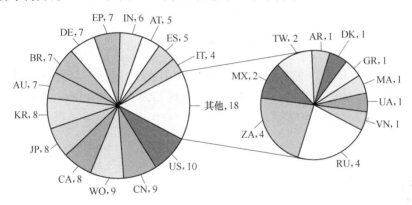

图 5-36　阿维迪在不同国家/地区/组织的专利申请情况

阿维迪对薄板坯连铸设备、结晶器、浸入式水口等开展了一系列研究,并利用薄板坯连铸连轧流程开发了具有冷轧带材特性的热轧双相钢等一系列产品。1990 年阿维迪与荷兰霍戈文合作开发用连铸连轧的方法生产厚度尽可能小的热轧带钢,如图 5-37 所示。从无底结晶器中引出的铸件经受第一成形工序,此时铸件仍具有液芯。在液芯完全凝固后开始实施轧制完全凝固的铸件的另一成形工序,在该工序之后,将铸件加热至热轧温度并卷绕成带卷,在此之后,进行热精轧工序。

1993 年公开的专利 US5307864 中,板坯经粗轧后进入加热炉,然后除鳞、卷取后进入精轧机,在机架之间设有感应加热装置,如图 5-38 所示。

5.2.3.7　霍戈文/Hoogovens

霍戈文除了与阿维迪合作开发外,早期还提出了其具有特色的生产薄板带的

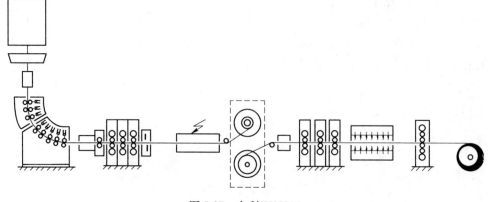

图 5-37   专利 FI98896

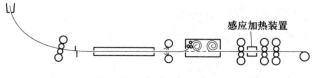

图 5-38   专利 US5307864

薄板坯连铸连轧工艺。1991 年在专利 BRPI9201000 中提到了一种制造热轧钢板
的方法和设备，如图 5-39 所示。1996 年在专利 CZ299298 中提到一种带钢的生产
方法及其设备，如图 5-40 所示。

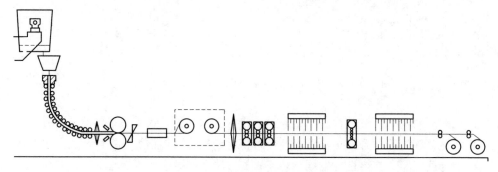

图 5-39   专利 BRPI9201000

1999 年，霍戈文公司和英钢联合并成立了 Corus 公司，2007 年 Corus 被塔塔
钢铁公司收购。上述三者分别申请专利家族数量为 12 个、7 个、14 个，合计 299
件专利。其中有效专利占比 26.7%。

5.2.3.8   纽柯/Nucor

纽柯在薄板坯连铸连轧流程领域共申请 17 个专利家族，合计 57 件专利。其
中有效专利占比 75.4%。图 5-41 为纽柯在全球的专利布局。

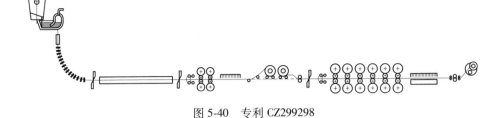

图 5-40　专利 CZ299298

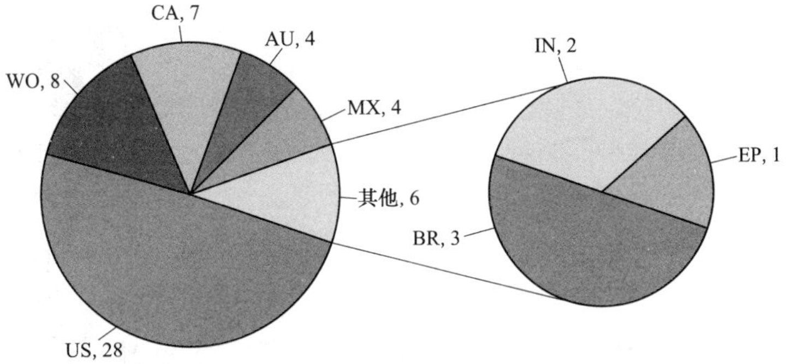

图 5-41　纽柯在不同国家/地区/组织的专利申请情况

　　纽柯在陆续建成了多条 CSP 产线后，对薄板坯连铸连轧工艺流程也进行了研究，如 1994 年公开的专利 US5690485 中提出了采用炉卷轧机的设想，如图 5-42 所示。

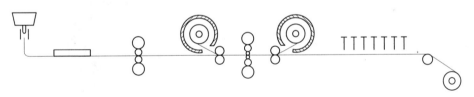

图 5-42　专利 US5690485

　　2004 年在专利 US2005115649 中公开了一种用热机械加工工艺生产低合金高强度钢的方法，其中采用了非常典型的六机架连轧工艺，如图 5-43 所示。

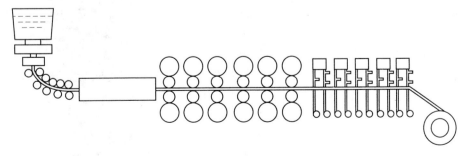

图 5-43　专利 US2005115649

5.2.3.9　浦项/POSCO

韩国浦项自 20 世纪 90 年代开始薄板坯连铸连轧流程的开发，随后与达涅利合作，完成了对光阳厂原有 ISP 产线的无头轧制改造，诞生了 CEM 技术。至今浦项共申请 234 个专利家族，合计 319 件专利，其中有效专利占比 63%，无效专利占比 37%。图 5-44 为浦项在全球的专利布局。

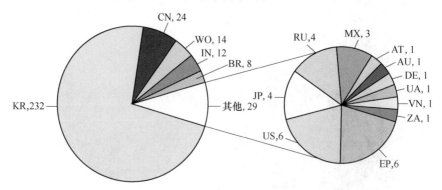

图 5-44　浦项在不同国家/地区/组织的专利申请情况

浦项对连铸轧制设备及方法开展了诸多研究，具体见专利 BR112016014683、BR112016014946、KR101778483 等。同时，该公司还申请了无头轧制技术的专利，在其专利 RU2633164 中公开了一种控制连铸与热轧之间的直接无头热轧线宽度的设备及方法。

5.3　我国薄板坯连铸连轧流程专利分析

5.3.1　世界各国在我国的专利布局

一般情况下，某一国家对我国市场有预期，或者其薄板坯连铸连轧技术在市场上处于竞争优势的情况下，才会向我国提交专利申请。通过分析其他各国在我国的专利布局，有助于了解其经营和技术发展策略。截至 2018 年，德国、日本、韩国、美国占据了国外来华申请专利的前四名，其中德国和日本在中国布局专利均在 100 件以上。图 5-45 示出了世界各国在我国的专利申请数量的变化情况。1985 年我国正式开启专利申请和保护制度，自此世界各国申请人开始向中国申请专利。1985 年，德国德马克率先在薄板坯连铸连轧领域开始了在中国的专利布局。从图中可以看出，世界各国在我国的专利申请量按时间分布逐年增加，2003 年以后呈现迅猛发展态势。

各国主要申请人在华申请量如图 5-46 所示。除中国本土企业和科研机构以外，德国申请人在中国的专利申请量最多，其中西马克共申请 136 件，德马克申请 12 件。其次是日本的 JFE、西门子奥钢联、意大利达涅利、韩国浦项等。

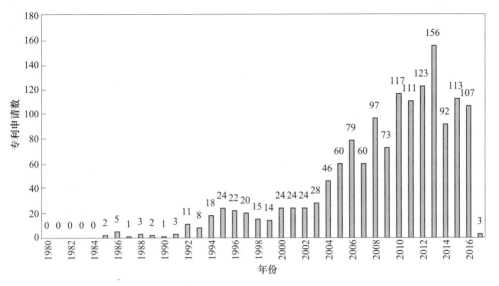

图 5-45 世界各国在我的专利申请

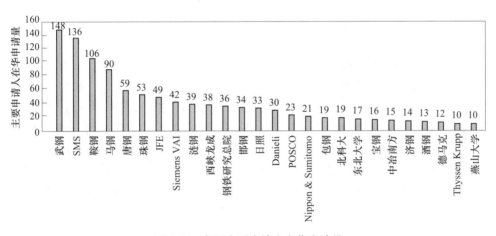

图 5-46 各国主要申请人在华申请量

5.3.2 我国薄板坯连铸连轧专利技术申请情况

图 5-47 所示为我国各主要薄板坯连铸连轧企业及相关机构在薄板坯领域的专利申请情况。由图可以看出，国内薄板坯连铸连轧工艺的研究，除了武钢、鞍钢、马钢、唐钢、珠钢、涟钢、邯钢、日照、包钢、本钢、国丰等相关生产企业外，还包括钢铁研究总院、北京科技大学、东北大学、燕山大学、华南理工大学、重庆大学、辽宁科技大学、安徽工业大学等相关科研院所，西峡龙成、维苏威高级陶瓷（中国）有限公司、中钢集团洛阳耐火材料研究院、河南西宝冶材、中冶赛迪、首钢冶金机械厂等设备制造企业及关键材料供应商。这些专利权人分

别围绕薄板坯连铸连轧的基础理论、工艺技术、重大装备、关键材料（结晶器、保护渣、轧辊等的国产化）开展了大量的研究工作。

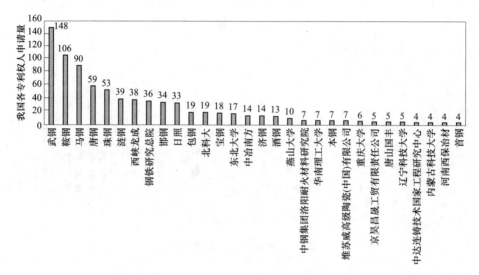

图 5-47　我国各专利权人的专利申请数量

5.3.2.1　钢铁研究总院

钢铁研究总院自主开发了薄板坯连铸用结晶器、浸入式水口、保护渣及制造方法等专有技术，同时对薄板坯连铸连轧流程生产取向电工钢、冲压加工用热轧钢板、低碳高铌、高强韧性钢带等领域进行了研究。1991 年至今保持了稳定的专利申请量，共申请 36 个专利家族，涉及专利 38 件，其中有效专利占比 41.7%，无效专利占比 58.3%。其 1991 年的专利 CN91227348 中，公开了一种薄板坯连铸结晶器内的异形浸入式水口，如图 5-48 所示。1993 年 CN2171434 专利公开的复合式浸入水口如图 5-49 所示。

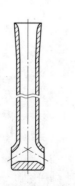

图 5-48　异形浸入式水口

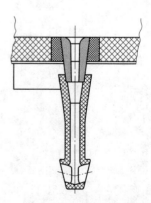

图 5-49　复合式浸入水口

　　在1992年公开的发明专利 CN1028613 中提供了一种超节能型热钢带的生产方法及装置，如图5-50所示，主要适用于生产1.8~10mm厚，500~1300mm宽，年产20万~60万吨的热钢带。其主体流程是：钢水通过楔形结晶器连铸成30~50mm厚的薄板坯，薄板坯出铸机后经均热炉，立即进入五机架连轧机，最后卷取成带卷。其自主开发的楔形结晶器见专利 CN2103257.9。

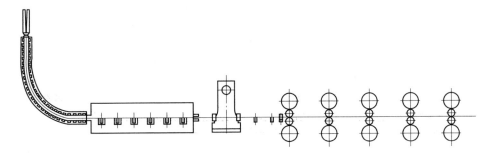

图 5-50　超节能型热钢带的生产装置

　　同年公开了发明专利 CN1023860C，该发明涉及薄板坯连铸保护渣及其制造方法。保护渣是由 CaO、SiO_2、B_2O_3、C 等成分所组成。通过加入适量的 B_2O_3、选择合适的碳的种类及加入量，控制其他成分的含量，以及确定各加入成分的合适配比，使该渣系具有软化、熔融温度低、黏度低、熔速快、熔化均匀、保温性能好等特点，能满足高拉速及拉速变化较大时的浇铸需要。在利用薄板坯连铸连轧流程生产硅钢方面，所申请的专利包括 CN103266266B、CN103774042 以及 CN103741031 等。

5.3.2.2　北京科技大学

　　从1992年开始，北京科技大学对薄板坯连铸及结晶器、浸入式水口、生产工艺等开展了一系列研究，并保持了稳定的专利申请。与涟钢合作开发了薄板坯连铸连轧半无头生产工艺（CN101905247、CN102189111 等）。2008年自主研发了一种可抑制 CSP 薄板坯结晶器液面动态失稳的水口，并申请专利 CN101298093B，该专利提供了两种可稳定液面波动和结晶器内部流场的浸入式水口结构，适用于 CSP 薄板坯高效连铸。其特征是采用三孔水口结构和四孔水口结构，可抑制 CSP 薄板坯结晶器内液面动态失稳现象发生，可消除液面周期性严重卷渣。在硅钢和高强钢开发方面也申请了系列专利，包括 CN1775391、CN100567544C 和 CN101254527B 等。

5.3.2.3　珠钢电炉—CSP 生产线

　　珠钢电炉—CSP 是我国第一条薄板坯连铸连轧生产线，2001~2010年共申请了53个专利族，涉及56件专利，形成了一系列具有自主知识产权的专有技术。包括 CSP 薄板坯连铸结晶器保护渣（专利号 CN01129771）、电炉冶炼低碳钢的终点控制方法（专利号 CN02115094）、纳米粒子强韧化低碳钢生产法（专利号 CN02115101）、集装箱板生产法（CN01114640）、改善热轧钢板冷加工性能的方法（CN02119771）等。

5.3.2.4　鞍钢 ASP 产线

鞍钢自行开发的、具有自主知识产权的 ASP 中薄板坯连铸连轧生产线分别于 2000 年、2005 年正式投产。中薄板坯连铸机结晶器系平行板式，整条产线除结晶器和振动装置是引进奥钢联的技术外，其余设备全部国产化。2001 年至今，共申请 106 个专利族，涉及 127 件专利。

鞍钢自主研发了中薄板连铸结晶器（专利 CN100443201C 等）、浸入式水口（专利 CN2810819U、CN201012386U、CN201442096U、CN201455252U 等）、在线火焰补热装置（专利 CN2815536U）、表面质量检查输送装置（专利 CN2885443U），并开展了冷却系统（专利 CN2617485）、板形控制（专利 1291803、CN100463735C）、中薄板坯连铸连轧生产控制模型（专利 CN1640570）等一系列研究，形成了中薄板坯连铸连轧板形综合控制方法（专利 CN1291803C）、表面氧化铁皮控制方法（专利 CN100443201C）等专有技术。成功开发了超低碳钢（专利 CN101096034B 等）、低碳钢、低合金钢、管线钢（专利 CN101684539B、CN101992213B、CN101994059B 等）、焊瓶钢、汽车专用钢（专利 CN101130847B、CN102400046B 等）、耐蚀钢、搪瓷用钢（CN100453678C）、集装箱钢、无取向硅钢（专利 CN103882291B 等）、取向硅钢（专利 CN101210297B 等）等品种。

5.3.2.5　唐钢 FTSR 产线

唐钢 2004 年至今共申请 59 个专利族，涉及 59 件专利。在装备的国产化方面，唐钢自主开发了薄板坯连铸用四孔异形浸入式水口，如专利 CN2784106U。开展了薄板坯连铸用低碳钢保护渣及制备方法（专利 CN1927502）等相关技术的研究。开发了超低碳钢（专利 CN105463316B）、低合金钢（专利 CN105018842B）、高碳钢（专利 CN101974721）、集装箱板（专利 CN105603320B）、汽车专用钢等一系列产品。同时唐钢在铁素体轧制方面进行了大量的研究。

5.3.2.6　武钢 CSP 产线

武钢 2007 年至今共申请 148 个薄板坯连铸连轧相关专利家族，涉及 152 件专利，主要以品种类为主；涉及的产品包括中高碳钢、合金钢、集装箱用钢、汽车用钢、高端工具钢、热轧酸洗钢、高牌号无取向硅钢、取向硅钢等；同时也开展了铁素体轧制工艺的研究，典型的专利如 CN106244921（一种薄板坯连铸连轧生产高牌号无取向硅钢的制造方法）、CN106119693B（一种用薄板坯直接轧制抗拉强度≥2100MPa 薄热成形钢的生产方法）和 CN106244921（一种在 CSP 产线采用铁素体轧制工艺生产低碳钢的方法）等。

5.4　重点技术领域专利分析

5.4.1　薄板坯连铸连轧技术核心专利

被引用频次的高低在一定程度上可以作为衡量专利质量的参考。表5-3所示为在薄板坯连铸连轧技术领域被引频次较高的专利权人信息。可见，作为薄板坯连铸连轧技术和装备的开发者，西马克、达涅利、德马克、奥钢联的专利被引用次数最多，其次是日立、阿维迪、霍戈文、浦项。珠钢所申请的专利被引频次排在我国其他专利权人之前，可能与其是我国第一条薄板坯连铸连轧生产线有关。

从单个专利的角度上进行统计，被高频引用的专利技术如表5-4所示。

表5-3　被引频次较高的专利权人信息

专利权人	被引次数	专利权人	被引次数
SMS	329	珠钢	47
Danieli	151	武钢	43
Mannesmann	147	鞍钢	41
VAI	80	马钢	40
Hitach	69	Sumitomo	39
Arvedi	56	JFE	35
Hoogovens	50	Primetals	30
POSCO	49	Tippins	30

表5-4　被高频引用的专利技术信息

专利号	最早申请年	专利权人	被引次数	题　目
IT8820752	1988	阿维迪、德马克	34	一种通过圆弧形连铸方法连续生产钢板或钢带的方法
IT9020884	1990	阿维迪，霍戈文	33	直接从热轧产线获得的具有冷轧特性的生产带状钢卷的方法和设备
ZA9701618	1996	西马克、德马克	27	制造热轧钢带的方法和设备
BR9502048	1994	日立	26	与连续铸造机联机的热轧设备及其轧制方法
GB8329851	1982	德马克	26	用板坯连铸生产热轧钢带的方法
DE19520832	1995	德马克	25	具有冷轧性能的带钢制造方法和设备
BR9400567	1993	奥钢联	24	用于生产带钢、薄板坯和初轧板坯的方法
ZA8408222	1984	西马克	24	板坯连铸结晶器
BR9401981	1994	达涅利	23	带材和/或板材生产线

专利号	最早申请年	专利权人	被引次数	题　目
IT2002MI1996	2002	阿维迪	22	基于薄板技术来制造超薄热轧带材的方法和生产线
EP-266564	1986	西马克	21	扁坯铸造机的后置多机架连续轧机
CA2063679	1991	霍戈文	20	一种制造热轧钢板的方法和设备
US5307864	1993	阿维迪	20	连铸连轧生产钢板的方法和系统

　　专利 IT8820752 是阿维迪和德马克 1988 年共同开发的一种通过圆弧形连铸方法连续生产钢板或钢带的方法，是一项发明专利，目前为授权状态。该专利家族共包含 40 项专利。图 5-51（a）所示为本发明的简单示意图；图 5-51（b）为钢带在各阶段温度梯度的变化；图 5-51（c）为按照该发明另一种布置示意图。

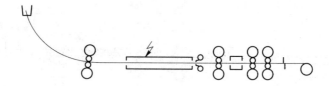

(a) 本发明的简单示意图

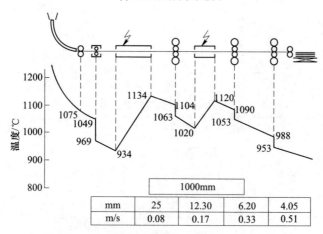

(b) 钢带在各阶段温度梯度的变化

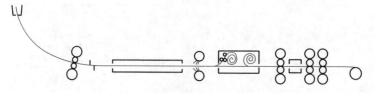

(c) 按照该发明另一种布置示意图

图 5-51　一种通过圆弧形连铸方法连续生产钢板或钢带的方法

专利 IT9020884 是阿维迪与霍戈文共同开发的直接从热轧产线获得的具有冷轧特性的生产带钢的方法和设备，该专利家族共包含 22 项专利。其连铸板坯的厚度在 100mm 以下，后经感应加热炉将温度均匀化并达到 1100℃，在奥氏体区对钢坯进行轧制，在 250~600℃ 的温度范围内进行冷却。

专利 ZA9701618 是由德马克和西马克共同开发的一种制造热轧钢带的方法和设备，该专利族共包含 14 项专利。本专利的特点是：当钢水在一个稳定的过程中转变为连铸坯后，不事先切断直接进入连续式热轧机内，生产出任意厚度规格连续钢带。

专利 BR9502048 是由日立开发的与连续铸造机联机的热轧设备及其轧制方法，该专利族共包含 13 项专利。该工艺将连铸机铸出的厚 80mm 以下的连铸坯升温与除鳞，粗轧至板厚 20~60mm；再升温与除鳞，由具有直径 500mm 以下小径工作辊精轧机精轧成板厚 1.6~15mm 的薄板或 3~40mm 的厚板。

专利 BR9401981 是由达涅利开发的生产带材/板材的联合生产线，该专利族共包含 15 项专利。该工艺是从至少一组连续铸造薄或中等厚度板坯的连续铸造设备开始的。连续铸造设备按顺序包括一台连铸机、至少一台剪切机、升温系统、轧机和可能的冷却带材/板材用的冷却室等。升温系统包括一台至少以一种工作频率加热板坯表面和边缘的感应炉，其后设有低速氧化皮清除机和隧道炉、一台应急剪切机以及隧道炉和轧机之间的高速氧化皮清除机。

专利 IT2002MI1996 为阿维迪 2002 年公开的基于薄板技术来制造超薄热轧带材的方法和生产线。通过在连续铸造后立即对薄板进行粗轧而进行预变形，感应加热以便使中间带材的温度固定在选定的 1000~1400℃ 之间；通过不超过六个道次的轧制来使热轧带材精轧的厚度最小达到 0.4mm，同时使从精轧机的最后机架中出来的热轧带材保持高于 750℃ 的控制温度。这是一项发明专利，目前为授权状态。该专利家族共包含 26 项专利。

专利 EP-266564 则是由西马克公开的扁坯铸造机的后置多机架连续轧机，该专利族共包含 31 项专利，该发明涉及一种用连续铸造扁坯以连续工艺步骤生产热轧带钢的方法和设备。其中扁坯在凝固后使之达到轧制温度并送入轧机轧制成成品带钢，而扁坯的轧制是在最多有 3 个或 4 个机架的轧机上以尽可能高的每道次压下量连续进行的。

5.4.2　主要技术领域专利分析

通过对相关专利的详细分析，总结出薄板坯连铸连轧关键技术的重要专利挖掘点和创新点主要集中在以下几个方向：

（1）寻找合理的铸坯厚度；

（2）不断改进、完善结晶器形状、液芯压下、固相轧制、二次冷却制度等一系列工艺特性技术；

（3）除主体技术外，研究并开发相关技术（结晶器材质、浸入式水口、结晶器振动装置、连铸保护渣、高压水除鳞、轧辊在线磨辊等）；

（4）薄板坯连铸机与热连轧机组间的有效连接和协调匹配技术；

（5）开发包括低碳钢、低合金板带、高强汽车用钢、耐蚀钢、硅钢等不同钢种。

5.4.2.1　结晶器技术

薄板坯连铸机的出现并顺利实现工业化生产，是薄板坯连铸连轧工艺成功的突破口，而结晶器的设计则是其中的关键技术。纵观当今各种薄板坯连铸连轧工艺，尽管结晶器形状在早期差别颇大，但发展到今天，却出现了一种趋势，即逐渐接近，表现在上口面积的加大，目的均是利于浸入式水口的插入及保护渣的熔化，以改善铸坯表面质量。具有代表性的结晶器形式如图 5-52 和表 5-5 所示。

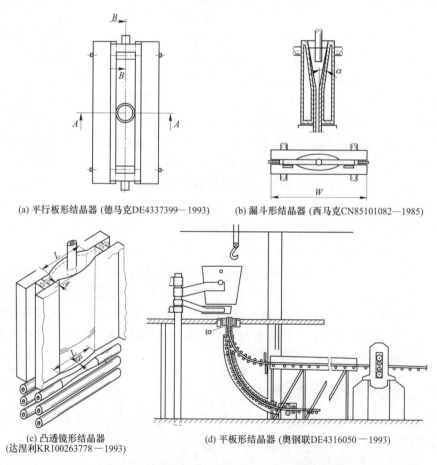

(a) 平行板形结晶器 (德马克DE4337399—1993)　　(b) 漏斗形结晶器 (西马克CN85101082—1985)

(c) 凸透镜形结晶器
(达涅利KR100263778—1993)　　(d) 平板形结晶器 (奥钢联DE4316050—1993)

图 5-52　四种类型的薄板坯连铸结晶器

表 5-5　典型工艺具有代表性的结晶器形式

开发商	典型工艺	结晶器形式
德马克	ISP	平行板形结晶器
西马克	CSP	漏斗形结晶器
达涅利	FTSR	凸透镜形结晶器
奥钢联	CONROLL	平行板形中厚板结晶器

5.4.2.2　浸入式水口

与结晶器相关的还有浸入式水口的开发，其中包括形状、出口角度、材质等。因结晶器形状不同，各类型工艺所采用的浸入式水口也有差异。常用的浸入式水口有 4 种结构：单孔直筒形水口、侧孔向上倾斜状水口、侧孔向下倾斜呈倒 Y 形水口、侧孔呈水平状水口。图 5-53（a）所示为蒂森·克虏伯 1986 年在专利 BRPI8703549 中公开的一种用于薄板坯连铸用浸入式水口。图 5-53（b）所示为达涅利 1994 年（JP3662973）开发的薄板坯连铸用浸入式水口，由于出口面积大，故钢液从水口流出的速度低，加之水口与结晶器距离较大，从而可以防止钢流对坯壳的冲刷，最大限度减少拉漏事故。

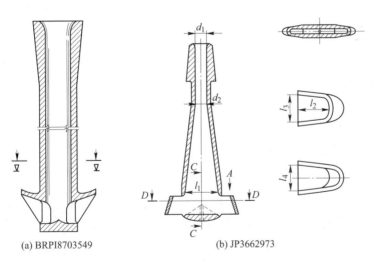

(a) BRPI8703549　　(b) JP3662973

图 5-53　薄板坯连铸用浸入式水口

5.4.2.3　保护渣

薄板坯连铸机必须使用熔点、黏度更低且流动性更好的渣系。奥钢联薄板坯连铸机浇铸的钢种为深冲钢、结构钢和低合金钢，保护渣的物理性能如表 5-6 所示。

表5-6　奥钢联薄板坯连铸用保护渣的物理性能

渣型	软化温度/℃	熔融温度/℃	流动温度/℃	碱度	黏度（1300℃）/Pa·s	结晶温度
A	970~980	1035	1060	<1.0	0.06~0.08	较低
B	1040~1050	1120	1160	>1.0	0.10~0.13	较高

我国钢铁研究总院的专利CN1023860公开了一种薄板坯连铸保护渣及其制造方法，其化学成分如表5-7所示，其理化性能与西马克保护渣的理化性能对比如表5-8所示。

表5-7　专利CN1023860保护渣的化学成分（质量分数）　（%）

序号	成　　分										
	CaO	SiO₂	F⁻	B₂O₃	Na₂O	C	Al₂O₃	Fe₂O₃	MnO	MgO	H₂O
1	34.2	29.4	9.9	7.3	6.1	3.1	2.8	2.7	2.4	1.8	0.3
2	32.3	32.7	7.1	4.0	10.0	2.9	2.9	2.7	3.5	1.6	0.3
3	34.4	32.1	8.2	5.3	7.2	3.0	2.4	2.8	2.5	1.8	0.3

表5-8　专利CN1023860保护渣与西马克保护渣的理化性能对比

名　称	性　　能		
	黏度（1300℃）/Pa·s	软化温度/℃	熔化温度/℃
1（本发明）	0.3	970	1050
2（本发明）	0.75	1000	1085
3（本发明）	0.5	990	1070
RFG（西马克）	0.15	1105	1160
RFG-4（西马克）	0.5	1080	1120

5.4.2.4　电磁制动和电磁搅拌

高速连铸的结果必然伴随凝固坯壳强烈冲刷，同时造成卷渣及液面波动。电磁制动可在结晶器上部产生强度可变的磁场，对钢水的流动产生运动阻力，使钢水的流速变低，流动速率均匀，从而达到稳定液面以及保护渣分布均匀的效果；进而改善凝固晶体结构，增强等轴晶率，减少中心碳偏析，提高板坯质量。东北大学在2008年公开的实用新型专利CN101259523中提到了一种电磁制动薄板坯漏斗形结晶器连铸设备，电磁制动装置包括磁轭和铁磁芯，磁轭环绕漏斗形结晶器，磁轭在垂直结晶器宽面方向伸出两个缠绕着线圈的铁磁芯。据介绍，其漏斗形结晶器内磁场区域范围下的平均磁感应强度更大，在较小电参数条件下产生较大的磁感应强度。和传统的电磁制动相比较，对同一流场进行电磁制动，新型的连铸设备可以节约 40% 的电能。

蒂森 2014 年在专利 CN106536087 中公开了一种用于薄板坯连铸的方法和设备的发明专利。首先将金属熔体输送到铸模中，借助设置在铸模区域中的电磁制动器（EMBr），减小部分凝固的薄板坯中金属熔体的流速，并借助连铸引导系统将部分凝固的薄板坯从铸模中引出。其中薄板坯中未凝固的部分借助一个在沿着薄板坯的带坯抽出方向下游设置在铸模下方的电磁搅拌器搅拌，借助该电磁搅拌器在薄板坯的沿带坯抽出方向离铸模 20~7000mm 之间的区域中产生电磁行波场。

6　我国薄板坯连铸连轧流程发展技术路线

6.1　薄板坯连铸连轧技术的最新进展

6.1.1　无头轧制

近年来，无头轧制技术得到了快速发展。截至 2019 年 5 月，全球已建、在建和规划建设的无头轧制产线达到 17 条，如表 6-1 所示。其中我国就有 12 条，总产能超过 2500 万吨。

表 6-1　全球无头轧制产线统计表

项目	序号	企业	产线形式	连铸流数	铸坯厚度/mm	产品厚度/mm	设计年产能/万吨	投产期
国内	1	日钢	ESP	1	70~110	0.8~6.0	220	2014 年 11 月
	2	日钢	ESP	1	70~110	0.8~6.0	220	2015 年 5 月
	3	日钢	ESP	1	70~110	0.8~6.0	220	2015 年 9 月
	4	日钢	ESP	1	70~110	0.6~6.0	220	2018 年 3 月
	5	日钢	ESP	1	70~110	0.5~6.0	220	2020 年 5 月
	6	日钢	ESP	1	70~110	0.5~6.0	220	已签合作协议
	7	日钢	ESP	1	70~110	0.5~6.0	220	
	8	首钢	MCCR	1	110/123	0.8~12.7	220	2019 年 5 月
	9	唐山全丰	S-ESP	1	70~100	0.8~4.5	200	2019 年 5 月
	10	福建鼎盛	ESP	1	70~110	0.8~6.0	200	2019 年 12 月
	11	福建大东海	ESP	1	70~110	0.8~6.0	200	2020 年
	12	重钢	FINEX-CEM				（300）	已签合作协议
国外	1	阿维迪	ESP	1	70~100	0.8~6.0	200	2009 年
	2	美国钢铁	ESP	1	70~110	0.8~6.0	250	已签协议
	3	浦项	CEM	1	90~100	0.8~12.7	180	2009 年
	4	MND（伊朗）	ESP	1	70~100	0.8~25.4	250	在建
	5	PKP（伊朗）	FINEX-CEM				160	已签合作协议

日照 ESP 产线 2017 年累计产量 610 万吨，2018 年的累计产量为 696 万吨，其

各条产线的产量分布如图 6-1 所示。2018 年 5 月，成功轧制出规格为 1.2mm×
1500mm 的超薄宽规格高强钢产品，屈服强度达到 700MPa 以上。2018 年 6 月成功
生产出 0.7mm 的极薄规格产品，2018 年 10 月，其极限规格进一步拓展至 0.6mm。

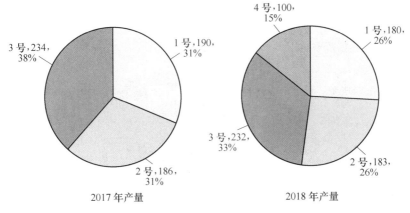

图 6-1　日照 ESP 产线 2017~2018 年实际产量情况

首钢京唐的 MCCR（Multi-mode Continuous Casting & Rolling）生产线是基于
达涅利 DUE 技术建设的；具有单坯轧制、半无头轧制、无头轧制多种生存模式
的薄板坯连铸连轧生产线，其产线布置示意图如图 6-2 所示。MCCR 与 ESP 技术
最大的差别在于在粗轧机之前增加了一段约 80m 长的辊底式隧道炉，最高出钢温
度为 1200℃，从而增加连铸和轧机之间缓冲，可实现连铸不停浇换辊；同时增加
了产线的灵活性，使产线具有无头轧制、倍尺多卷轧制（半无头轧制）以及单
坯轧制三种生产模式。其中，无头轧制模式主要生产厚度为 0.8~2.0mm 的薄规
格产品；倍尺多卷轧制模式主要生产厚度为 2.0~4.0mm 的一般薄规格产品；单
坯轧制模式可生产 1.5~12.7mm 的大纲覆盖的全部产品。目前该产线正在进行热
负荷调试，预计 2019 年下半年可以正式投产。

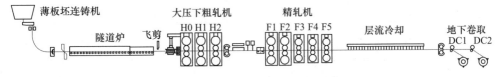

图 6-2　首钢 MCCR 产线布置示意图

唐山东华对原珠钢 CSP 产线的工艺装备进行异地利旧改造，也正在自主集成
开发无头轧制产线，并称之为 DSCCR（Donghua Steel Continuous Casting-Rolling）
产线，其产线布置示意图如图 6-3 所示，预计 2019 年下半年建成投产。这条产
线与 ESP 和 MCCR 最大的区别在于在粗轧和精轧之间，用一段 120m 长的辊底式
均热炉替代原有的电磁感应加热炉，目的是为了降低中间坯补热的能耗成本。

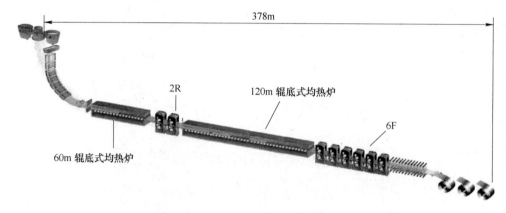

图 6-3 唐山东华 DSCCR 产线布置示意图

6.1.2 智能制造

智能制造已成为全球制造行业的发展趋势，在钢铁行业，智能制造也是大家共同关注的话题。目前行业内公认美国大河（BRS）的 CSP 产线是智能钢厂的代表。大河钢厂的 CEO 在美国钢铁工业年会上说："我们是全球第一家智能钢厂。我们是一家技术公司，只是我们的产品是钢铁。我们用最现代化的设备，用很多的传感器贯穿在生产环节，形成一套完整的系统来监控整个生产流程，能清楚地知道原料进去后出来的是什么产品，也能够预测到哪里可能会出现问题，哪里需要进行调整。这全部都是系统化的，一切都是为了提高产品质量和生产率"。

美国大河钢厂采用的是工厂级的 CPS（Cyber-Physical Systems）系统，如图 6-4所示。CPS 的本质就是：基于数据，构建一套信息与物理的互动系统，打造"状态感知、实时分析、科学决策、精准执行"的数据闭环，目标是提高效率，实现资源高效配置。大河钢铁采用这套系统，通过生产计划、设备状况和产品质量之间实时信息交互和数据收集，实现了从原材料到成品的数据驱动。整个系统紧紧围绕"产品质量（product quality）、设备状态（plant condition）、工艺参数（process condition）"来进行：

（1）产品质量（product quality）：包含性能、尺寸、表面质量等，并根据不同用户对产品的要求，个性化质检，以提高合格率；同时产品质量相关数据的记录、同步、处理，实现钢卷的数字化—— 每个钢卷都可以同步追溯到炼钢、板坯、热轧、冷轧等各个工序的信息，所有的质量判定及原因查找在 2~12h 内完成。

（2）设备状态（plant condition）：包含设备状态、功能精度、仪表、环境等，判断设备状态与环境变化的因素对产品质量的影响程度。通过对工艺流程的主要设备运行状态及功能精度进行诊断、判断，给出运行条件的相关信息，以及对产品质量的影响程度。

（3）工艺参数（process condition）：包含工艺参数的目标值、工艺参数窗口等，实时获取实际工艺参数的波动并判断对产品质量的影响程度。

大河钢厂通过数据收集、离线分析、每卷预测、在线优化、自动学习、智能优化，通过周而复始的持续改进，不断提升工厂的竞争力。

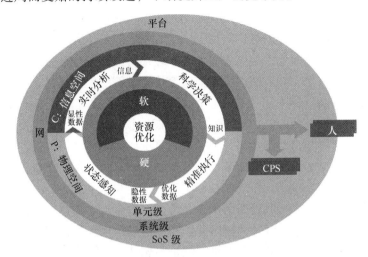

图 6-4　CPS 智能工厂概念

此外，得益于先进炼钢技术和智能制造技术的广泛应用，大河钢厂一期项目实现年产量 165 万吨（在岗职工 500 人），人均年产钢量 3000t 以上。二期投产以后估计其 600 名职工可年产钢 350 万吨。届时其人均产钢量将超过 5500t。

6.2　薄板坯连铸连轧技术的发展前景及技术路线图

6.2.1　我国薄板坯连铸连轧流程发展前景

绿色制造、生态发展已经成为国家的发展战略。以钢铁工业为代表的流程工业未来主要将朝着绿色化、生态化、连续化和智能化的方向发展。传统的热轧工艺流程虽然也在向紧凑化、连续化发展，如采用热装、直装，甚至是采用无头轧制技术等。但从技术的角度看，其在绿色化、连续化等方面的发展潜力仍不如近终形的薄板坯连铸连轧流程。薄板坯连铸连轧流程的产线布置更为紧凑，流程更加简约高效，相应的过程能耗和排放也更低，是一种绿色化、可持续发展的钢铁制造技术。此外，薄板坯连铸连轧流程更有利于连续化和智能制造的实现，符合钢铁工业的发展方向。

经过近三十年的发展，我国已经成为世界上拥有薄板坯连铸连轧产线最多、产能最大的国家。近年来，以无头轧制为代表的薄板坯连铸连轧技术在我国工业化的迅猛发展，更是成为推动薄板坯连铸连轧技术发展的新的源动力。薄板坯连铸连轧流程已经成为热轧板带的重要生产方式，在我国钢铁行业中的地位和作用举足轻重，并具有广阔的发展前景。

6.2.2　我国薄板坯连铸连轧流程的发展技术路线

（1）建立和完善具有薄板坯连铸连轧流程特点的技术体系和产品标准体系，推动薄板坯连铸连轧流程的推广应用。

大量的理论研究和生产实践表明，薄板坯连铸连轧流程批量生产的高质量薄规格产品将大量替代冷轧产品，一方面改变热轧带钢的传统属性，另一方面将对现有的冷轧产品制造体系产生冲击。因此，为推动高质量薄规格产品"以热代冷"，应因势利导，尽快建立基于薄板坯连铸连轧流程生产的薄规格产品的标准体系，同时要开发和完善薄规格产品的关键制造技术，包括：高精度轧制技术、全流程板形控制技术、组织性能高均匀性控制技术以及高表面质量控制与处理技术等。

基于薄板坯连铸连轧流程的物理冶金特征，构建与之相适应的产品体系，包括汽车用先进高强钢、高牌号无取向硅钢和取向硅钢等高附加值产品，提高产线竞争力，改善企业盈利能力。重点研究汽车用先进高强钢控形控性一体化工艺技术、应用性能评价技术，高牌号无取向硅钢和取向硅钢的表面质量和磁性能稳定控制技术等关键技术。

（2）研发并推广应用具有我国自主知识产权的热轧带钢连铸连轧全连续制造技术。

连续化生产一直是热轧带钢工艺技术发展的方向。正因为如此，无论是基于传统热轧流程，还是基于薄板坯连铸连轧流程，人们都在不断探索，并努力实现连续化生产方式。近年来，基于薄板坯连铸连轧流程的无头轧制技术得以突破，并得到较为广泛的应用，已经用实践证明了连续化生产的各项优势。基于薄板坯连铸连轧流程的无头轧制技术，应该是今后热轧带钢生产工艺技术的发展方向。

我国是全球拥有薄板坯连铸连轧产线最多的国家，工艺类型也较为齐全，这种多样性的实践为工艺比较、技术改进和未来优化提供了良好基础。通过近二十年来对引进设备和技术的消化、吸收和国产化，我国积累了大量的工程化经验和生产制造经验，已经具备自主创新，集成开发具有我国自主知识产权的热轧带钢连铸连轧全连续制造技术。待解决的关键技术主要包括：更加优化的流程布置、高钢通量的连铸技术及装备、全连续的生产、制造及控制技术、智慧制造技术、高表面质量控制技术及装备、灵活且精准的冷却控制技术以及后续配套的酸洗、镀锌等深加工技术等。

（3）加强行业的交流与合作，通过设备改造、技术升级、规范操作和精细管理，全面提升现有薄板坯连铸连轧产线竞争力。

经过近二十年的发展，我国薄板坯连铸连轧流程的工艺技术和产品技术都取得了长足的进步。但各企业的生产技术水平和技术经济指标存在明显的不平衡，且大部分产线的实际产量未达到设计产能，生产效率较低，产品结构较为单一，主要以中低档产品为主，薄规格产品的比例不高，薄板坯连铸连轧流程的优势未得到充分发挥，导致整体竞争力的表现不如预期。国家和行业应给予支持和引导，加强学术交流与合作，汇聚行业内的技术力量，共同促进我国薄板坯连铸连轧的技术进步。各企业应结合自身的问题，以关键技术经济指标为抓手，通过设备改造、技术升级、产品结构优化、规范操作和精细管理，提高产线的竞争力。

附录　全球已建或在建薄板坯连铸连轧产线情况一览（截至 2020 年 5 月）

序号	所在国家或地区	企业名称	工艺类型	铸机流数	关键设备供应商	铸坯规格（厚×宽）/mm	产品规格（厚×宽）/mm	年产能/万吨	轧机布置	投产时间	备注
1	美国	纽柯公司克劳福兹维尔厂	CSP	2	SMS+Nucor	50×(900~1350)	(1.4~15.9)×(889~1397)	200	6机架	1989年7月/1996年	1989年1机1流，产能90万吨
2	美国	纽柯公司希克曼厂	CSP	2	SMS+Nucor	50/55×(1220~1560)	(1.3~15.9)×(902~1626)	220	6机架	1992年8月/1994年5月	1992年1机1流，产能100万吨
3	美国	纽柯公司伯克利厂	CSP	2	SMS	(40~70)×(900~1680)	(1.3~15.9)×(914~1880)	250	6机架	1996年10月/2000年7月/2012年7月	1996年135万吨，2000年240万吨
4	美国	纽柯塔斯卡卢萨	TSP	1	SMS+蒂平斯	127×(900~2600)	(4.7~25.4)×(1219~2438)	120	单机架炉卷轧机	1996年	
5	美国	纽柯加勒廷厂	CSP	1	SMS	65×(1000~1600)	(1.4~15.9)×(1080~1626)	180	6机架	1995年4月/2013年	1995年100万吨
6	美国	纽柯迪凯特厂	QSP	2	SMI	(70~90)×(914~1650)	(1.3~19.1)×(914~1638)	250	2+5机架	1997年3月	1997年200万吨
7	美国	安赛乐米塔尔里弗代尔厂	CSP	1	SMS	50/55×(900~1560)	1.25(900)/1.0(最小)	100	7机架	1996年1月	
8	美国	AK 钢铁曼斯菲尔德厂	CON-ROLL	1	VAI	(76~152)×(635~1283)	1.8~12.7	60	1+6机架	1995年4月	

续表

序号	所在国家或地区	企业名称	工艺类型	铸机流数	关键设备供应商	铸坯规格(厚×宽)/mm	产品规格(厚×宽)/mm	年产能/万吨	轧机布置	投产时间	备注
9	美国	加拿大 Samuel, Son & Co.	TSP	1	蒂平斯+三星	(100~125)×(800~1600)	1.5(最小)	100	双机架	1997年	
10	美国	瑞典钢铁公司蒙饭利埃厂	TSP	1	德马克+蒂平斯	127~152(厚度)	2.3	125	单机架炉卷轧机	2000年	
11	美国	瑞典钢铁公司莫比尔厂	TSP	1	SMS+蒂平斯			125		2000年	
12	美国	北极星博思格厂	QSP	1	SMI	102×(1055~1562)	(1.3~13.0)×(1055~1562)	160	2+6机架	1997年2月	1997年143万吨
13	美国	杰尼瓦钢公司温亚德厂	CSP	1	SMS	—	—	190	多机架钢板轧机	1994年	2001年因破产关闭
14	美国	钢动力公司巴特勒厂	CSP	2	SMS	40~70(厚度)	(1.1~15.9)×(914~1930)	300	7机架	1996年1月/1998年5月	1996年125万吨
15	美国	钢动力公司哥伦布厂	CSP	2	SMS	60/65×(900~1968)	(1.3~12.7)×(900~1922)	340	7机架	2007年/2011年	
16	美国	美国大河钢铁公司	CSP	1	SMS		(1.2/1.55~25.4)×(900/1200~1930)	150	6机架	2017年	
17	美国	World Class Processing 世界级制造公司	TSP	1	蒂平斯+三星	(100~125)×(800~1600)	1.5(最小)	100	双机架可逆式轧机	1997年	2015年倒闭
18	德国	蒂森克虏伯杜伊斯堡厂	CSP	2	SMS	(48~65)×(900~1600)	1.0~12.7	200	7机架	1999年3月/2011年12月	
19	俄罗斯	OMK	FTSR	1	Danieli	70/90/110×(800~1800)	1.2~12.7	120	2+5(6)机架	2007年	

续表

序号	所在国家或地区	企业名称	工艺类型	铸机流数	关键设备供应商	铸坯规格(厚×宽)/mm	产品规格(厚×宽)/mm	年产能/万吨	轧机布置	投产时间	备注
20	意大利	Arvedi Cremona厂	ISP	1	MDH+Arvedi	43×(680~1330)	1.0	70	3+4机架	1992年1月	
21	意大利	Arvedi Cremona厂	ESP	1	Arvedi+VAI	70/90×1570	0.8~12.0	150	3+5机架	2008年	
22	意大利	AST Terni特尔尼	CSP	1	SMS	50×(1000~1560)	—	120	1+7机架	2001年8月	已停产
23	意大利	依尔瓦特尔尼	CSP	1	SMS+Ilva	50×(1000~1560)	1.3	90	—	2001年9月	
24	奥地利	奥钢联林茨厂	CON-ROLL	1	VAI	80×(1300~1600)	—	80	2+5机架	1990年	
25	瑞典	谢菲尔德公司阿维斯塔厂	CON-ROLL	1	VAI	(70~80)×(800~2100)	—	80	5机架	1998年	
26	韩国	现代制铁唐津厂	CSP	2	SMS	55×(900~1560)	1.7~16	180	6机架	1995年6月	
27	韩国	浦项光阳厂1号线	ISP	2	DMH	60×(900~1350)	1.2	200	2+5机架	1996年8月/10月	利旧改造为High Mill厂
28	韩国	浦项制铁High Mill厂	CEM	1	Danieli	(90~110)×(900~1350)	0.8~20	180	3+5机架	2009年5月	CEM产线
29	韩国	东部制铁唐津厂	FTSR	2	Danieli	(70~85)×(900~1650)	1.2~16	300	2+5机架	2009年6月	
30	墨西哥	特尔尼翁集团墨西哥带钢厂	CSP	2	SMS	50×(790~1370)	(1.0~12.7)×(790~1350)	150	6机架	1995年2月/1998年10月	1995年75万吨

续表

序号	所在国家或地区	企业名称	工艺类型	铸机流数	关键设备供应商	铸坯规格 (厚×宽)/mm	产品规格 (厚×宽)/mm	年产能/万吨	轧机布置	投产时间	备注
31	南非	安赛乐米塔尔南非公司Saldanha厂	CSP	2	SMS	(70~90)×(900~1560)	1.6 (最小)	135	2+5机架	1998年6月	
32	印度	埃萨钢铁CSP厂	CSP	3	SMS	(55~80)×(950~1680)	1.0~25	350	7机架	2011年/2012年	
33	印度	塔塔钢铁印度CSP厂	CSP	2	SMS	(50~70)×(900/950~1650)	1.0~20	300	6机架	2012年3月	
34	印度	普绍电力及钢铁CSP厂	CSP	2	SMS	60/50×(800~1300)	(1.2~12)×(920~1250)	160	6机架	2008年/2010年	
35	印度	JSW钢铁Dolvi厂	CSP	2	SMS	(50~65)×(900~1560)	(1.2~25)×(900~1550)	330	6机架	1998年/2003年6月	1998年120万吨
36	马来西亚	Mega钢铁公司巴生厂	CSP	2	SMS	50×(900~1560)	(1.0~21)×(900~1570)	320	6机架	1998年9月	1998年200万吨
37	西班牙	ACB比斯卡亚	CSP	2	SMS	(50~60)×(790~1560)	(1.2~12.7)×(790~1560)	180	7机架	1996年10月/2003年2月	1996年91万吨
38	西班牙	阿拉瓦钢铁公司毕尔巴鄂厂	CSP	1	SMS	—	—	91	—	1996年	
39	加拿大	印度埃萨阿尔戈马钢铁CSP厂	FTSR	2	Danieli	(50~90)×(812~1600)	1.1~15.8	200	1+6机架	1997年8月	
40	加拿大	俄罗斯那弗拉兹里贾纳厂	ISP	1	DMH	150×(1220~2440)	(1.9~19)×(900~2400)	95	—	1997年	

续表

序号	所在国家或地区	企业名称	工艺类型	铸机流数	关键设备供应商	铸坯规格(厚×宽)/mm	产品规格(厚×宽)/mm	年产能/万吨	轧机布置	投产时间	备注
41	泰国	GJ钢铁电炉钢厂	CSP	1	SMS	50/60×(900~1600)	(1.0~25)×(900~1250)	120	6机架	1997年10月	
42	泰国	G钢铁	QSP	1	SMI	(80~100)×(900~1550)	(1.0~12)×(900~1500)	150	2+6机架	1999年6月	
43	荷兰	印度塔塔钢铁艾默伊登厂	CSP	1	MDS	70×(750~1560)	(0.7~3.2)×(750~1560)	130	2+5机架	2000年1月	2000年150万吨
44	捷克	诺瓦胡特NovaHut	CON-ROLL	1	SMS VAI	(100~150)×(600~1575)	1.5	100	炉卷轧机	1997年11月	
45	埃及	EZZ钢铁Deheila热轧带钢厂	CSP	1	SMS	52×(900~1600)	(1.0~20)×1200	100	6机架	1999年9月	
46	埃及	EZZ钢铁Ain Sokhna热轧带钢厂	FTSR	1	Danieli	(65~90)×(800~1600)	(1.2~12.7)×(800~1600)	130	1+6机架	2002年10月	
47	土耳其	MMK土耳其公司Iskenderun钢厂	FTSR	2	Danieli	50~80	(1.0~20)×(800~1570)	240	2+4机架	2011年5月	
48	伊朗	穆巴拉克(Mobarakeh)钢铁公司Saba厂	CSP	1	SMS	45/50	(1.5~12.5)×(800~1560)	70	6机架	2003年8月	

续表

序号	所在国家或地区	企业名称	工艺类型	铸机流数	关键设备供应商	铸坯规格(厚×宽)/mm	产品规格(厚×宽)/mm	年产能/万吨	轧机布置	投产时间	备注
49	伊朗	萨维沙轧钢和钢管厂	CSP	1	SMS	50/60×(900~1600)	0.9(1000)	114	6机架	2003年3月	
50	伊朗	伊斯法罕(Esfahan)钢公司	FTSR	1	Danieli	45~60(厚度)	1.5~12.7	70	6机架	2010年	
51	中国	珠钢1450mm产线	CSP	2	SMS	(50~60)×(1000~1380)	1.2~12.7	180	6CVC	1999年8月	2012年已停产关闭
52	中国	邯钢1900mm产线	CSP	2	SMS	(60~90)×(900~1680)	1.2~12.7	250	1+6CVC	1999年12月	
53	中国	包钢1750mm产线	CSP	2	SMS	(50~70)×(980~1560)	1.2~12.0	200	7CVC	2001年8月	
54	中国	马钢1800mm产线	CSP	2	SMS	(50~90)×(900~1600)	0.8~12.7	200	7CVC	2003年9月	
55	中国	涟钢1800mm产线	CSP	2	SMS	(55~70)×(900~1600)	0.8~12.7	240	7CVC	2004年2月	
56	中国	酒钢1830mm产线	CSP	2	SMS	(52~70)×(850~1680)	1.2~12.7	200	6CVC	2005年5月	
57	中国	武钢1780mm产线	CSP	2	SMS	(50~90)×(900~1600)	1.0~12.7	253	7CVC	2009年2月	
58	中国	唐钢—热轧1700mm产线	FTSR	2	Danieli	(70~90)×(1235~1600)	0.8~12.0	250	2+5PC	2002年12月	

续表

序号	所在国家或地区	企业名称	工艺类型	铸机流数	关键设备供应商	铸坯规格(厚×宽)/mm	产品规格(厚×宽)/mm	年产能/万吨	轧机布置	投产时间	备注
59	中国	本钢1910mm产线	FTSR	2	Danieli	(70~85)×(850~1605)	0.8~12.7	280	2+5PC	2004年11月	
60	中国	通钢1710mm产线	FTSR	2	Danieli	(70~90)×(900~1560)	1.0~12.0	250	2+5PC	2005年12月	
61	中国	日钢1750mm 1号产线	ESP	1	Simens/VAI	(70~110)×(900~1600)	0.8~6.0	222	3+5	2014年11月	
62	中国	日钢1750mm 2号产线	ESP	1	Simens/VAI	(70~110)×(900~1600)	0.8~6.0	222	3+5	2015年5月	
63	中国	日钢1750mm 3号产线	ESP	1	Simens/VAI	(70~110)×(900~1600)	0.8~6.0	222	3+5	2015年9月	
64	中国	鞍钢1700mm产线	ASP	2	鞍钢自主集成	100/135×(900~1550)	1.5~25.0	240	1+6ASP	2000年7月	
65	中国	鞍钢2150mm产线	ASP	4	鞍钢自主集成	135/170×(900~1550)	1.5~25.0	500	1+6ASP	2005年	
66	中国	鞍钢朝阳1700mm产线	ASP	2	鞍钢自主集成		(0.8~12.7)×(900~1600)	200	1R+7F	2010年11月	
67	中国	济钢1700mm产线	JASP	2	鞍钢	(135~150)×(900~1550)	1.5~25.0	250	1+6ASP	2006年11月	

续表

序号	所在国家或地区	企业名称	工艺类型	铸机流数	关键设备供应商	铸坯规格(厚×宽)/mm	产品规格(厚×宽)/mm	年产能/万吨	轧机布置	投产时间	备注
68	中国	日钢1750mm 4号产线	ESP	1	Siemens/VAI	(70~110)×(900~1600)	0.8~6.0	222	3R+5F	2018年4月	
69	中国	京唐MCCR产线	MCCR	1	自主+达涅利	110/123	0.8~4.5	210	3R+5F	2019年4月	
70	中国	唐山东华	S-ESP	1	自主+普锐特	70~100	0.8~4.5	200	2+6机架	2019年6月	在建
71	中国	日钢1750mm 5号产线	ESP	1	Siemens/VAI	(70~110)×(900~1600)	0.8~6.0	222	3R+5F	计划2020年投产	在建
72	中国	福建鼎盛	ESP	1	普锐特	80~110	0.8~6.0	160	3R+5F		在建
73	中国	福建大东海	ESP	1				175			拟建
74	美国	美国钢铁公司(US Steel)	ESP	1	普锐特		0.8~6.0×(965~1956)	250	3R+5F	计划2022年投产	在建
75	美国	美国钢动力公司(SDI)	CSP	1		130(最大)	1.2~25.4	270			在建
合计				110				14143			

注：目前已建成产线70条，共105流，产能共计1.3亿吨。在建拟建产线共计5条，产能合计1077万吨，其中：中国3条，美国2条；除美国钢动力的1条是CSP产线外，其余在建拟建产线均为ESP产线。

第二篇　薄带连铸连轧技术

7　薄带连铸技术概念的提出及早期探索

　　将钢水直接制成带钢的尝试，可以追溯到 19 世纪[1]。1846 年，英国人亨利·贝塞麦（Sir Henry Bessemer，1813~1898 年）提出用处于同一水平面的一对轧辊连续铸造生产锡箔和薄铅板的专利。1856 年，他首次开始进行钢铁的双辊式薄带连铸试验，利用容量约 20 磅的坩埚从转炉接入钢水，将钢水倒入两个水平布置的铸辊中间（图 7-1），成功实现了将液态钢水直接铸轧成薄带。1857 年，贝塞麦获得了世界上第一项双辊式薄带连铸钢带的技术发明专利（专利号：US49053，Twin Wheel Strip Caster）（图 7-2）。

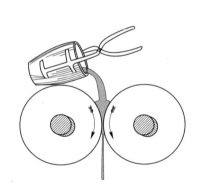
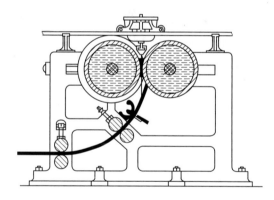

图 7-1　贝塞麦薄带连铸概念示意图　　　图 7-2　贝塞麦双辊式薄带连铸机专利示意图

　　1891 年，埃德温·诺顿采用贝塞麦的专利思路建造了一台辊径 2500mm 的铸机，成功铸轧出厚度为 3~5mm 的带材。1911 年，E. H. 斯金格发明了单辊铸机（Single Roll Caster）。1921 年，克拉伦斯·W·哈兹列特（Clarence W. Hazelett）利用双辊铸机试制铅、黄铜和铝带。1937 年，乌利托夫斯基设计了倾斜式双辊铸机，生产出宽度为 500mm、厚度为 1.2mm 的薄板[2]。

　　1951 年，亨特和道格拉斯联合将贝塞麦提出的技术原型进行改进，把贝塞麦提出的上注式改为下注式，改善了辊的冷却方式，采用了可控制金属液静压力的装置，实现了铝合金板带的双辊式薄带连铸生产（图 7-3），称为 Hunter 铸机[2]。1956 年，哈兹列特研制出了轮带式连铸机，并成功生产出铝合金板带[3]。

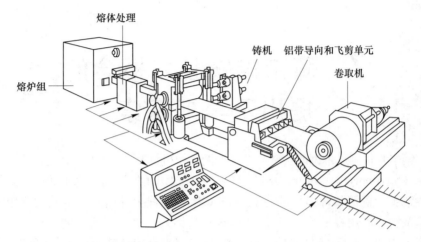

图 7-3 典型的用于铝板加工的水平双辊式薄带连铸机示意图

然而，20 世纪 50 年代，随着板坯连铸机的发明和快速发展，薄带连铸技术由于制造技术和控制技术等相关技术发展不足，在钢铁工业的发展几乎停滞。20 世纪 80 年代，随着能源危机的加剧，薄带连铸又引起了国际上的广泛关注。以纽柯、澳大利亚 BHP 和日本 IHI 为代表，薄带连铸连轧技术在钢铁制造领域取得突破，实现了薄带连铸连轧技术在钢铁工业的初步应用[4]，涌现了如新日铁、纽柯、蒂森克虏伯、浦项、宝钢、东北大学等一批工业化技术实践者、开发者，并取得了工业化关键技术的突破[5~10]。

参 考 文 献

[1] Ferry M. Direct Strip Casting of Metals and Alloys [M]. Sawston, Cambridge, UK: Woodhead Pub. and Maney Pub. , 2006: 78.

[2] Ge S, Isac M, Guthrie R I L. Progress of strip casting technology for steel: Historical developments [J]. ISIJ International, 2012, 52 (12): 2109-2122.

[3] 卢德强. 双辊铸轧及 Hazelett 铸造法的技术进展和产品竞争力 [C]. 全国铝合金熔铸技术交流会论文集, 2003: 18-24.

[4] Blejde W, Mahapatra R, Fukase H. Recent developments in project "M" the joint development of low carbon steel strip casting by BHP and IHI [C]. METEC Congress, 1999.

[5] 方园. 板带近终形加工技术及其发展 [J]. 世界钢铁, 1998 (2): 3-8.

[6] Kubel E Jr. 薄带直接铸造技术的进展—近成形带材铸造是未来取代当今先进薄板生产方法的新工艺 [J]. 有色矿冶, 1990 (5): 44-49.

[7] Lindenberg H U, Henrion J, Schwaha K, et al. Eurostrip—薄带连铸工艺的最新水平 [J]. 上

海宝钢工程设计, 2002 (1): 60-69.

［8］邸洪双, 张晓明, 王国栋. 双辊铸轧薄带钢技术的飞速发展及其基础研究现状［C］. 2001年中国钢铁年会论文集, 2001: 62-68.

［9］巨红英, 赵红阳, 胡林, 等. 双辊薄带铸轧工艺的进展［J］. 辽宁科技大学学报, 2003, 26 (3): 188-192.

［10］Hohenbichler G, Tolve P, Capotosti R, et al. EuroStrip 不锈钢和带钢连铸技术［J］. 钢铁, 2003, 39 (6): 15-19.

8 薄带连铸技术的主要种类及研发历程

8.1 薄带连铸技术及其分类

薄带连铸技术相比较板坯连铸和薄板坯连铸，它更接近最终产品形状，主要用于制造超薄热轧带钢。160 多年的研究开发过程中，先行者众多，各大钢铁企业和知名高等院校、科研院所，如麻省理工学院、卡内基梅隆大学、牛津大学、亚琛大学、重庆大学、东北大学、日本材料研究所、上海钢铁研究所、德国马普所、意大利材料研究所等机构和企业都进行了研究开发[1~6]。

由于研究者众多，技术发展路径不尽相同。针对不同的材料（铝、钢、铜等）及产品形式（板、管、线、异型等），薄带连铸技术方式五花八门，但区别主要还是集中在结晶器。根据结晶器的结构特征及布置方法，我们把薄带连铸技术分为三类（图 8-1）：轮带式、单辊式和双辊式，其中研究最多、发展最快的是单辊和立式等径双辊式薄带连铸工艺（表 8-1）。

表 8-1 20 世纪 80 年代以来世界各地开展的薄带连铸研究项目统计

国家或地区	工艺方法		
	单辊式	双辊式	轮带式
德国	1	3	1
欧洲（除德国）	5	10	—
日本	—	19	—
中国	—	3	—
美国	6	3	1
韩国		1	
合计	12	39	2

8.2 轮带式薄带连铸

轮带式薄带连铸机主要分为水平单带、喷射单带、斜双带式和垂直双带式四种形式（图 8-1（a）），其中最为成熟的是 Hazelett 斜双带式薄带连铸机和西马克开发的 BCT 水平单带式薄带连铸机。

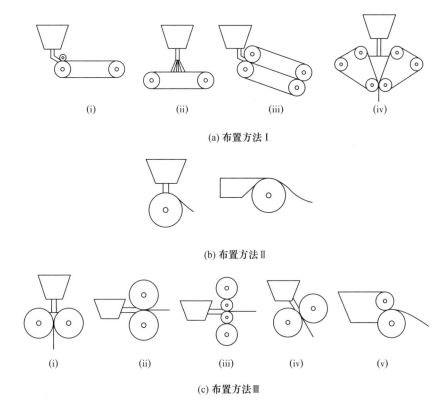

(a) 布置方法 I

(b) 布置方法 II

(c) 布置方法 III

图 8-1　薄带连铸技术分类[7]

8.2.1　轮带式薄带连铸技术原理

Hazelett 斜双带式薄带连铸机由上下两个轮带机架组成，每个机架内由通水冷却辊和冷却板组成一个可以转动的系统；两个带环形槽沟的大辊，外套一条薄带钢制的冷却带，在两个机架的冷却带上分左右设置一对钢制的侧端挡块链，在冷却带和挡块链之间构成直平面的铸型。根据上部机架可能抬高的高度和挡块高度及挡块链间距的不同，可以获得不同厚度和宽度的薄带坯（图 8-2）。

BCT 水平单带式薄带连铸机则由一个铸钢系统和一个轮带机架组成，钢水通过铸钢系统流入轮带机上，通过调整铸嘴与轮带的间隙和铸嘴的布流宽度就可以获得不同厚度和宽度的薄带坯（图 8-3）。

8.2.2　国外轮带式薄带连铸技术发展情况

斜双轮带式薄带连铸机的研发首推 Hazelett 双轮带式连铸机，从 1919 年开始，经过 Hazelett 家族 4 代人的持续不断开发，至今 Hazelett 双轮带式连铸机在

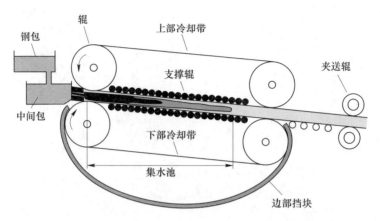

图 8-2　Hazelett 双轮带式薄带连铸机原理示意图

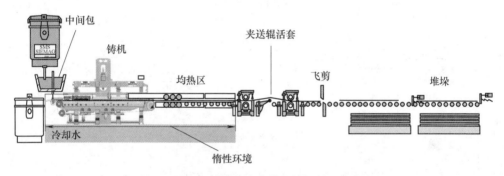

图 8-3　BCT 水平单带式薄带连铸机原理示意图

全世界建设了多条生产线，主要用在有色金属加工领域，如铝的板带加工[7]。

　　而水平单轮带式薄带连铸机的发展首先是 1989 年澳大利亚必和必拓、加拿大 McGill 大学和美国 Hazelett 公司在澳大利亚 Newcastle 研发的一条低碳钢薄带中试线，浇铸厚度 7mm，浇铸速度 24m/min，环形水冷传送带长度为 2.6m。1997年，该线搬迁到加拿大 McGill 大学的金属加工中心。该项目的研究主要集中在浇铸系统的优化、传送带涂层、铸带表面质量控制等。其次是 20 世纪 80 年代德国德马克设备公司在巴西 Belo Horizonte 建设的一条碳钢中试线，浇铸带宽 450mm，厚度 5~10mm。1991 年，MEFOS 和德马克公司合作将巴西 Belo Horizonte 的中试线搬迁到瑞典，对不同等级的普碳钢和不锈钢进行了大量的试验。1995 年德国Salzgitter 钢铁公司加入到项目的开发中。2012 年西马克在德国 Salzgitter 钢铁公司的位于 Peine 建成了世界上首条水平单带式薄带连铸连轧工业化生产线，设计年产能为 2.5 万吨，主要生产先进高强度钢（Advanced High Strength Steels），该建设项目获得了德国联邦政府 1900 万欧元的支持。该技术被命名为 BCT（Belt casting technology）[7]。

8.2.3 我国轮带式薄带连铸技术发展情况

我国轮带式薄带连铸技术的工业化应用主要是洛阳伊川电力集团。2009 年，洛阳伊川电力集团首次在国内引进 Hazelett 生产线，并与 2012 年正式进入试生产，其生产线示意图如图 8-4 所示。该生产线的建成，极大地改善了国内铝合金板带生产工艺的条件，填补了我国在铝合金板带制造行业缺乏短流程技术的空白。该生产线年铝合金板带生产能力达 25 万吨，可以大大提高生产效率，降低生产成本，同时，由于该工艺具有流程短、工序少、节能降耗等特点，推动了我国铝板带行业向高效率、低能耗方向发展的脚步。该生产线与传统热轧工艺相比，省去了铝合金铸锭锯头、铣面、二次重熔、开坯热轧等工序，直接将电解铝液送入 Hazelett 铸造机铸嘴，铝合金液在由上下两条带有涂层的钢带和金属挡块组成的型模内冷却成形。该铸造机可以浇铸出宽 2m、厚度 19mm 的铝合金板带，进入到后续的 3 机架热连轧机进行轧制，轧制成 1~2mm 的成品或半成品铝板带[8~10]。

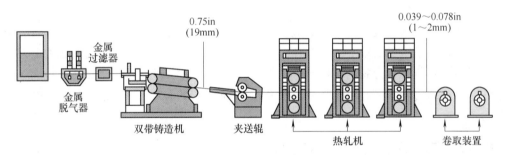

图 8-4　Hazelett 连铸连轧铝合金板带生产工艺示意图

8.3　单辊式薄带连铸

单辊式薄带连铸又分为立式单辊（图 8-1（a））、水平单辊（图 8-1（b））。单辊式薄带连铸机主要用于厚度比较薄的带材的生产，在生产非晶合金带材的制造领域技术优势明显，发展迅速。

8.3.1　单辊式薄带连铸技术原理

通常，单辊式薄带连铸过程是中间包钢水从侧面流至旋转结晶辊的表面，钢水在辊面上凝固，随着结晶辊的旋转牵引形成带钢，带钢厚度一般不超过 2mm。这种浇铸方式对于厚规格来说由于是单向冷却，浇铸得到的带钢上、下表面质量差异明显，边部不规则，内部组织也不均匀，因此该种方法在钢的薄带连铸上的应用不多。

　　单辊式薄带连铸技术目前主要用于非晶合金带材制备，其原理如图 8-5 所示，将熔融的钢水通过一个狭缝的喷嘴喷铸到一个高速旋转的水冷铜辊圆周表面，在极短时间内凝固，并被剥离、抓取、收集，最后获得非晶带卷或非晶薄片的过程。过程中冷却速度大约为 10^6 K/s，熔融的钢水一次成形为厚度小于 50μm（20~30μm）的薄片。

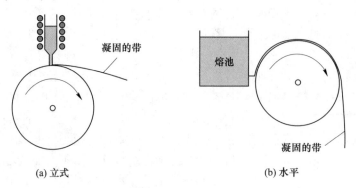

(a) 立式　　　　　　　　　　　　(b) 水平

图 8-5　单辊式薄带连铸技术原理示意图

　　非晶合金带材是一种采用超高速凝固技术制备而成的新型功能材料，其特征是原子排列呈短程有序、长程无序结构凝聚态组织结构。由于它呈玻璃态的非晶特征而具有传统合金材料无法达到的综合优异性能，以其优异的铁磁性、抗腐蚀性、高耐磨性和高强度而成为一种新的功能材料，被广泛应用于电力、电子行业。

8.3.2　国外单辊式薄带连铸技术发展情况

　　单辊式薄带连铸技术最早发明在美国，20 世纪 80 年代，美国西屋公司（Westinghouse）、美国阿姆科（Armco）、美国阿勒格尼（Allegheny）公司均有涉及。1988 年，阿勒格尼与奥钢联（VAI）合作建设了一条中试线，称为 Coilcast，1994 年，Coilcast 项目终止[7,11]。

　　1979 年，美国的 Allied Signal 公司尝试采用单辊式薄带连铸工艺生产非晶合金带材获得成功，三年后该公司建立了非晶带材的连续生产工厂，推出了一系列非晶合金带材产品，标志着非晶合金材料的产业化以及商品化的开始（图 8-6）。随后，美国开始致力于把非晶材料用于节能型配电变压器的推广应用，在技术和产品方面基本形成垄断，到 1989 年，美国 Allied Signal 公司已经具有年产 6 万吨非晶带材的生产能力。1999 年，霍尼韦尔（Honeywell）公司兼并了 Allied Signal 公司，成立了非晶体金属公司（Metglas, Inc.）。2003 年，日立金属公司收购霍尼韦尔的非晶体金属公司使其成为日立金属的子公司，致使日立金属成为世界上唯一一家大规模生产非晶合金带材的企业。2006 年，日立金属在日本新建了第二条生产线，由于世界各地非晶合金带材需求的不断增长，2010 年日立金属扩建了美国和日本的工厂，品种主要包括 SA1、SB1、SH1 等，宽度达到 213mm，总产能达到了 10 万吨/年。

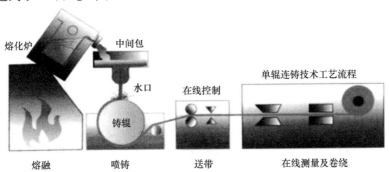

图 8-6　美国 Allied Signal 公司的非晶合金单辊式连铸技术工艺流程示意图

8.3.3　国内单辊式薄带连铸技术发展情况

国内单辊式薄带连铸技术的研发主要集中在生产非晶合金带的研究。1976 年，科技部从"六五"开始连续 5 个"五年计划"均将非晶、纳米晶合金研究开发和产业化列入重大科技攻关项目。"七五"期间建成了百吨级非晶带材中试生产线，带材宽度达到 100mm；"八五"期间突破了非晶带材在线自动卷取技术，并建成年产 20 万条非晶铁芯中试生产线；"九五"期间建成年产 600t 非晶配电变压器铁芯生产线，首次成功喷出 220mm 非晶宽带，使非晶带材的生产能力达到千吨级，跃居世界前三。

安泰科技是国内非晶材料研究开发力量最强、产业规模最大的单位，也是国家科技攻关项目的主要承担单位。安泰科技从 2007 年开始建设我国首条、世界上第二家万吨级非晶带材生产线，首条 1 万吨生产线于 2009 年投入生产运营，二期 3 万吨生产线于 2010 年一季度投入生产运营。安泰科技打破日立金属技术垄断，成为全球第二个拥有自主知识产权的非晶合金宽带材生产企业，宽幅非晶合金带材生产能力达到国际领先水平。

近年来，我国非晶带材产业发展迅速，产业规模体量不断增大。目前我国非晶合金带材生产企业有几十家，年产能近 20 万吨，能够规模化商业生产宽带材（宽度 140mm 以上）的企业约有 6 家（表 8-2）。据中国金属学会非晶合金分会统计，2016 年我国非晶合金带材产量约 11.3 万吨，其中，安泰科技、云路新能源和兆晶股份产量较高，2016 年产量分别为 2.5 万吨、2.8 万吨和 2.8 万吨。

在工艺技术上，我国在宽幅非晶合金带材的能力达到了国际领先水平；在品种质量上，除了表面平整度和性能一致性上略有差距外，国产材料的性能质量完全可以和日立金属进口材媲美。

表8-2　2016年我国非晶合金带材主要生产企业产量统计

序号	企业名称	投产或量产时间	生产线/条	生产能力/万吨	产量/万吨
1	安泰科技	2009年	8	4	2.5
2	云路新能源	2013年	8	3.5	2.8
3	中岳非晶	2014年	6	3	0.8
4	兆晶股份	2015年	6	3.5	2.8
5	网为电气	2015年	2	1	0.2
6	国能非晶	2016年	4	2	0.2
7	山东博远	2015年	1	0.7	0.01
8	中天新能源	2016年	1	0.5	0.05
9	中研非晶	2016年	1	0.5	0
10	华晶非晶	2016年	1	0.5	0.05
11	中兆非晶	2016年	1	0.5	0.02
合　计			39	19.3	9.43

8.4　等径双辊式薄带连铸

双辊式薄带连铸技术是以转动的铸辊为结晶器，依靠双辊的表面冷却液态钢水并使之凝固生产薄带钢的技术。其特点是液态金属在结晶凝固的同时，承受压力加工和塑性变形，在很短的时间内完成从液态到固态薄带的全过程。双辊式薄带连铸工艺（图8-1（c）），包括等径和异径等有多种形式，其中最常见的为等径双辊式薄带连铸工艺（twin roll strip casting），其中也包括有多种形式（图8-7），而其中的主流为立式等径双辊式薄带连铸工艺（图8-7（a））。

8.4.1　立式等径双辊式薄带连铸技术原理

立式等径双辊式薄带连铸机是由两支轴线平行放置、相向旋转的结晶辊与置于结晶辊两端面的陶瓷侧封板构成熔池，形成一个移动式的结晶器；结晶辊内部通冷却水冷却，液态钢水浇铸到熔池中，由液面开始钢水逐渐在结晶辊的表面凝固；随着结晶辊的转动，在结晶辊上凝固的坯壳，在啮合点轧制成带，如图8-8所示。其主要特点是对称凝固，可以获得组织均匀、表面质量优良且厚度差相对较小的带钢。

8.4.2　国外立式等径双辊式薄带连铸技术发展情况

国外等径双辊式薄带连铸技术的发展可以追溯至亨利·贝塞麦1856年提出

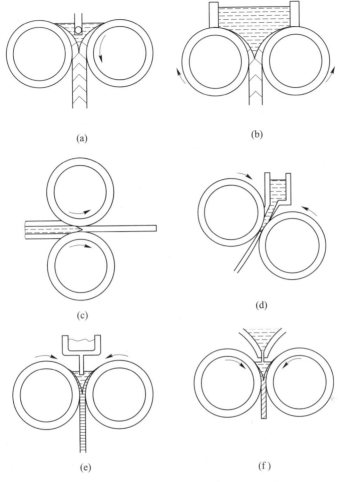

图 8-7 等径双辊式薄带连铸布置形式[11]

的设想,虽然该设想于 20 世纪 50 年代在铝加工领域取得了突破,但在钢铁制造领域一直发展缓慢。直到 20 世纪 90 年代,随着自动控制技术、设备技术、材料技术的进步,加之对薄带连铸基础研究的不断深入和国际间合作的广泛展开,薄带连铸技术在钢铁制造领域也取得了快速的进展(图 8-9),其中最具代表性的、进入工业化阶段的工艺技术流派主要有:纽柯与 IHI、BHP 共同研发的 Castrip 工艺、POSCO 开发的 poStrip 工艺、新日铁与三菱重工合作开发的 DSC 工艺、蒂森克虏伯、奥钢联等合作开发的 Eurostrip 工艺[2,12~17]。

8.4.3 国内立式等径双辊式薄带连铸技术发展情况

国内从 1964 年开始研究双辊式薄带连铸钢的工艺,当时称为"无锭轧制"

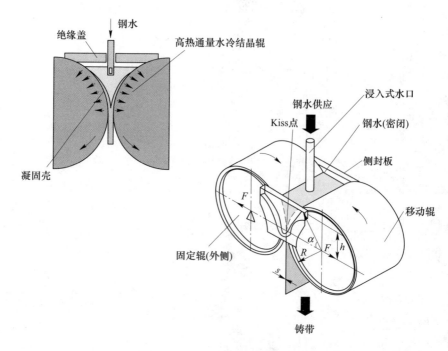

图 8-8   立式等径双辊式薄带连铸工艺原理图

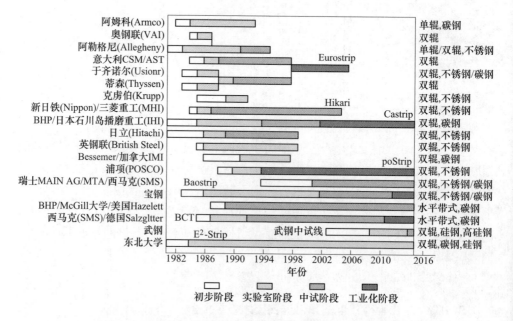

图 8-9   国内外立式等径双辊式薄带连铸连轧技术开发情况

或"液态轧钢"。1960 年在长春建立了第一条试验性薄带连铸生产线，中途因资金紧张停止。直到 20 世纪 80 年代，随着国外薄带连铸技术研究工作的兴起，我国也重新开始了这方面的研究工作。此后薄带连铸技术先后列入冶金部"六五"攻关、国家"七五""八五"攻关项目、国家自然基金重大项目和"973"项目。

东北大学于 1983 年建立了第一台异径双辊式铸机，1990 年 3 月又建成了第二台异径双辊式铸机，辊径分别是 500mm 和 250mm，辊宽为 210mm，直流电机驱动，可调速，并配有磨辊装置、离子切割机和小型热轧机等，并成功铸长 2.1m、宽 207mm 的高速钢薄带，铸出的薄带坯能够加工出合格的锯条、刀片等。1999 年由国家自然科学基金资助，在东北大学轧制技术及连轧自动化国家重点实验室新建了一台等径双辊式铸机，辊径 500mm，辊宽 254mm，最大铸速 60m/min，铸带厚度为 1~5mm。试验钢种为高速钢、不锈钢、硅钢和普碳钢[16,18]。2011 年，东北大学对现有的薄带连铸机进行了进一步改造和完善，增加了熔池液面检测与控制系统，铸轧辊的液压压下与控制系统，铸轧机的冷却与控制系统；在铸轧机的出口增加了一架在线轧机，建立了带材的卷取系统，同时对浇铸系统进行了彻底改造，其目的是研究生产高附加值和用传统方法难以制备的特殊制品，如高硅钢薄带、高性能的镁合金薄带、高性能铝合金薄带以及形状记忆合金等制品。2012 年，开发出了不同硅含量的薄带连铸无取向硅钢、取向硅钢和高硅钢。这项创新技术被命名为 E^2-Strip（ECO-Electric Steel Strip Casting），即绿色化薄带连铸电工钢制造技术[16,17,19~21]。

1984 年，上海钢研所建成的我国第一台双辊式薄带连铸机，在国家支持下开展了双辊式薄带连铸技术的研究。钢水由一台容量为 50kg 的中频感应炉提供，辊径 ϕ200mm，辊面宽度 150mm。在该机组上，技术人员进行了一系列探索性试验，初步浇铸出了 1Cr18Ni9Ti 不锈钢铸带。在此基础上，上海钢研所于 1987 年建造了第二台双辊式薄带连铸机，辊径 ϕ500mm、辊面宽度 250mm，与地面成 30°角倾斜。在该套机组上，技术人员试浇铸 500 多炉次，成功浇铸出宽 250mm、厚 2~3mm 的 304 不锈钢铸带，铸带可以直接冷轧成成品。1992 年又建成了第三台中试规模的双辊式薄带连铸机，采用等径下注式，辊径 ϕ1200mm、辊面宽度为 600mm，一次铸钢量 500kg~1t，成功浇铸出宽 600mm、厚度 3~5mm 的不锈钢带坯，产品仍以 304 不锈钢为主，并于 1996 年通过国家"八五"攻关验收。1998~2000 年，上海钢研所将此项技术向社会推广，对外输出了 3 套机组，由于种种原因，3 套机组均没有成功进行商业化生产。由于结晶辊采用钢辊，设备简单，且缺少必要的控制手段和控制模型，致使浇铸速度、浇铸量受到很大限制。其浇铸出的带钢内部质量、表面质量、尺寸公差等与商业化产品的要求还有较大距离，但在钢水布流技术、侧封技术、轧制力和速度的闭环控制等所取得的研究成果和积累的经验为后来宝钢薄带连铸技术 Baostrip® 产业化发展奠定了基础[6,22]，有关宝钢薄带连铸技术的发展情况见后面章节。

重庆大学[1,23]的薄带连铸研究始于 20 世纪 80 年代，建成了一台带厚 1~5mm，带宽 150mm 的等径双辊式薄带连铸机，对高速钢、不锈钢、硅钢、铝合金、镁合金等材料进行了试验研究，获得了一系列的研究成果。其后重庆大学又建设了一台辊径为 250mm 的双辊式薄带铸机，试验研究了不锈钢、高速钢、碳钢和硅钢的铸带工艺，制取的薄带厚度为 1.5~5mm，宽度为 150mm，并对铸带显微组织及热处理中的变化进行了研究。2003 年，重庆大学与南方连铸公司合作，研究并证实了采用双辊式薄带连铸工艺生产高速钢的可行性，双辊式薄带连铸工艺生产的高速钢薄带的晶粒更加细化。由于迅速冷却，共晶碳化物来不及长大，并且抑制了合金元素偏析，使得共晶碳化物分布得到改善。经过专门的切削试验，薄带连铸高速钢制作而成的锯条，使用寿命比传统工艺生产的锯条提高30%。2003 年，南方连铸公司在长力钢铁公司建造了一台生产不锈钢的双辊式薄带连铸机，不锈钢钢带的设计宽度为 450mm。

2012 年，武钢承担了国家"863"计划项目"节能型电机用高硅电工钢开发"，主要研究内容是通过双辊式薄带连铸技术生产 6.5%Si 高硅钢[24]。并与东北大学合作，建成了薄带连铸高硅（6.5%Si）电工钢中试示范线，该线集冶炼、精炼、铸轧、热轧、温轧、冷轧为一体，可将高硅钢水直接变成 0.10~0.30mm 的冷轧高硅钢极薄带。

参 考 文 献

[1] 丁培道，蒋斌，杨春媚，等．薄带连铸技术的发展现状与思考 [J]．中国有色金属学报，2004，14（5）：192-196.

[2] 潘秀兰，王艳红，梁慧智，等．韩国浦项公司薄带铸轧工艺的最新进展 [J]．冶金信息导刊，2010（2）：6-8.

[3] 朱翠翠，牛琳霞．全球薄带连铸技术研究现状及展望 [J]．冶金信息导刊，2012（4）：5-10.

[4] 赵晶．双辊薄带铸轧的发展现状及关键影响因素 [C]．第 4 届中国金属学会青年学术年会论文集，2008：209-213.

[5] 潘秀兰，王艳红，梁慧智，等．薄带铸轧技术现状与展望 [J]．冶金信息导刊，2009（2）：5-8.

[6] 方园，崔健，于艳，等．宝钢薄带连铸技术发展回顾与展望 [J]．宝钢技术，2009（增刊）：83-89.

[7] Ge S, Isac M, Guthrie R I L. Progress of strip casting technology for steel; Historical developments [J]. ISIJ International, 2012, 52（12）：2109-2122.

[8] 张纲治，罗建党，黄海涛．Hazelett 连铸连轧生产线的产品特性及其节能减排示范意义

[J]. 轻金属, 2011 (增刊): 325-328.

[9] 刘小玲, 马道章. 浅谈哈兹列特连铸技术在我国铝板带生产上的应用 [J]. 上海有色金属, 2004, 25 (2): 77-82.

[10] 马道章. 哈兹列特工艺在铝板带连铸连轧应用中若干问题的探讨 [J]. 铝加工, 2005, 162 (3): 18-24.

[11] Ferry M. Direct Strip Casting of Metals and Alloys [M]. Sawston, Cambridge, UK: Woodhead Pub. and Maney Pub., 2006: 78.

[12] Blejde W, Mahapatra R, Fukase H. Recent developments in project "M" the joint development of low carbon steel strip casting by BHP and IHI [C]. METEC Congress, 1999.

[13] Lindenberg H U, Henrion J, Schwaha K, et al. Eurostrip—薄带连铸工艺的最新水平 [J]. 上海宝钢工程设计, 2002 (1): 60-69.

[14] Hohenbichler G, Tolve P, Capotosti R, et al. EuroStrip 不锈钢和带钢连铸技术 [J]. 钢铁, 2003, 39 (6): 15-19.

[15] Wechsler R. The status of twin-roll casting technology [J]. Scandinavian Journal of Metallurgy, 2003 (32): 58-63.

[16] 刘振宇, 王国栋. 钢的薄带铸轧技术的最新进展及产业化方向 [J]. 鞍钢技术, 2008, 353 (5): 1-8.

[17] 鲁辉虎, 刘海涛, 王国栋, 等. 双辊薄带连铸取向硅钢的研究进展 [J]. 功能材料, 2015, 46 (增刊1): 17-21.

[18] 邸洪双, 张晓明, 王国栋. 双辊铸轧薄带钢技术的飞速发展及其基础研究现状[C]. 2001年中国钢铁年会论文集, 2001: 62-68.

[19] 轧制技术及连轧自动化国家重点实验室 (东北大学). 高品质电工钢薄带连铸制造理论与工艺技术研究 [M]. 北京: 冶金工业出版社, 2015.

[20] 刘振宇, 邱以清, 刘相华, 等. 薄带铸轧中的一些新的冶金学现象及铸轧产业化定位的思考 [C]. 面向 2020 的化工、冶金与材料——冶金学, 2007: 526-532.

[21] 2016 年世界钢铁工业十大技术要闻 [N]. 世界金属导报, 2017-1-3: B08.

[22] 方园, 张健. 双辊薄带连铸连轧技术的发展现状及未来 [J]. 宝钢技术, 2018, 200 (4): 2-6.

[23] 杨明波, 潘复生, 丁培道, 等. 镁合金双辊薄带连铸技术的研究现状及进展 [J]. 铸造技术, 2017, 28 (6): 862-866.

[24] 张凤泉, 汪汝武, 骆忠汉, 等. 近终成形制备高硅钢薄带的研究进展 [J]. 材料保护, 2016, 49 (12): 127-130.

9 薄带连铸连轧流程主要技术流派及其发展

9.1 薄带连铸技术的工业化目标

薄带连铸技术的工业化目标是实现薄带连铸连轧，且能够稳定、批量生产，即：在薄带连铸机后配置 1~2 台在线热轧机及相关设备，连续稳定地生产出与传统流程相同或更具竞争力的薄带钢产品，实现薄带连铸工序与在线热轧工序的一体化，如图 9-1 所示。因此，薄带连铸技术进入到工业化以后，为更全面准确地表述薄带连铸技术，后文将整个技术流程称为"薄带连铸连轧流程"。

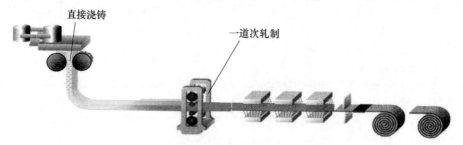

直接浇铸

一道次轧制

图 9-1 薄带连铸连轧工业化生产线方案示意图

9.2 薄带连铸连轧流程主要技术流派

经过冶金科技人员的不断努力，在黑色金属领域，截至 2020 年，形成了八大技术流派，共有七家单位所研发的薄带连铸技术进入了工业化阶段，如表 9-1 所示。

表 9-1 双辊式薄带连铸主要技术情况

技术名称	DSC	Eurostrip	Castrip	poStrip	Baostrip	E²-Strip	武钢中试线
结晶辊辊径 /mm	1200	1500	500	1200	800	500	500
结晶辊宽度 /mm	1330	Krefeld：1430 Terni：1130	克厂：1345 布厂：1680	1300	1340	1250	550/300
钢水来源	电弧炉 +AOD	UHP 电弧炉 +AOD	克厂：电弧炉 +VD+LF 布厂：电弧炉 +VD+LF	电弧炉+AOD	转炉+LF	电炉+RH	真空熔炼炉

续表 9-1

技术名称	DSC	Eurostrip	Castrip	poStrip	Baostrip	E²-Strip	武钢中试线
钢包吨位/t	60	90	100	100	180	90	2
浇铸速度 /m·min⁻¹	最大 90	40~90 最大 150	80~120	30~130 最大 160	30~130	60~130	60~130
产品厚度 /mm	1.6~5	1.4~3.5	克厂：0.76~ 1.8 布厂：0.7~2	1.6~4	0.8~3.6	1~5	0.10~0.30
卷重/t	15~20	20~35	25	28	28	10	2
生产钢种	304SS	AUS SS	低碳钢，低碳 微合金钢， HSLA	304SS， 409SS， PosSD STS 等	低碳钢，低 碳微合金 钢，硅钢等	NGO、GO	高硅钢， 高磁感无 取向硅钢等
设计年产能 /万吨	42	50	60~68	60	50	40	0.15

在这些技术的产业化进程中，Castrip 专注于碳钢，并使用了 BHP 在 20 世纪 90 年代开发的结晶辊技术，选择较小的铸造结晶辊，相比其他技术在研发成本、产品市场接受度等方面具有优势，率先进入工业化。而日本新日铁 DSC 项目和德国蒂森的 Eurostrip 项目由于选择不锈钢均已停止。韩国浦项的 poStrip 项目还在努力研发中。东北大学的 E²-Strip 则专注于高等级硅钢的技术开发和推广。武钢的中试示范线专门用于高硅钢极薄带的无酸洗冷轧技术开发，德国 SMS 与 Salzgitter 公司合作在 Salzgitter 建设了世界第一条轮带式薄带连铸连轧工业化生产线（BCT）。

随着中国钢铁工业的快速发展，薄带连铸连轧流程也得到快速发展，以宝钢为代表的钢铁企业经过 15 年的产业化攻关，逐渐形成了一个有中国特色的薄带连铸连轧流程技术路线——Baostrip®，正步入商业化之路。

9.3　薄带连铸连轧流程主要技术流派的发展现状

9.3.1　Castrip® 工艺技术[1~9]

9.3.1.1　Castrip® 工艺发展过程

1982 年，日本石川岛播磨重工（IHI）开始不锈钢和碳钢的双辊式薄带连铸技术研究。1985 年，与澳大利亚必和必拓公司（BHP）进行联合研发（M 项目）。1990 年，BHP 公司和 IHI 公司在澳大利亚港口肯布拉（Kembla）的工厂内建设了一条中试线。1991 年，在该中试线上成功生产出 800mm 宽的不锈钢板卷，随后被送往 BHP 的不锈钢轧钢厂轧制成最终产品。1992 年，该生产线成功地浇铸出宽 1300mm 的低碳钢板卷产品。1993 年，BHP 公司决定建设双辊式薄带连铸机半工业化薄带连铸连轧生产线，以证实批量生产碳钢的可行性。1995 年，成功生产出商品级的低碳钢薄带连铸连轧产品。1997 年，首次成功地实现了低碳钢的工业化批量生产。1999 年，美国纽柯公司加入（C 项目），决定投资 1 亿美元在美国纽柯克劳福兹维尔厂建设一条工业化薄带连铸连轧生产线。该项目于 1999 年动工建设，2002 年建成，产品以碳钢为主，年设计产能为 54 万吨，设计带宽 1345mm，建设地点、平面布置如图 9-2~图 9-4 所示。

图 9-2　纽柯印第安纳州克劳福兹维尔（Crawfordsville）薄带连铸连轧车间布置图

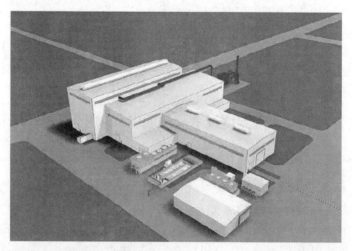

图 9-3　纽柯印第安纳州克劳福兹维尔（Crawfordsville）薄带连铸连轧车间 3D 外貌图

2007 年，纽柯公司决定在美国阿肯色州布莱斯维尔新建第二条薄带连铸连轧生产线，对第一条线存在的问题进行了改进，对控制系统进行了升级，带宽也增加到了 1680mm，车间示意图如图 9-5 和图 9-6 所示。

图 9-4　纽柯印第安纳州克劳福兹维尔薄带连铸连轧生产线浇铸图

图 9-5　纽柯阿肯色州布莱斯维尔薄带连铸连轧车间外貌图

图 9-6　纽柯阿肯色州布莱斯维尔薄带连铸连轧生产线

根据相关报道，累计到 2010 年，纽柯的两条薄带连铸连轧生产线累计生产了大约 100 多万吨低碳钢产品，最大连浇炉数达到创纪录的 24 炉，连浇 24h（约 2400t），金属收得率达到 91%。但是，纽柯两条双辊式薄带连铸连轧生产线自投入生产以来，一直没有达到设计产能，原因没有公布。

9.3.1.2　Castrip® 工艺流程

在 Castrip® 流程设计中（图 9-7），钢包回转台、钢包和中间包采用了传统板坯连铸的设计方法。从冶炼车间运送来的钢水首先安置在钢包回转台上，然后中间包车把中间包移送至浇铸位置，安装钢包长水口、过渡包、水口和侧封板；下游设备（导板、夹送辊、轧机、带钢冷却、飞剪、卷取机等）准备到位，进入浇铸模式。钢包开浇，钢水从钢包长水口进入中间包，中间包钢水通过过渡包、水口进入结晶辊和侧封板形成的熔池，钢水在两个结晶辊上凝固成壳后在出熔池时啮合成带。开浇时，铸机不用引锭杆，凝固好的薄带坯经过导板被送至出口处的夹送辊，夹送辊夹住带钢后，输送至轧机进行轧制。夹送辊与结晶辊之间通过速度差形成一个活套，用于带钢运行过程中的缓冲。从热轧机到地下卷取机的所有设备也均按常规设计。

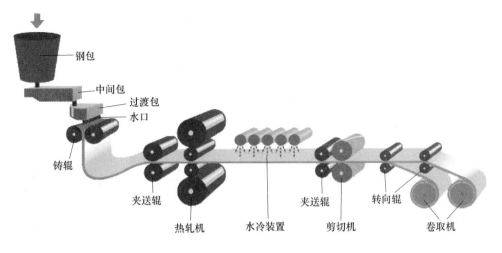

图 9-7　Castrip® 工艺流程示意图

　　印第安纳州克劳福兹维尔薄带连铸连轧工业化生产线总长度为 58.68m，钢包容量为 110t，铸辊直径为 500mm，最高铸速为 120m/min，常用铸速为 80m/min。带钢设计厚度为 0.76~1.8mm，宽度为 1000~1345mm，卷重 25t。配置的单机架四辊热轧机采用液压 AGC，工作辊直径为 475mm，支撑辊直径为1550mm，辊身长度均为 2050mm，最大轧制力为 30MN，设计年产量为 54 万吨。阿肯色州布莱斯维尔薄带连铸连轧工业化生产线总长度为 49m，钢包容量为110t，铸辊直径为 500mm，最高铸速为 120m/min，常用铸速为 80m/min。带钢设计厚度为 0.7~2.0mm，宽度为 1000~1680mm，卷重 25t。配置的单机架四辊热轧机采用液压 AGC，工作辊直径为 475mm，支撑辊直径为 1550mm，辊身长度均为 2050mm，最大轧制力为 27.5MN，由于带钢宽度增加，设计年产量提高到67.4 万吨，具体参数如表 9-2 所示。

表 9-2　纽柯两条薄带连铸连轧生产线基本参数比较

项　目	印第安纳州克劳福兹维尔	阿肯色州布莱斯维尔
产线长度/m	58.68	49
钢包容量/t	110	110
中间包重量/t	18	18
铸机型号	双辊式，直径 500mm	双辊式，直径 500mm
铸机最大宽度/mm	1345	1680
产品厚度/mm	0.76~1.8	0.7~2.0
浇铸速度/m·min^{-1}	正常 80，最大 120	正常 80，最大 120
轧机	单机架 4 辊轧机，配备液压弯辊和平直度自动控制	单机架 4 辊轧机，配备液压弯辊和平直度自动控制，工作辊串辊和分区控冷

续表 9-2

项　目	印第安纳州克劳福兹维尔	阿肯色州布莱斯维尔
最大轧制力/t	3000	2750
投产时间	2002 年底	2008 年底
年产能/万吨	54	67.4

9.3.1.3　Castrip® 工艺特征

相比传统板坯连铸和薄板坯连铸连轧工艺，Castrip® 工艺特征如表 9-3 所示。浇铸厚度是传统板坯连铸工艺的 1/100，冷却速率是传统板坯连铸的 100 倍。相比其他薄带连铸连轧工艺，Castrip® 工艺的结晶辊采用只有 500mm 的小铸辊辊径，采用 3 级钢水布流系统，与新日铁、浦项 poStrip、欧洲 Eurostrip、宝钢 Baostrip 采用的技术路径不同。

表 9-3　Castrip® 工艺与其他常规工艺的典型参数对比

项　目	Castrip	TSC	CC
带钢厚度/mm	1.6	50	220
浇铸速度/m·min⁻¹	80	6	2
平均热流密度/MW·m⁻²	14	2.5	1
全凝固时间/s	0.15	45	1070
平均坯壳冷却速率/℃·s⁻¹	1700	50	12

Castrip 工艺特征：（1）由于辊径小，可以浇铸更薄的铸带，其后道工序所需的轧制能也大量减少；（2）在浇铸之后不需再对带钢加热；（3）在能耗方面，Castrip 工艺比传统工艺节约了 80%~90%；同时减少了 70%~80% 的温室气体排放量；（4）在成本方面，由于采用小的结晶辊，结晶辊、侧封板的成本消耗更低。

9.3.1.4　Castrip® 工艺的产品性能和组织结构

Castrip® 工艺生产的产品为：超薄规格低碳钢产品（简称为 UCS）。其组织结构为含有多边形和针状铁素体的混合组织。与传统热轧薄板相比，这种显微组织表现出更多样的物理性能。从表 9-4 中可以看出，尽管 Castrip® 超薄板的屈服强度稍高、总延伸率较低，但其 R 值和扩孔率性能同等或好于传统薄板（R 值表示薄板的各向异性，x 为薄板扩孔性能的相对测定值）。图 9-8 为薄带连铸连轧 UCS 产品的扩孔性能与传统热轧带钢和传统冷轧退火带钢的对比情况。结果表明薄带连铸连轧 UCS 产品的屈服强度从 275MPa 提高到 380MPa 后，其扩孔性能几乎不变，而传统热轧带钢和传统冷轧退火带钢屈服强度提高以后，扩孔性能显著下降。Castrip® 工艺还可通过改变轧机的压下率和轧后带钢的冷却速率，方便地得到具备不同微观组织和不同力学性能的 UCS 带钢产品，如图 9-9 所示。

表 9-4　**Castrip® 力学性能与传统工艺比较**

项目	屈服强度/MPa	抗拉强度/MPa	延伸率，A_{80}/%	R/R_m	扩孔率 x/%
Castrip®	303	421	26	1.03	85
薄板坯连铸连轧	290	379	35	0.93	94
冷轧镀锌	324	393	32	1.03	66

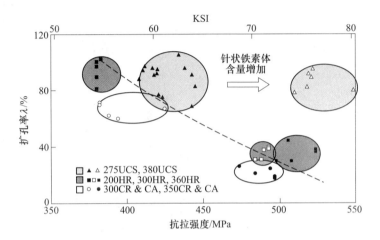

图 9-8　Castrip® 材料的扩孔性能与传统工艺对比

UCS—超薄规格低碳钢产品；HR—热轧产品；

CR & CA—冷轧和冷轧退火产品

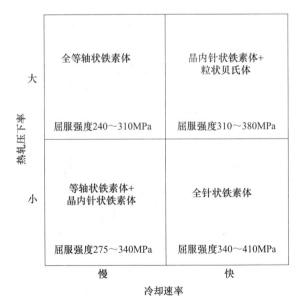

图 9-9　Castrip® 带钢性能与组织结构

9.3.1.5　Castrip® 工艺可制造产品及其拓展

Castrip® 工业化生产线自投产以来，尽管也对不锈钢（304 奥氏体不锈钢、409 铁素体不锈钢）、硅钢和高碳钢进行过试验，但主要品种还是聚焦在低碳结构用钢、包装材料及农业、制造业和建筑业用钢等产品。为此，根据市场需求，Castrip LLC 在 ASTM A01 和 A05 的协助下，制定了两项专用于 Castrip® 工艺生产出来的薄带产品及后处理产品的技术标准。其中一项为 ASTM1039《双辊直接铸造生产钢材、钢板、热轧板带、碳钢、商用钢、结构钢和低合金高强钢》标准，2004 年批准，2010~2013 年，每年对该标准又进行了修正。另一项为 ASTM1063《双辊直接铸造热镀锌钢板》标准，2011 年批准，2017 年 1 月又进行了修订。

Castrip® 经过多年不断地研究开发，薄带连铸连轧可制造品种也在不断扩大，如图 9-10 所示，从 2002 年到 2012 年，成功开发了 7 类产品。目前，Castrip® 可按照 ASTM1039 标准进行生产，生产的产品称为低碳超薄热轧带钢（简称 UCS），大量成功用于结构材料、包装材料、农业、制造业和建筑业等行业。根据用户对高强产品的要求，纽柯公司瞄准汽车行业，加快研发先进高强钢 AHSS 微合金高强钢，以热代冷。

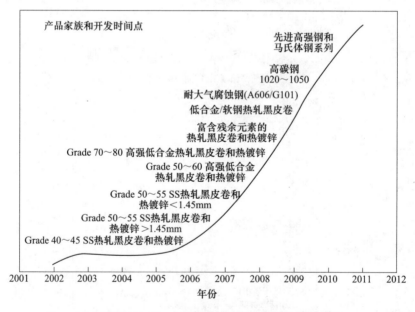

图 9-10　Castrip® 在钢种方面的开发过程

9.3.1.6　Castrip® 技术的商业化推广

2008 年，纽柯、IHI 和 BHP 三方合资成立专门负责薄带连铸连轧技术推广的公司 Castrip LLC，纽柯和必和必拓各占 47.5% 股份，石川岛播磨重工占 5% 股份，Castrip 为其技术注册商标，公司注册地美国。

2013 年，墨西哥 Talleresy Aceros S. A. de C. V. (Tyasa) 公司决定引进 Castrip 技术，在位于墨西哥韦拉克鲁斯中部的 Ixtaczoquitlan 建设第三条 Castrip 生产线，图 9-11 为墨西哥 Tyasa 的 Castrip 产线布置示意图，该产线已于 2018 年投产，目前已经进入稳定生产阶段。但是，由于当地缺电和实际市场需求，产线未达到满负荷生产。

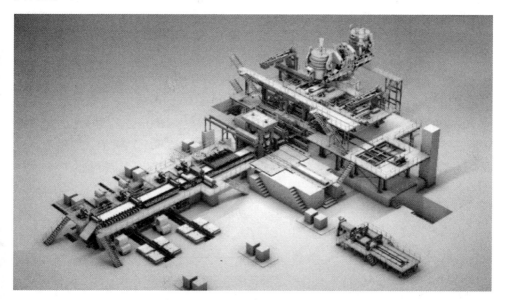

图 9-11　墨西哥 Tyasa 的 Castrip 产线布置示意图

2016 年，中国沙钢成立华美超薄带科技有限公司，与美国纽柯合作，支付 2 亿美元知识产权转让费，获得超薄带连铸连轧技术在中国的独家使用权及销售权，全面负责在中国的技术推广，同时签订合同引进多条 Castrip 生产线，目前已建成，2018 年 1 月投产。沙钢 Castrip 超薄热轧带钢生产线由欧美提供核心设备和电气自动化设备，中冶京诚提供技术转化及非核心设备，Castrip LLC 公司将在超薄带生产线建设的整个过程中进行全程跟踪及技术协助。借助纽柯公司 Castrip 生产线成功运行的经验，Castrip LLC 公司将向沙钢集团提供超薄带生产线各类机械及电气自动化设备的各项技术参数以及设备的采购、制造和安装指导，并帮助沙钢集团进行超薄带生产线的调试生产工作。在超薄带生产线建设前期和运行过程中，Castrip LLC 公司还为沙钢进行各层级的技术培训。

截至 2019 年 2 月底，超薄带线钢水消耗量已超过 20 万吨，其中轧带产品产量 18.7 万吨，经切边拉矫后的产品基本实现产销平衡。生产的产品涉及货架、汽车、农机、集装箱、锯片等多个领域。2019 年 3 月 31 日，沙钢向公众媒体召开中国首条超薄带工业化生产发布会。会上，沙钢集团董事局主席沈文荣和美国纽柯钢铁公司董事长约翰·费里奥拉在沙钢超薄带项目性能考核验收通过协议上签字。这标志着超薄带项目性能、产量达到预定目标；标志着中国首条、世界第三条国际上最先进的双辊式薄带铸轧技术实现工业化生产。

9.3.2 新日铁 Hikari 的 DSC 工艺

9.3.2.1 新日铁薄带连铸连轧工艺发展过程

1985 年，新日铁与三菱重工开始联合研究不锈钢的双辊式薄带连铸连轧技术。1986 年在新日铁八幡厂（Yawata）建设了一套小型实验铸轧机，钢包吨位1t，结晶辊宽 800mm。1989 年，在新日铁的光厂（Hikari）又建了一套双辊式薄带连铸连轧中试线（见图 9-12），钢包吨位增加到 10t，中间包容量 1.6t，铸轧速度 20~130m/min，铸辊宽度 800~1330mm，铸辊直径 1200mm。1993 年，成功地浇铸出了厚度为 1.6~5.0mm，宽度为 800~1330mm 的 304 不锈钢带，经测试产品的力学性能和抗腐蚀性能相当于传统工艺生产的带生产的钢带抗拉强度和延伸率与常规工艺生产的钢带相当，同时表现出较低的各向异性和优异的耐腐蚀性。新日铁和三菱重工对外宣布，经济可行性研究和工业化规模的铸机建设将开始实施，图 9-13 为中试线在浇铸过程中的照片。

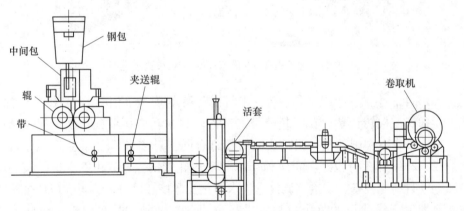

图 9-12 新日铁光厂（Hikari）的 10t 大包薄带连铸连轧中试线示意图

1996 年双方投资 1.04 亿美元在新日铁光厂（Hikari）建设一条生产奥氏体不锈钢的双辊式薄带连铸连轧工业化生产线。该工业化生产线经过 1 年的调试于 1998 年 9 月进入试生产。该生产线设计年产能 46 万吨，铸辊直径 1200mm，宽度为 1330mm，浇铸钢带厚度为 2~5mm，铸轧速度可达 90m/min。2002 年，Hikari 薄带连铸连轧生产线实现了连续铸轧 5 炉 300t 钢水的水平。

然而，在生产过程中，关键部件（如浇铸辊、侧封装置、陶瓷刮板）的寿命不长，需要经常更换。浇铸出的带钢板形不好，为了生产合格的带钢，切边量

图 9-13　新日铁在光厂（Hikari）的薄带连铸连轧中试线试验场景

较大，成品率较低。由于企业重组等方面的原因，2003 年 9 月该生产线除试验目的外逐渐停止。

9.3.2.2　新日铁 Hikari 厂的工艺流程

光厂的铸机是为生产奥氏体不锈钢设计的（图 9-14），在新日铁薄带连铸连轧工艺设计中，钢包回转台、钢包和钢水中间包都是传统的设计，主要区别在轧制和冷却。从冶炼车间运送来的钢水首先安置在钢包回转台上，然后中间包车把中间包移送至浇铸位置，安装钢包长水口和结晶辊熔池布流器、分配器，结晶辊、侧封机构、导板、夹送辊、轧机、飞剪、卷取机等准备到位，进入浇铸模式。钢包开浇，钢水从钢包长水口进入中间包，中间包钢水通过布流器、分配器

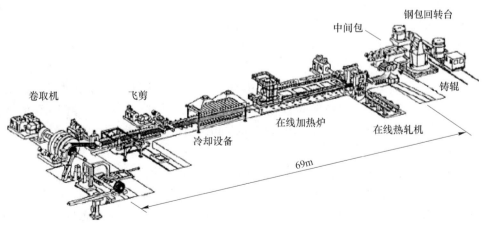

图 9-14　新日铁薄带连铸连轧工业化流程示意图[10]

进入结晶辊和侧封板形成的熔池。钢水在两个结晶辊上凝固成壳后在出熔池时啮合成带。开浇时，铸机采用引带装置。凝固好的铸带坯通过引带，经过导板被送至出口处的夹送辊，夹送辊夹住带钢后，移送至轧机进行轧制。带钢出轧机后经过一个加热炉进行固溶处理，然后进入冷却段进行冷却，最后进入卷取机卷取。

9.3.2.3 新日铁薄带铸轧工艺特征

新日铁薄带连铸连轧工艺所生产的主要钢种是不锈钢，考虑到后续的冷轧，采用大辊径方案，可以浇铸更厚的铸带，以满足其后道工序所需的轧制要求。结晶辊辊径达到1200mm，浇铸带厚2~5mm，配置了单机架的四辊热轧机，在四辊轧机后配置了热处理炉和带钢冷却装置，设计年产能为42万吨。

9.3.2.4 新日铁薄带连铸连轧工艺的商业化推广

据新日铁对外报道，光厂的薄带连铸连轧产线达到了一个浇次300t、5炉连浇的设计目标，1998年月产达到2万吨，2002年月产达到了3.5万吨。然而，2003年9月，新日铁终止光厂的生产，理由说法不一。一说是该生产线自1998年开始投产以来，从未达到设计生产能力的50%；二说是由于关键部件（结晶辊、侧封板等）的寿命短，经常更换，再加上铸带厚度不均、边裂严重、表面缺陷多、成材率低导致成本高企；三说是由于新日铁的不锈钢部分兼并重组，薄带连铸连轧技术不被看好而遭到舍弃。合作者三菱重工也试图推广该技术，比如在上钢三厂、宁波北仑就曾经考虑过，但只是做了一个可研方案，后续也没有进行下去。

9.3.3 poStrip® 工艺技术[10~13]

9.3.3.1 poStrip® 工艺发展过程

浦项1988年开始与英国戴维（Davy）公司合作开发不锈钢的双辊式薄带连铸连轧技术，过程分为五个阶段：

第一阶段（1988~1990年），基础研究阶段。开发出一个双辊试验连铸机（试验铸机），结晶辊宽度350mm，单炉可浇铸50kg的钢水，主要用来开展基础研究工作。

第二阶段（1991~1994年），1号机组中试阶段。建设了1号中试机组，结晶辊宽度为350mm，直径750mm，钢包吨位5t。可浇铸厚2~6mm，重1~5t的钢卷，结晶辊材质初期为钢质，铸速为30m/min，当改用铜质结晶辊后，铸速可达50m/min。

第三阶段（1995~2003年），2号机组中试阶段。他们设计并制造出一个类似于1号中试机组的2号中试机组，结晶辊直径为750mm，宽度上进行了拓宽，达到了1300mm。可生产宽1300mm、厚2~6mm的带钢，钢包吨位13t。经过一系列的实验室试验，建立了薄带连铸连轧工艺的关键技术参数。

　　第四阶段（2004～2006年），工业化机组建设阶段。浦项在2004年6月启动了poStrip工业化项目，投资8400万美元建设一条60万吨/年规模的双辊式薄带连铸连轧不锈钢工业化示范生产线（见图9-15），2006年7月建成投入试生产。结晶辊辊径1200mm，宽度1300mm，浇铸速度30～130m/min（最大160m/min），浇铸带厚1.6～4mm，钢包吨位100t，生产试制钢种主要为3系、4系不锈钢。

图9-15　浦项薄带连铸连轧示范工厂开工仪式

　　第五阶段（2007年至今），热试和试生产阶段。poStrip在该工业化机组上经历了较长的热试和试生产过程，在热试初期，由于在浇铸辊和侧封板之间经常发生漏钢，浇铸试验曾一度中断。2008年对浇铸方法优化改进后，大量浇次连续生产稳定运行，边部质量得到改善。经过6个月的热试，实现了300t钢水的连续浇铸。之后又经过一年的热试，实现了一个浇次连续浇铸500t钢水。在调试在线轧制工序期间，稳定轧制也耗费了大量精力，薄带连铸后续轧制工艺条件与传统的热轧工艺差别很大，调试了7个月，实现了30%的轧机压下率。

9.3.3.2　poStrip® 工艺流程

　　浦项厂poStrip®工艺是为生产不锈钢设计的（图9-16），在poStrip®工艺设计中，钢包回转台、钢包和中间包都是传统的设计。从冶炼车间运送来的钢水首先安置在钢包回转台上，然后中间包车把中间包移送至浇铸位置，安装钢包长水口、布流器、分配器和侧封板，下游设备（导板、夹送辊、轧机、飞剪、卷取机等）准备到位，进入浇铸模式。钢包开浇，钢水从钢包长水口进入中间包，中间包钢水通过布流器、分配器进入结晶辊和侧封板形成的熔池。钢水在两个结晶辊上凝固成壳后在出熔池时啮合成带。开浇时，铸机采用引带装置，凝固好的铸带坯通过引带，经过导板被送至出口处的夹送辊。夹送辊夹住带钢后，移送至轧机进行轧制，带钢出轧机后进入冷却段进行冷却，最后进入卷取机卷取。

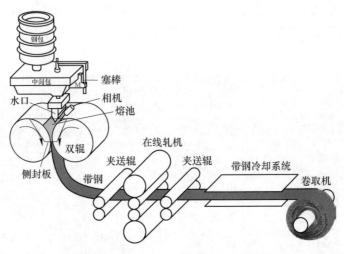

图 9-16   poStrip® 工艺流程示意图[10]

9.3.3.3   poStrip® 工艺特征

poStrip® 工艺工业化示范生产线全长 60m，采用 100t 钢包、25t 中间包和一对宽度 1300mm、直径 1200mm 的结晶辊。最大浇铸速度 160m/min，配置了单机架的四辊热轧机，在四辊轧机后配置了带钢冷却装置，设计卷重 28t，产品厚度 1.6~4.0mm，设计年产能 60 万吨，具体参数见表 9-5。

表 9-5   poStrip® 设备的基本参数

项 目	poStrip®
钢包容量/t	100
结晶辊宽度/mm	1300
结晶辊直径/mm	1200
产品厚度/mm	1.6~4
浇铸速度/m·min⁻¹	30~130（最大 160）
在线热轧机	单机架 4 辊 PC 轧机，配备液压弯辊 后改造增加一台轧机
轧机最大压下率/%	35
最大卷重/t	28
投产时间	2006 年 7 月
设计年产能/万吨	60

poStrip® 工艺所生产的钢种是不锈钢，考虑到后续的冷轧，采用大辊径，钢水布流系统采用 2 级模式。

9.3.3.4 poStrip® 工艺的产品性能及组织结构

poStrip 工业化生产线热试初期，由于在浇铸辊和侧封板之间经常发生漏钢，侧边质量很差，甚至导致浇铸中断。2008 年对浇铸方法优化改进后，边部质量得到明显改善（图 9-17），其中表面质量和板形也得到优化提升（图 9-18 和图 9-19）。poStrip® 薄带连铸连轧工艺所生产的不锈钢的组织结构、性能与传统流程生产的组织结构、性能基本相同。

图 9-17 poStrip® 生产线生产的板卷边部形貌

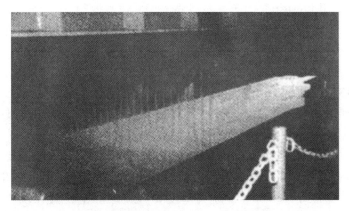

图 9-18 poStrip® 在线热轧后的带钢形貌

9.3.3.5 poStrip® 工艺可制造产品及其拓展

浦项 poStrip 生产线主要生产 1.6~4mm 厚的奥氏体不锈钢热轧板。期间，浦项还开展了 TWIP、PosSD STS、硅钢等钢种试验，特别是开发了低镍的、腐蚀性能良好的不锈钢 PosSD STS，在电动汽车充电桩上得到应用。

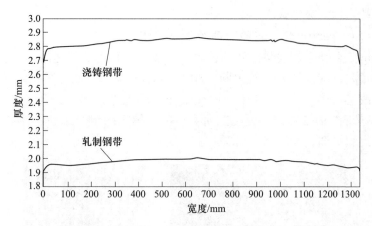

图 9-19   poStrip® 生产线生产的带钢轧制前后的板形曲线（在线轧制压下率 30%）

9.3.3.6   poStrip® 工艺的商业化推广

据推测，poStrip® 技术至今没有商业化的原因主要在于生产的不锈钢表面质量问题和生产成本问题，该机组一直未能真正投入商业化生产，导致商业化过程漫长。

9.3.4   Eurostrip® 工艺技术[10,14,15]

9.3.4.1   Eurostrip® 工艺发展过程

20 世纪 80 年代，欧洲对双辊式薄带连铸技术的研究有两个大的研发集团，一个是法国于齐诺尔·萨西洛尔（Usinor-Sacilor）和德国蒂森公司（Thyssen）合作在法国于齐诺尔伊斯贝尔格（Isbergues）厂进行的 "Myosotis 计划"；另一个是意大利 AST（Acciai Speciali Terni）钢铁公司和意大利 CSM（Centro Sviluppo Materiali）研究中心合作在意大利 AST Terni 厂进行的 "VASTRIP 计划"。

Myosotis 计划是从 1989 年开始的，在于齐诺尔伊斯贝尔格（Isbergues）不锈钢厂建设了一台小型双辊式薄带连铸机，钢包吨位 10t，1991 年开始热试，浇铸出宽度 860mm，厚 2~4mm 的不锈钢带。1995 年，钢包容量增大到 92t，铸带宽度从 860mm 增加到了 1300mm，浇铸厚度 2~5mm。没有配置在线轧机，主要试验钢种为奥氏体不锈钢和铁素体不锈钢，也进行过碳钢、硅钢和镍合金钢的浇铸试验。1999 年，欧洲不锈钢行业重组，该项目被纳入到 Eurostrip 项目。

VASTRIP 计划是从 1985 年开始的，意大利的 AST 公司和 CSM 研究中心决定合作研究立式双辊式薄带连铸连轧技术。1988 年，在罗马建造了一个实验室规模的热态模型机。1989 年，意大利 Innse 工程公司加入，在 AST 公司的 Terni 钢厂内建成了一条双辊式薄带连铸中试线，并取得了 AISI304 不锈钢带坯连铸试验的成功。1995 年，奥钢联（VAI）加入此项目，并对 Terni 厂的中试铸机进行了升级，钢包容量扩至 60t。1996~1998 年三年的研发验证了可行性。1999 年，欧洲不锈钢行业重组，该项目被并入 Eurostrip 项目。

1999 年，欧洲相关几家公司达成协议，将 Myosotis 项目和 VASTRIP 项目合并为一个新项目，并组成一个联合研究开发团队，共同开发薄带连铸连轧技术，项目被命名为 Eurostrip。除了德国 Krefeld 厂和意大利 Terni 厂的操作队伍外，还有连铸、轧制、控制、自动化、冶金、物理、流体动力学和后处理等多个领域的国际专家参与到 Eurostrip 计划中，各方之间构成联系密切的研究网络，如图 9-20所示。在各方成员的紧密合作下，Eurostrip 建设了两条薄带连铸连轧工业化生产线，分别位于德国蒂森克虏伯（KTN）的 Krefeld 厂和意大利 AST 公司的Terni 厂。

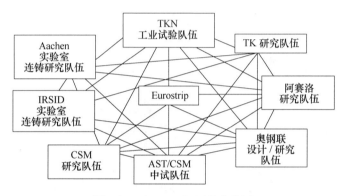

图 9-20　Eurostrip® 网络合作图

9.3.4.2　Eurostrip® 工艺流程

德国蒂森克虏伯 Krefeld 厂的 Eurostrip 生产线是为生产不锈钢而设计的（图9-21）。在 Eurostrip 薄带连铸连轧工艺中，钢包回转台、钢包和中间包都是传统的设计。从冶炼车间运送来的钢水首先安置在钢包回转台上，然后中间包车把中间包移送至浇铸位置，安装钢包长水口、布流器、分配器和侧封板，下游设备（导板、夹送辊、轧机、飞剪、卷取机等）准备到位，进入浇铸模式。钢包开浇，钢水从钢包长水口进入中间包，中间包钢水通过布流器、分配器进入结晶辊和侧封板形成的熔池。钢水在两个结晶辊上凝固成壳后在出熔池时啮合成带。开浇时，铸机采用引带装置，凝固好的铸带坯通过引带，经过导板被送至出口处的夹送辊。夹送辊夹住带钢后，移送至轧机进行轧制，轧机前采用感应加热进行控温。带钢出轧机后进入冷却段进行冷却，最后进入卷取机卷取。

而位于意大利 AST 公司 Terni 厂的 Eurostrip 生产线尽管也是生产奥氏体不锈钢，但也兼顾了碳钢的研制，特别是考虑了硅钢的研发（见图 9-22），生产线更

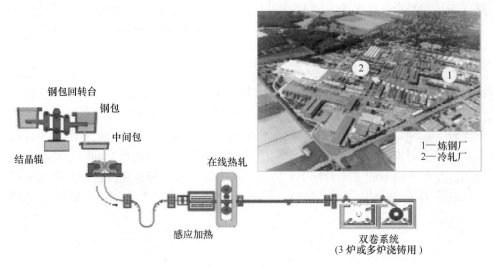

图 9-21 Eurostrip® 在 KTN Krefeld 厂的工艺流程图

短，且没有安置感应加热装置。

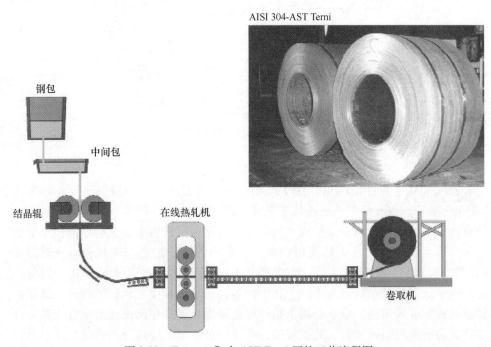

图 9-22 Eurostrip® 在 AST Terni 厂的工艺流程图

9.3.4.3 Eurostrip® 工艺特征

德国蒂森克虏伯 Krefeld 厂的 Eurostrip 工业化示范生产线全长约 60m，采用

90t 钢包、12t 中间包和一对宽度 1430mm、直径 1500mm 的结晶辊，最大浇铸速度 150m/min，浇铸带厚 1.5~4.5mm。2001 年增加了四辊热轧机和感应加热线圈，在线热轧机最大轧制力为 4000t，感应加热线圈用来提高带钢的轧制温度（最大可提高 400℃）。2003 年又安装了飞剪设备和两台卷取机，进行了自动化改造升级，设计卷重 28t，设计年产能 40 万吨，具体参数如表 9-6 所示。图 9-23 为 Eurostrip® 的 KTN Krefeld 厂正在运行中的照片，可以看到在轧机支架的入口侧设置了感应线圈。

　　Eurostrip 采用的结晶辊直径 1500mm，这是所有工业化薄带连铸连轧生产线中结晶辊直径最大的。

表 9-6　Krefeld 薄带连铸连轧生产线主要技术参数

钢包容量/t	90
中间包容量/t	18
结晶辊直径/mm	1500
最大结晶辊宽度/mm	1430（设计 1450）
浇铸速度/m·min^{-1}	最大 150（平均 40~90）
铸带厚度/mm	1.8~4.5（期望最小 1.5）
成品厚度/mm	1.4~3.5（期望最小 1.0）
感应加热功率/MW	2~10
在线轧机	四辊轧机，功率 5.5MW，最大轧制力 4000t
卷取设备	滚筒式地下双卷取机
最大卷重/t	28
设计年产能/万吨	40
生产钢种	主要 AISI 304

图 9-23　Eurostrip® 在 KTN Krefeld 厂在线轧制和感应加热投入运行情况

意大利 AST 的 Terni 厂的 Eurostrip 薄带连铸连轧生产线如图9-22 所示，钢包容量 60t，中间包为 18t，辊径 1500mm，铸机宽度 1130mm。2000 年，安装了四辊在线热轧机，并实现铸带产品的在线稳定轧制，如图 9-24 所示。2002 年，实现 60t 钢水整炉浇铸，成功实现了 40%轧制压下。其主要技术参数如表 9-7 所示。

图 9-24   Eurostrip® 在 AST Terni 工厂在线热轧投入运行情况

表 9-7   Terni 厂薄带连铸连轧生产线主要技术参数

钢包容量/t	60
中间包容量/t	18
结晶辊宽度/mm	1130
结晶辊直径/mm	1500
产品厚度/mm	2~5
浇铸速度/m·min^{-1}	30~100
在线轧机	最大压下率 40%
最大卷重/t	28
设计年产能/万吨	35~40

9.3.4.4   Eurostrip® 工艺的产品性能和组织结构

表 9-8 为 KTN Krefeld 厂生产的 AISI 304 不锈钢与传统流程生产的带钢性能对比，虽然未经轧制的铸带延伸率偏低，表面粗糙度较高（$R_a = 5\mu m$），但是在线轧制后的力学性能达到传统生产的不锈钢热轧产品，特别是延伸率，被证明是良好的。表面粗糙度 R_a 降到 2μm 左右（常规热轧材料 1.8μm）。经冷轧退火后，力学性能也完全达到传统冷轧不锈钢产品要求，有些性能甚至优于传统流程生产的带钢，如表 9-9 所示。由于带钢中夹杂物尺寸小且分布均匀，不锈钢的耐蚀性能大大提高，与传统工艺流程生产的材料相比，点蚀电位从传统带钢的 400~550mV/H 提高到 600mV/H。同时冷轧后带钢表面粗糙度与常规材料相当，R_a 值约 1.2μm（常规冷轧材料：0.9~1.5μm）。表面质量也是良好的，板形符合 DIN

表 9-8　KTN Krefeld 厂生产的 AISI 304 与传统流程生产的带钢性能对比

AISI 304 不锈钢	屈服强度/MPa	抗拉强度/MPa	延伸率 A_{80}/%
Eurostrip 铸带/3mm	230	530	48~50
Eurostrip 在线轧制/22%压下率	280	610	54
传统流程经退火处理的热轧带钢	255~330	590~690	47~54

标准要求，且完全满足进一步加工的要求。采用 KTN Krefeld 厂生产的 AISI 304 薄带冷轧后加工成水槽制品，其表面质量令人满意（图 9-25 和图 9-26）。在 AST 特尔尼厂所生产的低碳钢产品也有同样的效果，图 9-27 为 AST Terni 厂生产的碳钢薄带（2.5mm）经不同轧机压下率后的带钢板形情况，最大轧机压下率41%，带钢被轧制到 1.5mm 厚，带钢的凸度保持稳定，在 30~60μm 之间。表 9-10 为

表 9-9　KTN Krefeld 厂生产的 AISI 304 薄带经冷轧退火后与传统冷轧带的性能对比

状　态	屈服强度/MPa	抗拉强度/MPa	延伸率 A_{80}/%	点蚀电位/mV·H^{-1}	粗糙度 R_a
Eurostrip 薄带冷轧到 0.8mm+退火平整处理	330	670	53	600	1.2
传统冷轧带	240~350	590~690	50~60	400~550	0.9~1.5

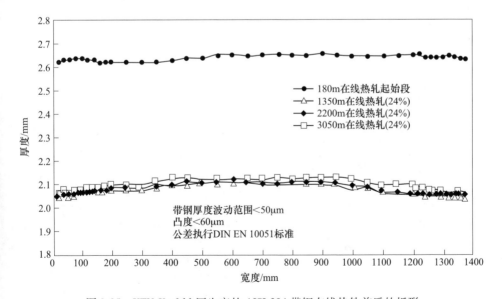

图 9-25　KTN Krefeld 厂生产的 AISI 304 带钢在线热轧前后的板形

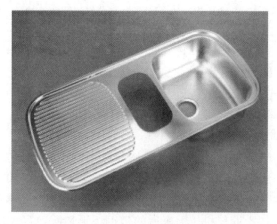

图 9-26   采用 KTN Krefeld 厂生产的 304 不锈钢制成的水槽

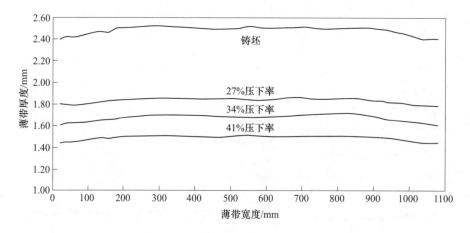

图 9-27   AST Terni 厂生产的碳钢薄带经不同轧机压下率后的带钢板形情况

表 9-10   AST Terni 厂生产的薄带连铸连轧低碳钢与传统流程生产低碳钢的性能

低碳钢	屈服强度/MPa	抗拉强度/MPa	延伸率 A_{80}/%
热轧卷（电炉流程）	300	420	35
热轧卷（转炉流程）	255	380	36
Eurostrip 铸带（电炉）	270	401	27.3
Eurostrip 在线轧制（30%压下）	300	395	30.2
Eurostrip 在线轧制（36%压下）	316	398	28.7

AST Terni 厂生产的薄带连铸连轧低碳钢与传统流程生产低碳钢的性能对比结果。这些结果表明，Eurostrip® 在 AST Terni 工厂生产的薄带连铸连轧低碳钢在尺寸、公差和性能方面都满足 DIN EN 10025 标准对 C-Mn（+Si）结构钢钢种 Fe 360/510 St 37/52 的规定（$R_m = 360 \sim 510\text{MPa}$，$A_{80} = 19\% \sim 21\%$）。

9.3.4.5 Eurostrip® 工艺可制造产品及其拓展

KTN Krefeld 厂主要研制奥氏体不锈钢产品，后期也进行了大量高锰钢的研制，如 TWIP 钢，并取得了较好的预期。

在 KTN Krefeld 厂投产之前，AST Terni 厂主要试验钢种为 AISI 304 不锈钢。KTN Krefeld 厂投产之后，AST Terni 厂则主攻碳钢，包括电工钢和低碳钢，并取得了较好的效果，但相关报道较少。

9.3.4.6 Eurostrip® 工艺的商业化推广

2003 年，Eurostrip® 宣称所取得的成果已经可以支持薄带连铸连轧技术进入商业化阶段，所有参与 Eurostrip® 计划的合作方都已准备好同有兴趣的用户就技术转让进行商谈。图 9-28 为 Eurostrip® 团队为该技术商业化设计的设备布置图，包含基础设施在内，占地面积为 16500m^2（110m×150m），产线总长度 $60 \sim 80\text{m}$。

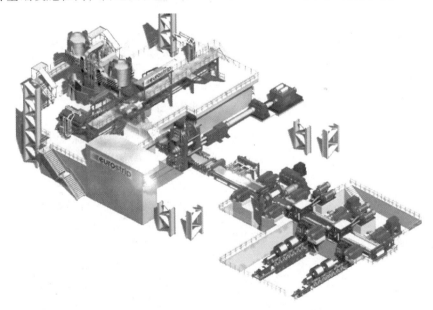

图 9-28　Eurostrip® 设备布置图

据称蒂森克虏伯曾宣布将与宝钢合作，计划在上海浦东建设一条生产不锈钢产品的薄带连铸连轧商业化生产线，这项计划后来因世博会而取消。

自 2003 年以后，Eurostrip 联盟在开发薄带连铸连轧流程中变得极为谨慎，此后一直不愿意公布有关该项目进展的任何信息，与 Eurostrip 工艺有关的信息非常少。直到 2010 年 Krefeld 厂的这套设备出售给了芬兰的 Outokumpu 后，一直处于停产状态，正在寻找愿意接手的下家。

9.3.5 Baostrip® 工艺技术

9.3.5.1 Baostrip® 工艺发展过程[16~18]

2001 年，上海钢铁研究所进入宝钢集团，2002 年宝钢集团公司技术创新委员会决策开展薄带连铸连轧产业化关键技术研究。2003 年投资 1 亿元建成一条带宽 1200mm 双辊式薄带连铸连轧中试线并投入使用（工艺参数见表 9-11）。该中试机组利用宝钢特钢原有的 16t 电炉，重建了一个占地 72m×36m 的新厂房。钢包容量为 18t，辊径为 ϕ800mm，辊面宽度 1200mm，铸速 60~110m/min，带厚 1~5mm；冷却控制方式为层流冷却；带有 HAGC 控制系统的四辊热轧机一台，辊面宽 1200mm；卧式地下卷取机卷重 18t。生产钢种主要有碳钢、微合金钢、不锈钢、硅钢等。

表 9-11 宝钢薄带连铸连轧中试线的主要技术参数

项目	设备名称	技术参数
冶炼	电弧炉	16t，1 座
	VOD+LF	16t，各 1 座
连铸机	铸机型式	双辊式等径薄带连铸机
	铸机台数	1
	铸机流数	1
	结晶辊直径×宽度	ϕ800mm×1200mm
	浇铸速度	60~110m/min
	铸带厚度	2~5mm
	生产钢种	不锈钢、碳钢、硅钢
热轧机（后增）	型式	四辊热轧机
	轧机台数	1
	控制方式	带有 HAGC 控制系统
	工作辊尺寸	ϕ580/ϕ530×1550mm
	支撑辊尺寸	ϕ1300/ϕ1200×1350mm
	轧制力（最大）	3000t
	弯辊力（最大）	1000kN（单侧）
输送辊	辊面宽度	1350mm
飞剪	飞剪型式	连杆式
	最大剪切厚度	5mm

续表 9-11

项目	设备名称	技术参数
冷却控制	冷却方式	喷淋冷却
卷取机	卷取机	卧式地下卷取机，1 台
	最大卷重	25t

2004 年，在中试线上完成不锈钢成卷试验，2005 年完成碳钢成卷试验，2006 年完成硅钢成卷试验，2008 年完成在线四辊热轧机的增设并成功投入试验。2009 年宝钢开发的薄带连铸连轧流程技术注册为 Baostrip®，2010 年成功实现中试线上生产的产品进行了批量市场验证。经过 10 年的研发，宝钢薄带连铸连轧关键技术取得突破，实现了 304 不锈钢、0.9%～3.2%硅钢、0.05%～0.45%碳钢的整炉浇铸和卷取，低碳钢产品在市场上得到了批量应用验证。这是我国第一条薄带连铸连轧流程试验生产线，技术被注册为 Baostrip®。

10 年的中试结果表明：关键设备工况稳定，浇铸工艺可靠，边部及表面均质量良好，在钢的成分控制、过热度控制、轧制力控制、冷却控制以及速度控制等方面取得了宝贵的经验。宝钢针对薄带连铸连轧关键技术，选取了 15 个研究内容作为子项目进行攻关，自主开发了薄带连铸连轧用中间包、布流器、结晶辊（材料和结构）、旋转水冷密封装置、侧封装置、辊面清理装置；自主开发了铸轧力与铸速调节器、自动开浇模型、铸轧力计算模型、液面检测控制模型等；基本建立了薄带连铸连轧凝固过程的瞬间热传导模型、温度场模型、亚快速凝固组织形成规律、铸轧组织对性能影响的冶金学规律，特别是在关键技术、关键设备方面取得了明显突破，申请了 140 多项专利；解决了薄带连铸连轧生产过程中的许多实践问题，实现了工艺、设备和控制技术的大集成，达到了国际先进水平。

2013 年，宝钢在浙江宁波钢铁建成了我国首条薄带连铸连轧工业化示范生产线（项目简称为 NBS 项目），拥有完全的自主知识产权，设计年产能为 50 万吨，2014 年 7 月 13 日生产了第一卷钢。该生产线以生产低碳及低碳微合金钢为主，铸辊直径 800mm，铸辊宽度 1430mm，最大铸轧速度达到 130m/min。NBS 项目于 2014 年建成，累计生产厚度为 0.9～2.0mm 的薄规格低碳热轧钢卷共计 14000 余吨，实现了 360t 钢水的两炉稳定连续浇铸，达到了工业化设计目标。

9.3.5.2　Baostrip® 工艺流程

在 Baostrip® 工业化流程设计中（图 9-29），主要工艺流程与 Castrip® 技术类似，钢包回转台、钢包、中间包、在线热轧机等都是传统的设计，开浇时铸机

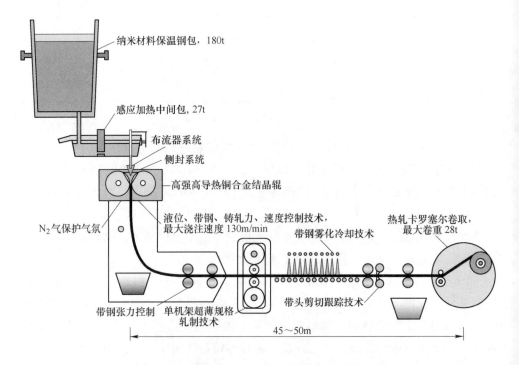

图 9-29　Baostrip® 薄带连铸连轧示范线工艺流程示意图

都不需要采用引带装置。不同的是，由于钢包钢水容量 180t，中间包选用带感应
加热功能的中间包；由于辊径 800mm，比 Castrip® 的 500mm 辊径大，只需要两
级布流，不需要 Castrip® 中间包下方的过渡包缓冲装置；卷取机也跟 Castrip® 的
两台地下卷取机不同，采用 Carousel 卷取机。

9.3.5.3　Baostrip® 工艺特征[17]

宁波钢铁有限公司薄带连铸连轧工业化示范线全长 50m。NBS 主要技术参数
如表 9-12 所示，NBS 工艺流程简图如图 9-29 所示。图 9-30 为 NBS 生产车间
照片。

NBS 项目的结晶辊辊径为 ϕ800mm，辊面宽度 1340mm，采用了单机架的 PC
四辊热轧机和 Carousel 卷取机。其技术的主要特点：采用无引带浇铸工艺，采用
了二级钢水分配、布流系统，采用卡罗塞尔卷取技术，工艺线长度更短，更简
单，卷取温度的控制更稳定，板形的控制精度更高。

NBS 项目是世界上第一个采用 180t 钢包的生产线，也是第一个采用中间包
感应加热的薄带连铸连轧生产线，也是第一个把薄带连铸连轧生产线与转炉进行
匹配的生产线。

图 9-30 NBS 生产车间照片

表 9-12 宝钢薄带连铸连轧示范工厂的主要技术参数

项目	设备名称	技术参数
冶炼	转炉	180t
	LF	180t
连铸机	铸机型式	双辊式等径薄带连铸机
	铸机台数	1
	铸机流数	1
	结晶辊直径×宽度	φ800mm×1340mm
	浇铸速度	30~130m/min
	铸带厚度	1~5mm
	生产钢种	低碳钢、耐候钢、中锰钢、硅钢
热轧机	型式	四辊热轧机
	轧机台数	1
	轧机类型	四辊动态 PC 轧机
	工作辊尺寸	φ530/φ450×1580mm
	支撑辊尺寸	φ1350/φ1220×1560mm
	轧制力（最大）	3000t
	弯辊力（最大）	1000kN（单侧）
输送辊道	辊面宽度	1580mm

项目	设备名称	技术参数
飞剪	飞剪型式	转鼓式
	最大剪切厚度	5mm
冷却控制	冷却方式	喷雾冷却
卷取机	卷取机	卡罗塞尔卷取机，1 台
	最大卷重	28t

9.3.5.4　Baostrip® 工艺的产品性能和组织结构[18~21]

NBS 项目主要生产钢种为低碳钢，性能达到 ASTM1039 标准要求。其低碳钢的组织结构为含有多边形和针状铁素体混合组织，与传统热轧薄板相比，这种显微组织表现出更多样的物理性能，通过改变轧机的压下率和轧后带钢的冷却速率，可以方便地得到具备不同微观组织和不同力学性能的带钢产品。图 9-31 为 NBS 生产出来的钢卷产品照片。

(a) 未切边卷

(b) 连续生产卷

(c) 切边卷

(d) 成品库

图 9-31　NBS 生产出的低碳钢产品卷

9.3.5.5　Baostrip® 工艺可制造产品及其拓展

NBS 项目除了进行低碳钢生产，还进行了低碳微合金钢、集装箱用钢、中锰钢、高硅钢等研制，具体如图 9-32 所示。

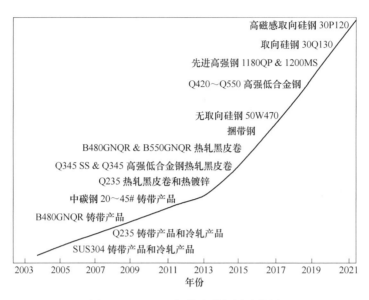

图 9-32　Baostrip® 的产品拓展路线图

9.3.5.6　Baostrip® 工艺的商业化推广

在 NBS 项目成功实现工业化生产之后，Baostrip® 技术进一步寻求商业化推广。基于服务于国家"一带一路"战略、服务于国家"美丽乡村"建设的产品定位，基于推动简约、高效的钢铁近终形制造流程融入国家技术创新战略，提出微型钢铁产业园™（Micro-SteelPark™）概念，在"一带一路"沿线国家和地区布局若干个年产量 50 万~100 万吨左右的、采用 Micro-SteelPark™ 技术的钢铁近终形制造产业园。其主要工艺流程为：电炉+精炼+薄带连铸连轧+后处理产线+深加工线。最终产品的形式多样，可以是平整黑皮卷、热轧酸平卷、热镀锌卷、彩涂板及深加工产品，以满足当地方圆 300km 区域内的市场需求。

目前已经为河北某钢厂形成了一套《钢铁近终形制造示范产业园设计方案》。目前计划在宝武集团内建设一条薄带连铸连轧商业化生产示范线，投资如表 9-13 所示，连铸主要装备及技术指标如表 9-14 所示，轧钢主要装备及技术指标如表 9-15 所示。

表 9-13　产线的建设投资估算

占地面积 /m²	产线长度	炼钢区域 /万元	连铸区域 /万元	轧钢区域 /万元	能源公辅施工等 /万元
5000	结晶辊中心到卸卷位中心 43m	利用现有设施	15000	20000	10000

表 9-14　连铸主要工艺装备

设备内容		主要参数
浇铸平台	钢包容量/t	110~130
	中间包容量/t	20
	中间包控流	塞棒
结晶辊	结晶辊	等径，ϕ800mm
	侧封板	BN 质
	布流器	铝碳质
	水口	铝碳质
	结晶辊液位检测	CCD

表 9-15　轧钢主要工艺装备

设备内容		主要参数
单机架四辊轧机	轧机的布置形式	PC 交叉功能四辊轧机
	最大允许轧制力/kN	29400
	弯辊	正负弯辊 100t
	主电机功率/kW	3500
	最大压下率/%	50
带钢冷却	冷却类型及布置形式	喷雾冷却
	分组形式	3组；每组上下各8个集管
	冷却区长度/m	7.35
	系统压力/MPa	0.5（水），0.3（气）
飞剪	设备类型及供应商	转鼓式飞剪
	剪切能力（强度级别、规格范围）	400t（剪切厚度 0.8~3.6mm）
	最低剪切温度/℃	20
卷取机	类型、数量及供应商	卡罗塞尔（双卷筒）卷取机×1
	卷取电机功率/kW	340
	助卷形式	助卷辊（二次涨缩）

9.3.6　E^2-Strip 工艺技术[22~24]

9.3.6.1　E^2-Strip 工艺发展过程

东北大学经过多年的技术开发，形成了一整套生产电工钢的 E^2-Strip 工艺技术。目前，东北大学正在通过理论和实验研究来进一步认识力场作用下动态凝固成形过程中的深层规律和多场耦合作用机理，研究双辊式薄带连铸电工钢过程中的工艺参数检测和控制技术；研究侧封技术对薄带质量的影响；研究薄带连铸电工钢工艺过程中的冶金学基础理论和质量控制；研究铸带在后续加工过程中的组织结构演变及其对性能的影响，以推动这项新技术早日实现工业化。

9.3.6.2 E^2-Strip 工艺流程

2012 年，东北大学采用薄带连铸工艺，开发出了不同硅含量的无取向硅钢、取向硅钢和高硅钢，其生产流程图如图 9-33 所示。这项创新技术被命名为 E^2-Strip（ECO-Electric Steel Strip Casting），即绿色化薄带连铸电工钢制造技术。

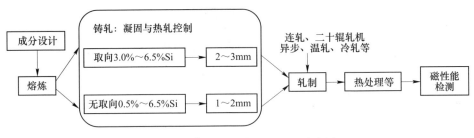

图 9-33　E^2-Strip 生产工艺流程示意图

9.3.6.3 E^2-Strip 工艺的产品性能和组织结构

利用薄带连铸技术，东北大学目前已经在实验室成功制备出高磁感、高牌号的无取向硅钢，磁感指标 B_{50} 优于国内外现有产品 $0.03 \sim 0.04T$；同时提供了一条无需常化处理、无需两步冷轧和中间退火的短流程制造高效无取向硅钢的工艺，为无取向硅钢薄带铸轧产业化生产提供了技术原型。

同时，E^2-Strip 工艺开发出了一条无需高温加热、无需渗氮处理的短流程制造取向硅钢的工艺流程，为产业化生产提供了技术原型。成功制备出 0.27mm 厚的普通取向硅钢，磁感指标 B_8 达到 1.85T，与国内外现有 CGO 产品相当；成功制备出 0.23mm 厚的高磁感取向硅钢，B_8 达到 1.94T，优于国内外现有 Hi-B 产品。

E^2-Strip 工艺还开发出了一套基于超低碳成分设计的全流程高磁感取向硅钢工艺技术，制备出 $0.08 \sim 0.27mm$ 厚的高磁感取向硅钢，B_8 达到 1.94T，优于国内外现有 Hi-B 产品。新流程制备方法与常规取向硅钢制备方法相同，但生产成本大幅度降低，磁感可以比传统流程制备的提高 0.04T 左右，而铁损则可以降低。

E^2-Strip 工艺还开发出了一套基于超低碳成分设计的全流程高硅钢工艺技术，制备出 $0.18 \sim 0.23mm$ 厚的 4.5% Si、6.5% Si 高硅钢，B_8 分别达到 1.78T、1.74T。

9.3.6.4 E^2-Strip 工艺的商业化推广

2016 年，东北大学与河北敬业签订合同，建设一条 E^2-Strip 工业化生产线，如图 9-34 所示，带宽达到 1250mm，年产量达到 40 万吨。采用结晶辊辊径为 500mm，

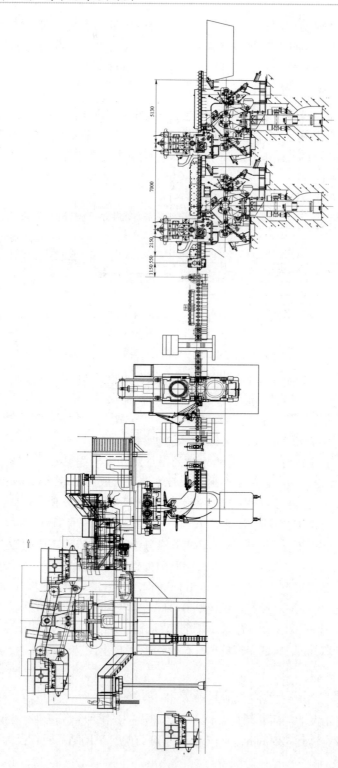

图 9-34　河北敬业年产 50 万吨电工钢的工业化薄带连铸连轧生产线

辊宽为 1250mm，钢包吨位 90t，浇铸速度可达 60~130m/min。与常规同类产品相比，其目标是磁感提高 10%~20%、成材率提高 15%。

9.3.7 武钢中试示范线的工艺技术[25~27]

9.3.7.1 武钢中试示范线工艺发展过程

武钢自 2004 年开始进行薄带铸轧方面的研究，2007~2009 年，作为武钢的重点科研计划项目，完成了"薄带铸轧电工钢的前期研究"。2010 年，"薄带铸轧高硅电工钢的试验研究"列入武钢重大科技专项，确定了高硅钢的工艺路线，为中试线的建设提供了理论和试验基础。

2012 年 2 月，根据《国家高技术研究发展计划（"863"计划）管理办法》（国科发计〔2011〕363 号）的规定，国家科技部和武钢签订了"节能型电机用高硅电工钢开发"课题任务书，课题编号：2012AA03A506。主要研究内容是通过双辊式薄带连铸技术生产 6.5Si% 高硅钢。并与东北大学合作，建成了薄带连铸高硅（6.5%Si）电工钢中试线。该线集冶炼、精炼、铸轧、热轧、温轧、冷轧为一体，可将高硅钢水直接变成 0.10~0.30mm 的冷轧高硅钢极薄带。示范线的主要工艺技术参数如表 9-16 所示。

表 9-16 主要工艺设备和参数

项 目	主要参数	备 注
钢包容量	2t	真空熔炼炉
中间包容量	0.5t	
铸机类型	550mm 双辊式	
铸辊辊径×辊宽	ϕ500mm×550/300mm	可更换
钢种	高硅钢	
产品厚度范围	0.10~0.35mm	
产品宽度	500/300mm	
浇铸速度	80m/min（典型）120m/min（最大）	
二辊平整机	ϕ350mm×700mm	最大轧制 5000kN
快速提温装置	450kW×2	升温速度 200℃/s(0.8mm 以下)
轧机	单机架 650 四辊热、温、冷可逆轧机，带液压弯辊	热轧压下率达到 40%
前后热卷炉	230kW×2，卷径：500~1100mm	最高温度：950℃
成品钢卷尺寸	2t，最大卷径 1100mm	卷状
成品钢板尺寸	2m	板状态

9.3.7.2 武钢中试示范线工艺流程

武钢中试示范线工艺流程如图 9-35 所示。

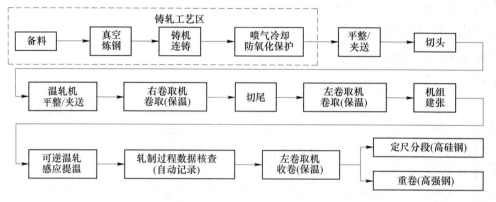

图 9-35　生产工艺流程示意图

该示范线采用了多项关键技术，如高硅钢的薄带连铸技术、高温钢带的防氧化技术、高硅钢的热平整技术、轧辊加热技术、带钢直燃式快速加热技术、冷温热协调轧制技术、异步轧制技术以及炉卷轧制极薄带技术等，如图 9-36 所示。

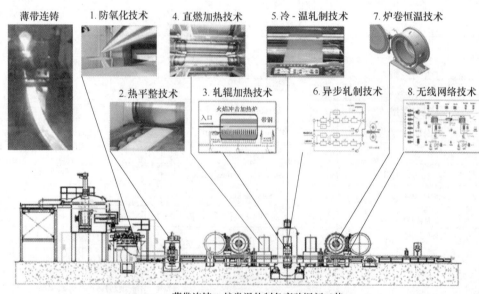

薄带连铸 + 炉卷温轧制备高硅钢新工艺

图 9-36　武钢中试示范线关键先进技术的开发应用

9.3.7.3　武钢中试示范线的产品、性能

利用薄带连铸技术，在实验室成功制备出 0.10~0.30mm 的 6.5%Si 硅钢片，铁损指标如表 9-17 所示，磁感 B_8 达到 1.35T。

表 9-17　不同厚度 6.5%Si 钢样磁性能检测结果

工艺	厚度 /mm	$B_{800/50}$ /T	$W_{15/50}$ /W·kg^{-1}	$W_{10/400}$ /W·kg^{-1}	$W_{10/1k}$ /W·kg^{-1}	$W_{2/5k}$ /W·kg^{-1}	$W_{1/10k}$ /W·kg^{-1}	$W_{0.5/20k}$ /W·kg^{-1}
薄带连铸工艺 6.5%Si	0.10	1.352	1.76	7.28	24.08	15.5	13.7	11.4
	0.20	1.353	1.85	9.088	32.46	20.3	17.4	14.8
	0.30	1.375	2.23	10.34	41.95	24.4	21.5	18.9
JNEX 工艺 6.5%Si	0.10	1.29	—	5.7	18.7	11.3	8.3	6.9

9.3.8　BCT® 工艺技术

9.3.8.1　BCT® 工艺发展过程[10]

1988 年，德马克公司（MDM）在巴西贝洛奥里藏特（Belo Horizonte）建成了一台碳钢水平单带式薄带连铸试验机，浇铸宽度 450mm，厚度 5~10mm。与此同时，德国克劳斯塔尔工业大学（Technical University of Clausthal）在实验室建设了一套能生产宽度 170mm，厚度 10mm 的试验铸机，如图 9-37 所示。1991 年，瑞典 MEFOS 和 MDM 签署合作协议，MDM 将巴西试验机组迁至 MEFOS。1992年，成功浇铸 450mm 宽，5~10mm 厚的薄带钢，生产速度在 20~60m/min。

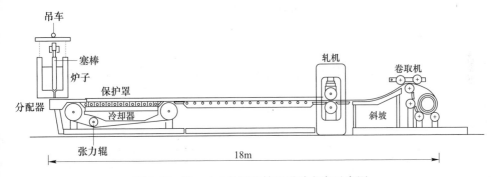

图 9-37　Clausthal 的试验铸机设计方案示意图

1995 年，瑞典进入欧洲共同体之后，水平单带式薄带连铸技术在 MEFOS 的发展得到了 ECSC 多个阶段的项目赞助。1995~1996 年，成功地证明了 BCT 可实现高的生产率和高的浇铸速度。同时也进行了材料的研究以及浇铸和随后的在线轧制研究。1997~1998 年，铸机能力得到进一步提升，可以生产 900mm 宽的薄带钢，并成功浇铸了三不同牌号的钢种：奥氏体不锈钢、低碳钢和中碳钢。1998~1999 年，主要是对喂料系统、传热、边缘改进和带钢厚度控制上的研究，如图 9-38所示。

1995 年，德国 Salzgitter 钢铁公司加入到项目的开发中，2012 年西马克在德国 Salzgitter 钢铁公司的 Peine 建成了世界上首条水平单带式薄带连铸工业化生产线。设计年产能为 2.5 万吨，主要生产先进高强度钢（Advanced High Strength Steels），该建设项目获得了德国联邦政府 1900 万欧元的支持。该技术被命名为 BCT（Belt casting technology）。

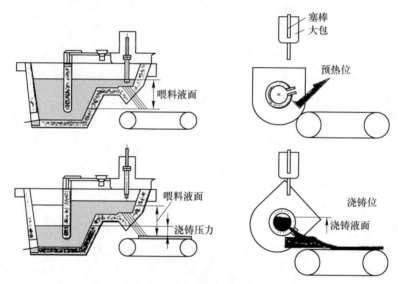

图 9-38　MEFOS 两种不同的金属输送系统

9.3.8.2　BCT® 工艺流程

BCT® 典型工艺流程如图 9-39 所示，目前的流程还没有实现全无头轧制，流程分为两个部分，第一部分为铸造部分，主要通过 BCT 铸机，铸造出带厚 10～20mm 厚的薄坯，并通过飞剪分切堆垛。第二部分经飞剪切成 9m 长、15mm 厚的薄板，送入到加热炉内。加热后的薄板坯除鳞后送入轧机进行单机架往复热轧到 2.5～5mm 后再进入层流冷却，再通过焊接后卷取。主要设备参数如表 9-18 所示。

表 9-18　Peine 厂的 BCT® 设备工艺参数

铸　　机		轧　　线	
钢包吨位	80t	铸坯是否需要预热	需要进加热炉预热
铸带尺寸	15mm（厚）×1000mm（宽）	热轧模式	单机架往复热轧
单块铸坯长度	9m	热轧后的厚度	2.5～5mm
铸造速度	典型 16（10～30）m/min	最后一道次后出带冷却方式	层冷冷却
单浇次产量	最多 70 块单坯/浇次	最大卷重	16t
年产能	最大 4 万吨	年产能	2.5 万吨

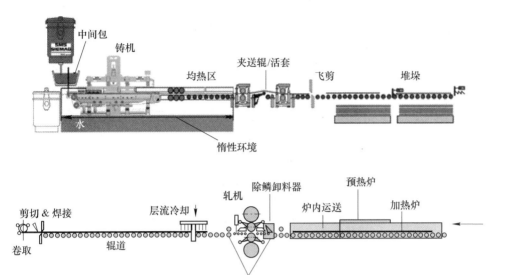

图 9-39　Peine 厂的 BCT® 流程图

9.3.8.3　BCT® 工艺特征

BCT® 工艺的主要特征是连铸坯生产的概念，带式连铸与轧制是分开的两个工艺过程。BCT® 工艺的主要特征在于它能够生产坯厚达到 15mm 左右的带坯，且速度能够达到 30m/min，生产率相比双辊式薄带连铸连轧工艺高出 2~3 倍。

其次，由于在浇铸过程中，铸带没有变形，且在保护气氛下进行铸造（图 9-40 和图 9-41），BCT® 工艺可以用于生产先进高强度钢（AHSS 或高强度延展性钢，HSD® 钢）。

9.3.8.4　BCT® 工艺的产品性能和组织结构

有关 BCT Peine 厂所生产产品的性能、组织结构资料目前没有查到。据悉，BCT 工艺做了大量的如 TWIP 类钢的试验，所生产的钢卷从表面上看，质量尽管与传统带钢有差距，但也很好了，如图 9-42 所示。

9.3.8.5　BCT® 工艺可制造产品及其拓展

20 世纪 90 年代，多种牌号的钢种在 MEFOS 被浇铸，包括普通碳钢和 18-8 不锈钢。2013 年 9 月，进行了 1000mm 宽、15mm 厚碳钢薄板的试验；2013 年 10 月，BCT Peine 厂进行了 FeMn 系钢的浇铸试验；2014 年 2 月进行了 HSD® 钢的浇铸试验。图 9-43 为 BCT® Peine 厂运行中的机组。该项目由于它的环境友好特征，从德国联邦政府得到了 1900 万欧元的赞助。

9.3.8.6　BCT® 工艺的商业化推广

在 2010 年 9 月，SMS Siemag 宣布他们接到了德国 Salzgitter AG 公司的一个合

图 9-40 Peine 厂的 BCT® 铸造机

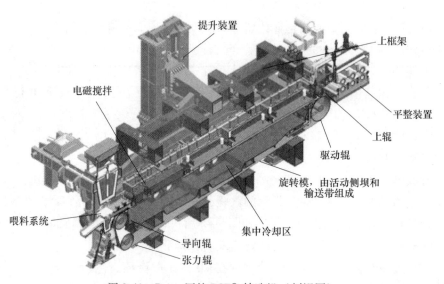

图 9-41 Peine 厂的 BCT® 铸造机（剖视图）

同，建造一个工业化规模的 BCT 试验工厂。该工厂设计的生产能力为 2.5 万吨/年，其中大部分是先进高强度钢（AHSS）或高强度延展性钢（HSD® 钢）。该厂位于德国派尼（Peine），机组于 2012 年 12 月投产。2015 年，上述包含 Salzgitter AG 公司、SMS Group、Clausthal 大学在内合作研究的 BCT® 项目荣获德国"联邦

图 9-42　BCT® Peine 厂生产的钢卷（卷重 13t、厚度 2.5mm 的热轧卷）

图 9-43　运行中的 BCT® Peine 厂

总统科技创新奖"。BCT® 项目开始向全世界进行商业化推广，推出了理想的产线未来版，即全无头的、不需要加热炉的连续产线，如图 9-44 所示。

图 9-44　BCT® 未来理想的产线——全无头不需要加热炉的连续产线

参 考 文 献

[1] Blejde W, Mahapatra R, Fukase H. Recent developments in project "M" the joint development of low carbon steel strip casting by BHP and IHI [C]. METEC Congress, 1999.

[2] Schueren M, Campbell P, Blejde W, et al. The castrip process-An update on process development at Nucor Steel's first commercial strip casting facility [J]. Iron & Steel Technology, 2008, 5 (7): 64-70.

[3] Blejde W, Mahapatra R, Fukase H. Application of fundamental research at project "M" [C]. Belton Memorial Syposium, 2000.

[4] Campbell P, Wechsler R L. The castrip® process: A revolutionary casting technology, an exciting opportunity for unique steel products or a new model for steel Micro-Mill? [C]. Heffernan Symposium, 2001.

[5] Wechsler R L. The status of twin-roll casting technology comparison with conventional technology [C]. IISI-35 Conference, 2001.

[6] Blejde W, Mahapatra R, Fukase H. Development of low carbon thin strip production capability at project "M" [J]. Iron and Steelmaker, 2000, 27 (4): 29-33.

[7] Nooning R Jr, Edelman D, Cambell P. Development of higher strength ultra-thin strip cast products produced via the Castrip process [J]. www. castrip. com, 2007.

[8] 杜锋. 薄带连铸生产低碳钢的专利技术分析 [J]. 世界钢铁, 2009 (6): 17-22.

[9] 沙钢启动工业化超薄带生产线项目 [J]. 轧钢, 2016, 33 (5): 62.

[10] Ge S, Isac M, Guthrie R I L. Progress of strip casting technology for Steel: Historical developments [J]. ISIJ International, 2012, 52 (12): 2109-2122.

[11] 潘秀兰, 王艳红, 梁慧智, 等. 韩国浦项公司薄带铸轧工艺的最新进展 [J]. 冶金信息导刊, 2010 (2): 6-8.

[12] 朱翠翠, 牛琳霞. 全球薄带连铸技术研究现状及展望 [J]. 冶金信息导刊, 2012 (4): 5-10.

[13] 潘秀兰, 王艳红, 梁慧智, 等. 薄带铸轧技术现状与展望 [J]. 冶金信息导刊, 2009 (2): 5-8.

[14] Lindenberg H U, Henrion J, Schwaha K, et al. Eurostrip—薄带连铸工艺的最新水平 [J]. 上海宝钢工程设计, 2002 (1): 60-69.

[15] Hohenbichler G, Tolve P, Capotosti R, et al. EuroStrip 不锈钢和带钢连铸技术 [J]. 钢铁, 2003, 39 (6): 15-19.

[16] 方园, 崔健, 于艳, 等. 宝钢薄带连铸技术发展回顾与展望 [J]. 宝钢技术, 2009 (增刊): 83-89.

[17] 方园, 张健. 双辊薄带连铸连轧技术的发展现状及未来 [J]. 宝钢技术, 2018, 200 (4): 2-6.

[18] Zhe Wang, Li Zhang, Yuan Fang. The status quo and future development of Baosteel CC Technology [J]. Baosteel Technical Research, 2007, 1 (1): 7-13.

[19] 吴建春, 方园, 于艳, 等. 双辊薄带连铸 0Cr18Ni9 不锈钢的直接冷轧研究 [J]. 钢铁,

2006, 41（8）：46-48.

[20] 吴建春，方园，于艳. 薄带连铸耐大气腐蚀钢的工业化实践 [J]. 宝钢技术，2018，200（4）：18-23.

[21] 魏红，吴建春，于艳，等. 薄带连铸含磷低碳钢的组织性能研究 [J]. 材料导报，2009，23（3）：77-79.

[22] 鲁辉虎，刘海涛，王国栋，等. 双辊薄带连铸取向硅钢的研究进展 [J]. 功能材料，2015，46（增刊1）：17-21.

[23] 轧制技术及连轧自动化国家重点实验室（东北大学）. 高品质电工钢薄带连铸制造理论与工艺技术研究 [M]. 北京：冶金工业出版社，2015.

[24] 2016年世界钢铁工业十大技术要闻 [N]. 世界金属导报，2017-1-3：B08.

[25] 张凤泉，汪汝武，骆忠汉，等. 近终成形制备高硅钢薄带的研究进展 [J]. 材料保护，2016，49（12）：127-130.

[26] 章仲禹，张凤泉，王飞龙. 特种合金双辊薄带连铸生产技术进展 [J]. 钢铁研究，2011，39（6）：57-62.

[27] 刘孟，宋仪杰，徐晓虹，等. 薄带连铸用侧封板材料的研究 [J]. 材料导报，2014，28（7）：117-121.

10 薄带连铸连轧流程商业化关键技术问题分析

10.1 工艺技术

10.1.1 液-固界面传热及亚快速凝固控制

薄带连铸连轧流程的核心是熔池内的亚快速凝固过程的均匀控制，初生坯壳凝固均匀性直接与产品的表面质量相关。图 10-1 揭示了薄带连铸凝固的基本技

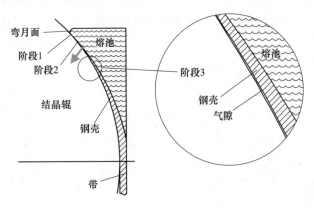

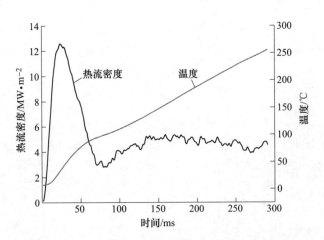

图 10-1 薄带连铸连轧界面热流与亚快速凝固过程示意图

术原理。钢水与基体的界面传热过程可以分为三个阶段：阶段 1——钢水与基体接触后，基体温度迅速上升，对应的界面热流密度也随时间的增加迅速上升，在 20ms 左右时达到最大值；阶段 2——随着时间的增加，基体温度继续上升，但温升速度逐渐放缓，对应的热流密度从最大值开始迅速下降，在 70ms 左右达到了相对稳定的低值；阶段 3——随着时间的增加，基体温度继续上升，但热流密度基本在一个稳定范围内波动[1~4]。

为了深入研究薄带连铸连轧亚快速凝固过程，Baostrip 研究小组前后自主研发了四代界面传热模拟装置（目前国际上第二套，国内第一套），如图 10-2 所示。利用该装置能够测量出 50ms 内界面热流，并深入系统地研究钢水的成分、温度、浇铸速度、结晶辊表面镀层、纹理、涂层、密闭气氛等工艺参数对传热以及凝固坯壳生长的影响[2,5]。

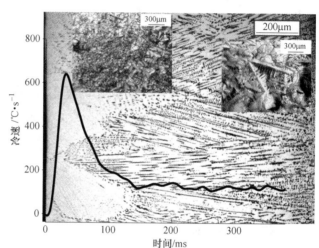

图 10-2　界面传热模拟装置

10.1.2　钢水熔池的均匀布流

钢水在熔池内的均匀布流是薄带连铸连轧的核心关键技术，既要在结晶辊的宽度方向上均匀分布，又要保证熔池弯月面的稳定性。美国纽柯公司 Castrip 采用三级钢水分配系统，即中间包、初级过渡包、布流器，将钢水布流到薄带连铸结晶辊中。Baostrip 则采用了二级钢水分配系统，即中间包、分配器+布流器的组合方式。分配器将钢水向两侧、向下分配，布流器内有钢水的再分配功能，从布流器流出的钢水，沿辊面和两个端面形成不同的布流模式，且分两路流动，互不干扰。但存在的问题是当浇铸的带宽达到 1680mm 时布流就变得非常困难。当熔池弯月面的波动幅度过大，就会出现裂纹。当弯月面过于平静，使热中心下移，凝固区湍流加强，容易引起钢液的表面结壳。另外，薄带连铸连轧过程中，凝固的糊状区贴着双辊并靠近熔池底部，如果辊面方向上熔池的水平截面温度相差较大的话，就会引起糊状区的不均匀分布，此时就会在铸带的凝固区域出现厚度和温度差异，导致铸带出现裂纹。

此外，薄带连铸连轧过程中，熔池表面无保护渣，所以在钢流高速流动的过程中必然引起周边空气的卷吸，如何控制也是很困难的。Baostrip 所设计的布流系统在宁钢薄带连铸连轧产业化示范线应用，效果良好，如图 10-3 所示。

图 10-3　Baostrip 布流器系统

10.1.3　薄带连铸连轧在线热轧

对于薄带连铸连轧工艺中所采用的单道次在线热轧与传统热轧相比，在厚度控制、板形控制方面有本质不同，体现在：薄带连铸连轧在线热轧，轧制带钢薄、轧制速度较慢、轧制应变速率较低（表 10-1）。

表 10-1　薄带连铸连轧在线热轧与传统热轧对比

特　征	薄带连铸单道次在线热轧	传统热轧（精轧 F3~F7）
轧制速度/m·s^{-1}	1~2	10~30
应变速率/s^{-1}	10~40	200~1000

因此，要生产出具有优良板形的超薄规格带钢，对中纠偏的控制，以及全线的张力和速度控制尤其重要。Baostrip 采用动态 PC 技术，对于长时间连续轧制过程中轧辊出现的热凸度，采用正、负弯辊功能并结合 PC 交叉轧制技术[6]，能够较好地控制带钢的厚度和板形。

10.2　设备技术

10.2.1　结晶辊系统

　　结晶辊是薄带连铸连轧流程的核心设备。不同于传统连铸机，结晶辊组件同时承受铸、轧两个功能，复杂的受力、高温环境以及浇铸要求对于设备的功能和精度协调要求非常高。结晶辊结构和表面状态对铸带的板形、表面质量起着非常重要影响。因此，结晶辊结构设计[7]的合理与否直接影响到结晶辊的寿命、铸带的质量、生产的稳定性，主要有以下特点。

　　（1）通过结晶辊双进出水的对称内部冷却结构设计，降低了结晶辊内部水流压损，降低了冷却水的温升，同时排除了水压波动对于结晶辊稳定性的扰动，进而提高了设备运行稳定（图10-4）。

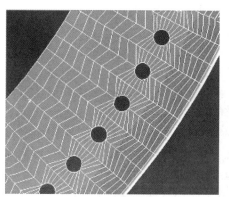
(a) 结晶辊辊套设计

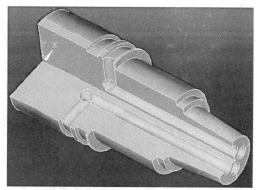
(b) 辊芯和辊套专配设计

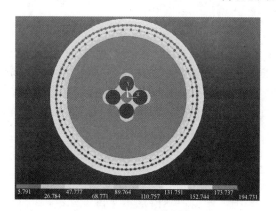
(c) 结晶辊辊芯设计

图 10-4　Baostrip 结晶辊结构设计

（2）结晶辊辊形随着浇铸时间的延长在动态变化。结晶辊温度沿辊身长度方向、径向和轴向的分布规律、热变形规律的研究对于控制带钢的板形具有重要意义（图 10-5）。

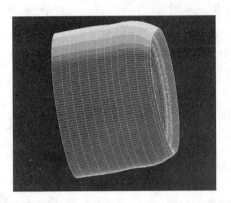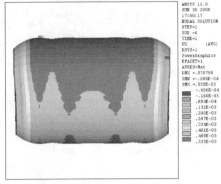

图 10-5   Baostrip 结晶辊辊形研究

（3）要实现工业化生产，快速恢复生产是非常重要的，综合考虑各个环节，要求结晶辊更换时间小于 30min，结晶辊安装精度达到工艺要求，操作简便检修方便。

（4）结晶辊表面清洁度直接影响到传热效果和带钢表面质量。采用毛刷辊设计尽管解决了清理问题，但如何保证毛刷辊与结晶辊辊面的贴合度、毛刷辊面压力均匀性、长时间浇铸后不变形非常重要。

（5）结晶辊熔池内的氧含量控制，实现无氧化浇铸和铸带出口到轧机前的铸带氧化铁皮厚度控制。

10.2.2   侧封系统

侧封机构用于支撑并顶紧侧封板，使其紧密地贴合于结晶辊端面以形成浇铸熔池。考虑到侧封板长时间浇铸过程中的磨损，侧封机构要能够实现压力控制和位置控制，同时采用柔性控制原理，实现侧封板与结晶辊端面的密合，不产生漏钢[8,9]（图 10-6）。

10.2.3   带钢自动对中夹送装置

由于 Baostrip 工艺采用了无引带浇铸技术，铸带能够准确对中送入轧机是保证轧机正常轧制的关键。铸带的对中和纠偏控制主要是由自动对中的夹送装置，同时配合高精度的纠偏来实现。

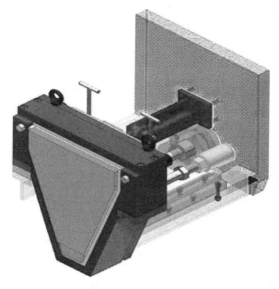

图 10-6　Baostrip 侧封系统

10.3　控制技术

10.3.1　熔池液位控制系统

熔池液位是薄带连铸连轧机组最关键的控制变量，它不仅影响产品，而且影响生产的稳定[10]。由于熔池体积小，塞棒机构非线性强，布流器滞后时间长等特点，液位一般由人工操作来控制，但稳态控制精度很难达到 ±1mm。Baostrip 通过系统建模和仿真，并应用模型预测控制技术，实现了液位自动控制目标[11]。

10.3.2　铸带厚度控制模型及自学习

铸带厚度控制是薄带连铸连轧产品的关键控制。由于在结晶辊上直接安装辊缝测量装置有非常大的难度，而常规的测厚仪安装在距结晶辊 10m 以外的地方，因此直接用测厚仪反馈来控制铸带的厚度将会带来很大的延迟。铸带厚度模型[11]相当于一个虚拟测厚仪，可以使厚度控制精度达到 ±50μm。

10.3.3　铸轧力控制

在实际浇铸过程中，结晶辊的移动由位置闭环进行控制，即通过伺服阀的电流信号控制液压缸的位移，来满足工艺对辊缝控制的要求。然而辊缝的变化受多种因素的影响，且表现出非线性，导致铸轧力控制不稳定[10,11]。

10.4　薄带连铸连轧流程全线集成

薄带连铸连轧流程把"铸"和"轧"统一在一个刚性的体系中，上至炼钢技术，下至轧制技术，完全改变了原有的设计理念和方法。

需要研究机组工程化的技术集成[11,12]。将产品定制化、生产智能化、维修模块化的思想应用到设计中。围绕"以热代冷"产品的基本定位，结晶辊设计、夹送辊设计、轧机设计、雾化冷却设计、卡罗塞尔卷取机设计均以定制化生产超薄规格带钢为目标。为解决薄带连铸连轧的刚性特征，需要在设计过程中引入智能制造整体解决方案，以提高系统的稳定性，如基于 CPS 的自动化工厂、在流程中嵌入机器人、设备状态可视化、设备预测式维修、数据接入与工具软件配置等。另外，设备的模块化设计使得维修质量更加可靠、速度更加高效。

同时，还需要研究产品的一贯制制造技术。围绕为用户提供一体化解决方案这个关键，Baostrip 不仅仅解决了实现薄带连铸连轧技术产业化的技术问题，同时开发了从新品开发、质量提升、成本管控、设备维护修理等生产一贯解决方案。

参 考 文 献

[1] Guthrie R I L, Isac M, Tavares R P. 新千年的连铸技术——薄带连铸内表面热流及显微组织 [J]. 钢铁, 2000, 35 (9)：507-512.

[2] Yu Yan, Fang Yuan, Qin Bo, et al. Study on interfacial heat transfer in strip casting process [J]. Iron and Steel, 2004, 39：542-545.

[3] Liu Z Z, Lin Z, Qiu Y, et al. Segregation in twin roll strip cast steels and the effect on mechanical properties [J]. ISIJ International, 2007, 47：254-258.

[4] Buchner A R, Zimmermann H. Cracking phenomena in twin roll strip casting of steel [J]. Steel Research, 2002：327-331.

[5] 张杰. 表面镀层及纹理对传热和凝固过程的影响 [D]. 上海：上海交通大学, 2010.

[6] Okayasu S, Horii K, Fang Y. Rolling technologies for the direct strip casting process [C]. 9th ECCC European Continuous Casting Conference, 2017：1010-1019.

[7] 叶长宏, 方园, 韩月生. 高精度双辊薄带连铸铸机设计 [J]. 宝钢技术, 2018, 200 (4)：47-51.

[8] 叶长宏, 方园, 张宇军. 薄带连铸侧封板变形分析及其支撑装置稳定性研究 [J]. 宝钢技术, 2018, 200 (4)：58-62.

[9] 刘鹏举, 赵斌元, 田守信, 等. 薄带连铸侧封技术的研究现状及发展趋势 [J]. 耐火材料, 2008, 42 (4)：294-298.

[10] 曹光明. 双辊铸轧薄带钢液位控制、铸轧力模型及工艺优化的研究 [D]. 沈阳：东北大学，2008.

[11] 朱丽叶，周坚刚. 薄带连铸连轧关键模型及控制技术 [J]. 宝钢技术，2018，200（4）：67-69.

[12] 方园，张健. 双辊薄带连铸连轧技术的发展现状及未来 [J]. 宝钢技术，2018，200（4）：2-6.

11   薄带连铸连轧流程的品种开发

11.1   以热代冷

薄带连铸连轧技术究竟适合生产什么样的产品？薄带连铸连轧的产品设计必须充分结合薄带连铸连轧工艺流程的技术特征，发挥薄带连铸连轧工艺流程优势，并最终实现具有可制造性，且具有优良性能的产品。

11.1.1   超薄规格低碳钢

薄带连铸连轧工艺生产低碳钢，相比传统热轧，奥氏体晶粒尺寸粗大，使得钢带在相变过程中，易于形成贝氏体、针状铁素体等低温组织，这就为通过控制铸带热轧后的冷却速率和卷取温度使钢带获得不同类型显微组织，进而具有不同的力学性能提供了重要的条件。其次，低碳钢产品的用户对表面质量的要求不高，对于市场应用障碍阻力较小，由于产品性能满足一般结构件的使用要求，可在货架、保险箱、汽摩配件、空调支架、风机外壳和五金配件等行业广泛应用。另外也可以作为冷轧原料，进行酸洗、冷轧、连退、平整等一系列的后续加工，不需要中间退火即可生产 0.5mm 的超薄钢板，且产品具有良好的可镀性，可直接酸洗后进一步进行热镀锌、电镀锌及彩涂加工（图 11-1）。

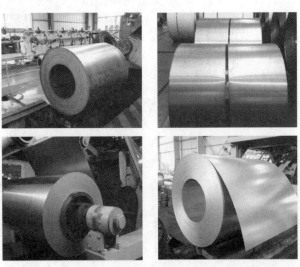

图 11-1   Baostrip 低碳钢产品酸洗、冷轧、热镀锌产品

11.1.2　超薄规格低碳微合金钢

由于薄带连铸连轧的冷却速度非常快，低碳微合金元素（例如 Nb）主要以固溶态存在，只发生非常有限的微合金碳氮颗粒的析出，抑制了微合金碳氮颗粒预团簇形成和/或固态析出。微合金元素主要以固溶态或纳米团簇形式存在，更加均匀地分布在奥氏体和铁素体中。利用三维原子探针（3DAP）技术，首次检测到薄带连铸连轧低碳微合金钢中直径为 1nm 以上的含 Nb 纳米团簇分布图（图 11-2）。

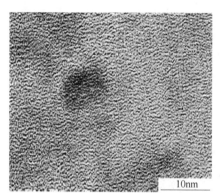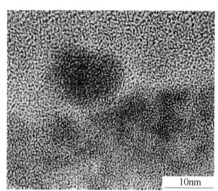

图 11-2　Baostrip 低碳微合金钢中的 Nb 纳米团簇

而比如集装箱用钢（耐大气腐蚀用钢，如图 11-3 所示）则非常适合薄带连铸连轧工艺进行生产，特别是高强、超薄规格[1]。

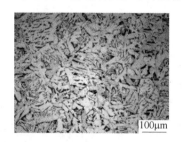

图 11-3　Baostrip 生产的集装箱用钢

11.2　高强钢

美国 Nanosteel 公司在 Great Designs in Steel 2013 年、2014 年会议上报道了该公司最近几年开发出了新的第三代汽车用钢 Nanosteel。新一代汽车用 AHSS 钢的力学性能可以达到抗拉强度 800~1400MPa，延伸率 30%~70% 的范围内。典型性能：抗拉强度 1200MPa，延伸约 50%，可以进行冷冲压，已经超出了目前开发的第三代汽车用钢的最好水平，如图 11-4 右上区域所示。据报道，这种钢采用了独特的化学成分设计和独特的生产工艺。该钢利用薄带连铸连轧流程的亚快速凝固特点，通过初次凝固析出和固相二次析出，实现金属元素与非金属元素结合，产生极微细析出，细化材料基体组织，得到纳米级的高强钢，用于实现汽车的轻量化。这些非金属元素，见图 11-5 中的 P-Group 元素，例如氧、磷、硼、氮、硫、碳等，是常规流程花很大代价除去的有害成分，在这里成为有益的成分而加以利用。Nanosteel 使用的强化元素为周期表中的非金属元素（Nanosteel 称其为 P-Group 元素），例如 B、C、N、O、Si、P、S 等。

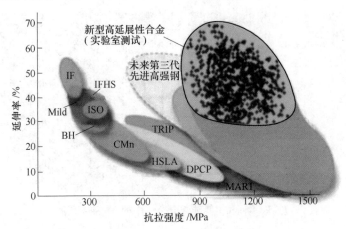

图 11-4   Nanosteel 研发第三代汽车用钢的力学性能

P-Group 元素

				2 He 4.00

5 B 10.81	6 C 12.01	7 N 14.01	8 O 16.00	9 F 19.00	10 Ne 20.18
13 Al 29.98	14 Si 28.09	15 P 30.97	16 S 32.07	17 Cl 35.45	18 Ar 39.95
31 Ga 69.72	32 Ge 72.61	33 As 74.92	34 Se 78.96	35 Br 79.90	36 Kr 83.80
49 In 114.82	50 Sn 118.71	51 Sb 121.76	52 Te 127.60	53 I 126.90	54 Xe 131.29
81 Tl 204.38	82 Pb 207.20	83 Bi 208.98	84 Po (209)	85 At (210)	86 Rn (222)

图 11-5   Nanosteel 所利用的 P-Group 元素

Nanosteel 的生产工艺：薄带连铸连轧+酸洗+冷轧+热处理，充分利用薄带连铸连轧流程亚快速凝固的特点，如图 11-6 所示。

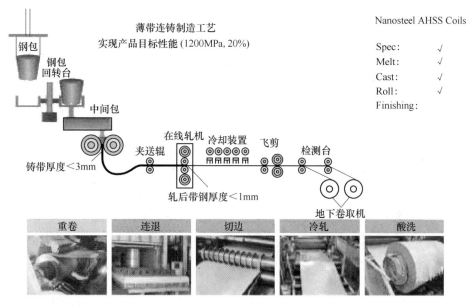

图 11-6　Nanosteel 的生产工艺

有关具有高强韧性能特征的高锰钢的研发，Baostrip、poStrip、Eurostrip 工艺均做过很多的研究[2,3]，制造出了原形带钢卷。Baostrip 通过实验室研究，开发出强塑积达到国外同类材料性能水平的薄带连铸连轧高锰 TRIP/TWIP 钢的成分体系，建立了薄带连铸连轧高锰 TRIP/TWIP 钢的临界再结晶条件，摸索了在线热轧工艺技术特点，确定了高锰 TRIP/TWIP 钢的轧制和热处理工艺制度[4]。

11.3　双相不锈钢

用薄带连铸连轧流程生产双相不锈钢的代表品种是 poStrip 开发的节约型双相不锈钢[5]，主要用于建筑外装材、铁路车辆部件、冷冻车地板、餐具、管件等。节约型双相不锈钢（POSCO 的商业名称为 PosSD（Posco Super Ductile Duplex））与奥氏体不锈钢相比，耐晶间腐蚀和耐氯化物应力腐蚀能力提高 30% 以上，强度提高 50% 以上。由于 Ni 含量低（0.5%~1.5%），所以价格低廉，可以替代现有的 AISI 304，应用前景广阔。

由于双相不锈钢中脆性相的析出和铁素体-奥氏体两相性能差异大，常规的热轧工序生产双相不锈钢热加工性差，表面和内部裂纹、裂边等问题成为双相不锈钢生产的瓶颈。

针对这种情况，POSCO 采用了薄带连铸连轧流程进行生产，不仅解决了热轧双相不锈钢成形性差，表面和内部裂纹、裂边等问题，而且生产流程大为简化，生产成本大幅降低，具有短流程的资源和环境优势。节约型双相不锈钢PosSD已经列入浦项的世界首创（WP，World Premium）产品，其典型显微组织如图 11-7 所示。应该说，这是双辊式薄带连铸连轧流程诞生以来，在节约型不锈钢生产的一次创新性成功应用。

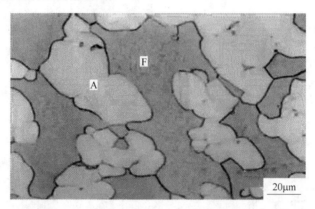

图 11-7   薄带连铸连轧双相不锈钢典型显微组织

图 11-8 为利用 PosSD 制造的新能源汽车充电桩。这款充电桩将壁挂式和支架式合二为一，是一种复合型产品。现有的充电桩采用经过表面粉末喷涂的普通冷轧板，而经过表面处理的 PosSD 不锈钢可以充分体现钢材固有材质感，同时防止外部环境腐蚀，提升了产品的品牌形象，市场前景可观。PosSD 不锈钢采用薄带连铸连轧流程生产，延伸率高，抗凹性能突出，强度高，具备轻量化的效果，属高韧性节约型双相不锈钢产品。这种产品的成形性和耐腐蚀性与普通不锈钢相当，但大幅降低了镍、钼等合金元素含量，成本竞争力突出。

图 11-8   利用 PosSD 制造的新能源汽车充电桩

11.4 硅钢

由于薄带连铸连轧工艺的技术特征，在生产无取向硅钢时，其内在组织方面具有独特的优势，可以获得 {100}<011>织构度高、晶粒粗大的金相组织，具有优良的高磁感、低铁损性能特点。

11.4.1 美国纽柯 Castrip 的硅钢研发

克劳福兹维尔厂 Castrip 生产线曾试制过中低牌号的无取向硅钢，成分设计为：C<0.005%，Si 0.2%~0.6%，Mn 0.2%~1.0%，P 0.05%~0.10%，得到了发达的 {100}<uvw>柱状晶，经小于40%压下率冷轧，退火后形成完善的 {100}<uvw>织构，B_{50} 明显提高，如0.3%Si 的硅钢片采用薄带连铸连轧流程生产，$P_{15} \leqslant$ 4.7W/kg，B_{50} 达到1.83T。然而问题也比较明显，主要有以下几点。

（1）表面有一层较薄的氧化铁皮，其厚度为2μm 左右（传统热轧板氧化铁皮厚度为4~7μm），但很致密，酸洗难度大；

（2）板形不平坦，有明显的边浪和中浪；

（3）侧边不齐，呈锯齿状，且在距边部30mm 范围内厚度有陡降区；

（4）高温卷取后钢带呈圆弧状，不平直；

（5）单卷重达20t，无取向硅钢片用户由于装备原因而难以接受；

（6）宽度过宽，可达1350~1680mm，远宽于常规的1120~1200mm 宽度规格。

为此，用 Castrip 技术生产的无取向硅钢热轧带还需配置相应的后续生产工序才能作为无取向硅钢片商品材对外销售。因此，Castrip 技术一直没有实现无取向硅钢的批量生产。

11.4.2 武钢薄带连铸连轧高硅钢研发[6]

系统研究了合金元素选择和含量对6.5%Si 硅钢塑性和轧制性能的影响，设计了包括 Cu、Cr、V、Mn、Al、Nb 及其复合添加系在内的共计18种合金成分，对其进行了冶炼、热轧和温轧，最终制成厚度约0.3mm 的薄板。并对这些温轧薄板进行宏观形貌观察和组织结构分析，确定了合金元素对6.5%Si 硅钢磁性能和塑性的影响规律；制备出0.1mm、0.2mm 和0.3mm 厚的6.5%Si 钢冷轧薄板。试样经900℃退火后，各厚度试样的磁感 B_8 均高于1.35T，但铁损偏高。经工艺优化后，铁损 $W_{10/400}$ 较现有同厚度规格的高牌号无取向硅钢降低30%左右。

11.4.3 东北大学薄带连铸连轧硅钢研发[7~9]

东北大学也采用薄带连铸实验室设备，如图11-9所示，制备出了取向硅钢、无取向硅钢及6.5%Si 电工钢，主要研究结果如下：

（1）形成了基于薄带铸轧的全流程无取向硅钢工艺技术，制备出高磁感、高牌号无取向硅钢，磁感指标 B_{50} 优于国内外现有产品 0.03~0.04T。提供了一条无需常化处理、无需两步冷轧和中间退火的短流程制造高效无取向硅钢的工艺，为无取向硅钢薄带铸轧产业化生产提供了技术原型。

（2）提供了一条无需高温加热、无需渗氮处理的短流程制造取向硅钢的工艺流程，为产业化生产提供了技术原型。成功制备出 0.27mm 厚的普通取向硅钢，磁感指标 B_8 达到 1.85T，与国内外现有 CGO 产品相当；成功制备出 0.23mm 厚的高磁感取向硅钢，B_8 达到 1.94T，优于国内外现有 Hi-B 产品。

（3）形成了基于超低碳成分设计的全流程高磁感取向硅钢工艺技术，制备出 0.27mm 厚的高磁感取向硅钢，B_8 达到 1.94T，优于国内外现有 Hi-B 产品。

（4）形成了基于超低碳成分设计的全流程高硅钢工艺技术，制备出 0.18~0.23mm 厚的 4.5%Si、6.5%Si 高硅钢，B_8 分别达到 1.78T、1.74T。

图 11-9　东北大学薄带铸轧试验机

2016 年 4 月，河北敬业钢铁公司与东北大学合作，投资近 4 亿元，在河北敬业建设一条年产 50 万吨硅钢的薄带连铸连轧机组。2017 年底进入安装调试阶段，目前产线处于热试过程中。2016 年 5 月，东北大学与江苏盐城某公司合作，计划建设 550mm 薄带连铸连轧高硅钢生产线，目前项目正在实施过程中。

11.4.4　宝钢 Baostrip 工艺硅钢研发

宝钢也进行了无取向硅钢的中试研究。2007~2011 年，在薄带连铸连轧中试线上，开发了含硅 0.9%~3.2% Si 的无取向硅钢，实现了中、高牌号无取向硅钢薄带连铸连轧的整炉浇铸和卷取，表面和边部质量良好，如图 11-10 所示。其中含硅 2.2%的无取向硅钢薄带经冷轧、后处理后，其产品的性能达到了 BQB 中 B50A470 的性能要求。

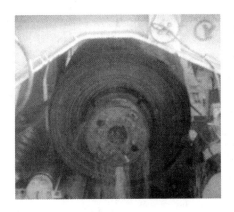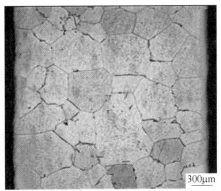

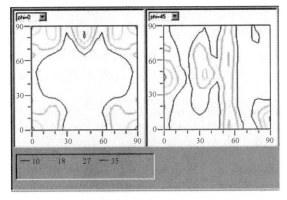

图 11-10 Baostrip 工艺所生产的无取向硅钢

11.5 铝合金

2015 年，美国铝业公司采用卧式双辊式薄带连铸连轧——Micromill 技术[10]生产出宽幅汽车铝板带，成功用于汽车引擎覆盖件，生产的铝合金成形性比现行铝合金高 40%，而强度性能则高 30%，而且表面品质优秀。成形性比同等强度低合金钢大一倍，减重 2/3；半成品的加工时间也大为缩短，从铝合金熔体备好后到热轧成供冷轧用的带卷由 20 天缩短至 20min。

美国 Hazelett 带式连铸机主要用于有色金属加工领域如铝合金板带生产，目前全世界已建成多条产线[11~13]。我国洛阳伊川电力集团首次在国内引进 Hazelett 生产线，于 2012 年正式进入试生产，设计年产能 25 万吨[14]。

11.6 镁合金

2002 年，韩国浦项开始镁合金板带材的研发；2007 年，建成一条 600mm 宽的卧式双辊式铸轧生产线，年产能 3000t。2013 年又开发建设了一条 2000mm 宽的卧式双辊式铸轧生产线，年产能可达 1 万吨，铸轧坯厚 5 ~ 6.5mm，最大宽度可达 2000mm。浦项采用铸轧工艺已开发出成形性能优良、可以与铝合金相媲美的汽车镁合金板材，在笔记本电脑、手机和汽车中得到广泛应用。2014 年浦项镁合金板替代钢铁材料制作的行李舱护板，成功应用于雷诺三星 SM7、保时捷 911GT3 RS 汽车，实现轻量化减重 61%，这是世界上镁合金板首次应用于量产汽车中[15~17]。

2006 年，山西闻喜银光镁业集团与福州华镁公司合作[15]，建成了一条宽 600mm，厚 0.5 ~ 10mm 的镁合金双辊异步薄带铸轧板材生产线，生产能力 5000t/a。

参 考 文 献

[1] 吴建春，方园，于艳. 薄带连铸耐大气腐蚀钢的工业化实践 [J]. 宝钢技术，2018，200 (4)：18-23.

[2] 方园，梁高飞. 高锰板带钢及其制造技术 [J]. 钢铁，2009，44 (1)：1-6.

[3] 梁高飞，林常青，于艳，等. 高强塑性高锰钢的研究进展 [J]. 铸造技术，2009，30 (3)：404-407.

[4] 林常青，梁高飞，方园，等. Fe16Mn0.6C TWIP 钢流变应力和临界动态再结晶行为 [J]. 钢铁研究学报，2009，21 (12)：43-48.

[5] 刘振宇，赵岩，刘鑫，等. 节约型高强韧不锈钢及其薄带连铸制备技术 [J]. 轧钢，2017，34 (1)：53-58.

[6] 张凤泉，汪汝武，骆忠汉，等. 近终成形制备高硅钢薄带的研究进展 [J]. 材料保护，2016，49 (12)：127-130.

[7] 鲁辉虎，刘海涛，王国栋，等. 双辊薄带连铸取向硅钢的研究进展 [J]. 功能材料，2015，46 (增刊 1)：17-21.

[8] 轧制技术及连轧自动化国家重点实验室（东北大学）. 高品质电工钢薄带连铸制造理论与工艺技术研究 [M]. 北京：冶金工业出版社，2015.

[9] 2016 年世界钢铁工业十大技术要闻 [N]. 世界金属导报，2017-1-3：B08.

[10] 王祝堂. 第二代 ABS 铝合金及其生产工艺 [J]. 有色金属加工，2016，45 (4)：1-4.

[11] 张纲治，罗建党，黄海涛. Hazelett 连铸连轧生产线的产品特性及其节能减排示范意义 [J]. 轻金属，2011 (增刊)：325-328.

[12] 刘小玲，马道章. 浅谈哈兹列特连铸技术在我国铝板带生产上的应用 [J]. 上海有色金属，2004，25 (2)：77-82.

[13] 马道章. 哈兹列特工艺在铝板带连铸连轧应用中若干问题的探讨 [J]. 铝加工，2005，162 (3)：18-24.

[14] 张纲治，罗建党，黄海涛. Hazelett 连铸连轧生产线的产品特性及其节能减排示范意义 [J]. 轻金属，2011 (增刊)：325-328.

[15] 张志勤，何立波，高真凤，等．镁合金及其板带铸轧生产研发现状［J］．冶金信息导刊，2009（3）：34-37.

[16] 麻慧丽，王祝堂．世界镁及镁合金板带轧制回眸与展望（2）［J］．轻合金加工技术，2007，35（7）：1-8.

[17] 王永昌．国内外镁合金板材生产与展望［J］．中国新技术新产品，2016，3（下）：24-26.

12 薄带连铸连轧流程专利分析

12.1 专利分析背景及检索策略

12.1.1 背景及目的

薄带连铸连轧技术是冶金及材料领域的一项前沿技术。1846 年，英国人 Henry Bessemer 提出利用薄带连铸连轧技术制备箔材和铅板的专利，将金属液体通过两支反向旋转的铸辊之间的同时进行凝固，在辊缝出口处成为一定厚度的薄带。1857 年，他申请了薄带连铸连轧生产钢带的专利。

自那时以来，为了达到这个目的，在世界范围内进行了各种各样的实验研究，都没有取得成功。其主要技术障碍是注入钢水时的液面控制和冷却铸辊的转动控制以及两铸辊之间的间隙控制等。直到 20 世纪中叶，连续铸轧工艺才在铝的生产中得以实现，从而再一次在钢铁制造领域引起了人们的重视。

薄带连铸连轧技术简化了生产工序，缩短了生产周期，设备投资也相应减少，并且薄带品质不亚于传统工艺。此外，利用薄带连铸连轧技术的快速凝固特点，还可以生产出传统工艺难以轧制的材料以及具有特殊性能的新材料。

薄带连铸连轧较成熟的技术是采用双辊式浇铸，即由一对用水冷却的、向相反方向转动的结晶辊和位于结晶辊两端的耐火材料侧封板组成熔池空间，当金属液注入熔池后被转动的结晶辊快速冷却，并且一边凝固一边被铸成薄带并送出。在钢铁材料中已成功地铸出不锈钢、耐热钢、硅钢、碳钢带等。双辊式薄带连铸连轧技术是新型的短流程薄带钢生产技术，它代表了今后钢铁工业的发展方向。双辊式薄带连铸连轧流程最具有代表性的生产工艺是美国 Castrip 生产线、欧洲 Eurostrip 生产线、新日铁双辊式薄带钢铸轧生产线、韩国的 poStrip 生产线、宝钢的 Baostrip 生产线。

本部分通过系统梳理全球申请的薄带连铸连轧专利，对全球薄带连铸连轧技术生产钢铁专利的整体情况、主要企业的专利情况、在国内申请的薄带连铸连轧专利情况进行分析，得到各主要企业的研发重点以及全球企业的研发趋势、重点技术领域等信息。

12.1.2 分析工具

本研究以 Orbit 专利分析平台为主要研究工具，结合德温特、国家知识产权局专利数据库、欧洲专利局专利数据库等数据库进行辅助分析，同时结合其他文献研究的成果，从产业发展的实际出发做出分析。

Orbit 专利系统是世界最早的专利数据库之一，收录了超过 100 个国家和地区的专利数据，包括 22 个国家和地区的全文数据，14 个国家和地区的外观设计数据，40 个国家和地区的专利副本，20 多个国家和地区的法律状态信息，20 多个国家和地区的专利引用信息以及美国专利诉讼信息和美国专利转让信息。包含 4 大数据库：Fampat、Pluspat、全文专利数据库、外观设计数据库。具有强大的在线检索、合并、筛选和清洗等功能，并且提供了 50 多种专业的分析图表功能。

我们通过将关键字限定在"专利名称""摘要"和"权利要求"，关键词按中文和英文分别检索，中文关键词包括"薄带""连铸""铸轧""双辊""单辊""带式"等，英文关键词包括"strip and cast*""belt and cast*""single roll""two rolls""Castrip""poStrip"等；在多次调整关键词，并对比分析的基础上，同时对 IPC 及所在的技术领域等进行限定，将检索的日期范围限定为截至 2017 年 6 月，数据库为 FAMPAT 全球专利家族库，得到具体检索策略。

12.1.3　检索策略

步骤 1：（（strip 3d cast+）or（strip 3d concast+）or（belt 3d cast+）or（belt 3d concast+）or（TRC or SRC or HSBC or Hikari or Eurostrip or Castrip or poStrip or Mainstrip or Baostrip or BCT）or（（（single or two or twin or pair or double）2w（belt+ or roll+ or drum or type+））6d cast+）or（（薄带 or 双辊 or 单辊 or 多辊 or 带式 or 辊带）and（连续铸钢 or 直接浇铸 or 连铸 or 铸轧 or 直铸 or 直轧））or 侧封 or 带钢连铸 or 铸带 or 薄铸造带材 or 双辊铸造机 or 双辊轧机 or 铸钢带 or 铸造钢带）/TI/AB/IW/CLMS①。

步骤 2：（薄带 or thin strip or thin belt）/TI/AB/IW/CLMS and（B22D-011+ OR C22C-038+）/IPC②。

步骤 3：（B22D-011+ or C21D-008+ or B21B-001+ or C22C-038+ or B21B-037+ or C21D-001+ or B21B-045+ or B22D-043+ or C21D-009+ or C04B-035+ or B65D-063/02 or B24B-001/00 or B21B-015/00 or G01N-025/20 or B21C-047/02 or B24C-001/00 or B21B-003/02 or C23C-002/40 or C25D-003/12 or B24C-001/04 or B21C-037/02 or B08B-001/00 or B22D-041/015 or B21B-003/00 or C21D-011/00 or B21B-027/00 or C22C-009/06 or B24B-021/02 or C22C-030/00 or C22C-030/02 or C23C-002/06 or B21C-047/16 or H01F-001/147 or H01F-001/16 or C25D-005/14 or C22B-009/04 or C25D-017/06 or B22D-041/50 or B22D-002/00 or B22D-041/01 or B22D-041/60 or B22D-041/56 or C21D-007/13 or B23Q-041/00 or C25D-007/00 or G01B-011/02 or G05B-019/02 or B23P-006/00 or C25D-003/56 or C25D-005/00 or B21C-

037/08 or B23K-013/01 or B23P-017/00 or G05D-009/12 or B22F-007/04 or C23C-024/02 or B23K-020/00 or C22F-001/06 or G01N-003/56）/IPC③。

步骤 4：（"Materials, Metallurgy" or "Surface Technology, Coating" or "Chemical Engineering" or "Electrical Machinery, Apparatus, Energy" or "Control" or "Measurement" or "Handling" or "Machine Tools" or "Other Special Machines"）/TECT④。

步骤 5：通过（① or ②）and ③ and ④运算，得到初步检索结果，然后进行数据清洗，剔除不相关专利⑤。

步骤 6：将文献中提及的专利添加到⑤，得到最终的结果。

12.1.4　检索结果的处理

在具体的分析过程中，针对某些要求，需要将同一专利权人或发明人的不同表达方式进行归并。例如：为了分析新日铁住金申请的薄带连铸连轧专利信息，需要将专利权人为 Nippon Steel、New Nippon Steel、Nippon Steel Sumitomo Metals、Nippon Steel & Sumitomometal 的专利归并，归并后的专利权人为新日铁住金。

12.2　全球薄带连铸连轧技术专利分析

本部分内容以薄带连铸连轧生产钢铁领域专利数据为基础，分析了该领域专利的全球发展状况、主要企业的专利情况及法律状态。本检索截止日期为 2017 年 6 月，考虑到 2016 年及 2017 年申请公开的不完全性，这一时间段的数据仅供参考。

同一项发明创造在多个国家申请专利而产生的一组内容相同或者基本相同的专利文献称为一个专利族或同族专利。从技术角度来看，属于同一专利族的多件专利申请可被视为同一项技术。

12.2.1　全球专利整体发展状况/技术投资趋势

截至 2017 年 6 月，全球薄带连铸连轧领域共申请专利 12682 件，涉及同族专利 4334 项。

图 12-1 是薄带连铸连轧全球专利申请的发展趋势图。从该图可以看出，薄带连铸连轧领域的发展可以分为以下几个阶段：

（1）缓慢发展期（1857~1975 年）。这一阶段薄带连铸连轧技术在全球的专利申请量较少，1857 年 Henry Bessemer 申请了第一件薄带连铸连轧钢带的专利。这一时期的专利共 889 件，年均申请量不到 9 件。这一阶段的专利申请量占总申请量的 7.0%。申请人为 Hazelett Strip Casting、Voestalpine、Southwire、Boehler、Vaw Vereinigte Aluminium Werke、Prolizenz、Mannesmann、Sms、Arcelormittal、ThyssenKrupp 等国外申请人。

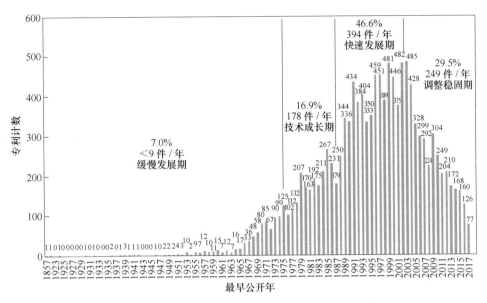

图 12-1　钢铁领域薄带连铸连轧全球专利年度趋势图

（2）技术成长期（1976～1987 年）。从 1976 年开始，申请量逐年增长，并且增长速度逐渐加快。这一时期申请的专利共 2141 件，年均申请量 178 件。这一阶段的专利申请量占总申请量的 16.9%。这一阶段，主要的薄带连铸连轧产线，如 Hikari、Eurostrip 以及研究单位等申请了大量的专利。主要的申请人有 NSSM、Allegheny Ludlum、Hitachi、MHI、Hazelett Strip Casting、JFE、Voestalpine、IHI、Mannesmann、ThyssenKrupp、Nisshin Steel、Olin、Kobe Steel。

（3）快速发展期（1988～2002 年）。在 1988 年之后至 2002 年之前的这一阶段，薄带连铸连轧技术在全球的专利申请呈现快速发展的趋势，年申请量较上一阶段更多。这一时期申请的专利共 5911 件，年均申请量 394 件。这一阶段的专利申请量占总申请量的 46.6%。这一阶段专利申请以产线 Castrip、Eurostrip、Hikari、poStrip 等为主。主要申请人有 Arcelormittal、NSSM、ThyssenKrupp、IHI、BHP、MHI、SMS、Voestalpine、POSCO、Mannesmann、Hitachi。

（4）调整稳固期（2003 年至今）。2003 年至今的这一阶段，薄带连铸连轧技术在全球的专利申请呈现调整稳固发展的趋势。这一时期申请的专利共 3741 件，年均申请量 249 件。这一阶段的专利申请量占总申请量的 29.5%。这一阶段专利申请以产线 Castrip、poStrip、Baostrip、E^2-Strip 等为主。主要的申请人有 POSCO、Nucor、IHI、Baosteel、SMS、ThyssenKrupp、BHP、Voestalpine、Salzgitter Flachstahl、Siemens、Northeastern University、Arcelormittal。

12.2.2　专利世界地图

图 12-2 列举了钢铁领域薄带连铸连轧专利在不同国家/地区/组织的专利申请数量。从中可以看出，按照专利申请数量依次排序，在日本公开的专利数量最多，为 2569 件；其后依次为美国 1176 件、德国 1005 件、韩国 987 件、欧盟 737件、中国 695 件、澳大利亚 574 件、世界知识产权组织 494 件、加拿大 449 件、奥地利 427 件。这十个国家/地区/组织的专利申请量合计达到 9113 件，占总数（12682 件）的 71.86%。由此可以看出，专利申请人非常重视日本、美国、德国、韩国、中国等地区的市场，通过专利申请获得相应地区的法律保护。

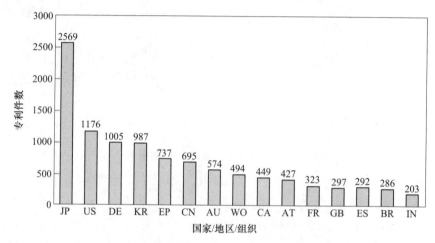

图 12-2　不同国家/地区/组织的专利申请数量

JP—日本；US—美国；DE—德国；KR—韩国；EP—欧盟；CN—中国；

AU—澳大利亚；WO—世界知识产权组织；CA—加拿大；AT—奥地利；FR—法国；

GB—英国；ES—西班牙；BR—巴西；IN—印度

基于一个专利家族中申请人所在的国家，统计其所在国在薄带连铸连轧生产钢铁方面的专利申请数量，可知某个国家在本领域的技术研发状况。

图 12-3 为申请人所在地的专利申请分布图。通过分析发现，总体上，薄带连铸连轧生产钢铁专利申请量最多的国家是日本，为 1904 件；其次为韩国 604件；然后依次为美国、中国、德国、法国、澳大利亚和英国。日本、韩国、美国、中国、德国在薄带连铸连轧生产钢铁领域的研发产出最多，这五个国家的申请专利总和（3715 个专利族）占全球专利申请（4334 个专利族）的 85.72%。可见本领域技术集中度较高，专利技术创新主要集中在以上五个国家。其中，日本薄带连铸连轧技术研发的代表企业有新日铁住金、日立金属、IHI 公司、三菱重工；韩国薄带连铸连轧技术研发的代表企业是浦项制铁；美国薄带连铸连轧技术研发的代表企业是纽柯；中国薄带连铸连轧技术研发的代表是宝钢和东北大学。

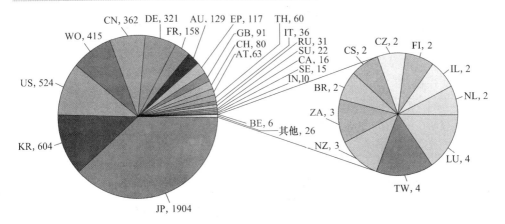

图 12-3　专利申请人所在地分布

德国薄带连铸连轧技术研发的代表企业是蒂森克虏伯、西马克。

12.2.3　主要申请人情况

　　根据各个企业申请的专利数量由多到少的顺序，排在前 10 位的主要申请人共申请专利 5867 件，占总申请量的 46.3%。主要申请人的有效专利 1777 件，无效专利 4090 件，有效率 30.3%。这些申请人分别是新日铁住金、安赛乐米塔尔、蒂森克虏伯、IHI 公司等，具体申请情况如图 12-4 所示。

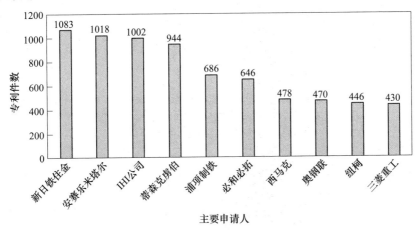

图 12-4　主要申请人专利情况

　　图 12-4 中的前 10 位主要申请人在铸辊、侧封技术及控制方法等方面申请了大量的专利。其中，在铸辊方面专利涉及高冷却能力铸辊的制备方法、辊面的清理、表面处理方法、表面处理装置、表面损伤测量、表面覆盖装置等；侧封技术方面专利涉及侧封板结构、绝热侧封板、侧封板用耐火材料、侧封板加热装置、

侧封板预热装置、防止侧封板磨损的方法、防止侧封板磨损的装置、侧封板振动控制装置、侧封板振动调节装置以及气封装置振动控制方法、侧封板快速更换方法、防止侧封板表面浮渣增长的装置、侧封板的润滑装置和方法、侧封板均匀密合装置、控制侧封板位置和载荷的方法等。

图 12-5 为顶尖参与者的投资趋势，从图中可以看出主要申请人的研发时间段以及在各个年份的专利申请情况。从图中可以看出，主要申请人中目前研发依然活跃的是蒂森克虏伯、浦项制铁、西马克以及纽柯。

从表 12-1 中可以看出，主要申请人的专利有效率整体偏低，除了浦项制铁和纽柯专利的有效率在 70% 以上，其余申请人专利的有效率均低于 40%。造成这种现象，一方面与这些申请人早期申请专利数量大，而早期的专利已基本失效有关，另一方面也与其最新申请量较少有关。

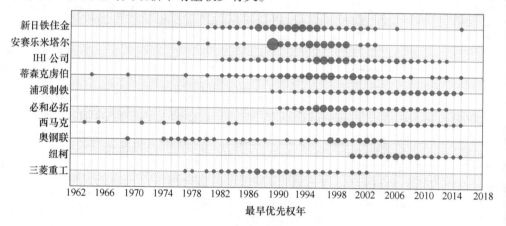

图 12-5　顶尖参与者的投资趋势

表 12-1　各主要申请人的专利法律状态

申请人	授权/件	申请/件	撤销/件	过期/件	放弃/件	有效率/%	申请年份
新日铁住金	66	9	63	250	695	6.9	1980~2015
安赛乐米塔尔	92	0	59	221	646	9.0	1976~2010
IHI 公司	298	21	43	169	471	31.8	1982~2016
蒂森克虏伯	184	26	54	153	527	22.2	1969~2016
浦项制铁	445	48	80	20	93	71.9	1989~2016
必和必拓	214	16	16	115	285	35.6	1991~2016
西马克	118	41	40	59	220	33.3	1972~2016
奥钢联	142	5	38	75	210	31.3	1969~2005
纽柯	238	91	23	4	90	73.8	2001~2017
三菱重工	14	0	7	130	279	3.3	1977~2002

12.2.3.1　新日铁住金/Nippon Steel & Sumitomo Metal

新日铁住金申请专利1083件，有效专利75件，无效专利1008件，有效率6.9%。新日铁住金申请的1083件专利中，有180件是与三菱重工共同申请的。新日铁住金所公开的薄带连铸连轧专利中，采用的方法主要是斜式双辊、水平双辊、垂直双带、立式双辊，主要产品定位：低碳钢和不锈钢（奥氏体不锈钢、铬不锈钢、铬镍不锈钢、铌不锈钢）。

注：不锈钢按组织状态分为：马氏体不锈钢、铁素体不锈钢、奥氏体不锈钢、奥氏体-铁素体（双相）不锈钢及沉淀硬化不锈钢等。按成分分为：铬不锈钢、铬镍不锈钢和铬锰氮不锈钢等。

图12-6是新日铁住金在不同国家/地区/组织的专利申请情况，从中可以看出新日铁住金在日本申请了801件薄带连铸连轧专利，此外还在其他20个国家和地区申请了薄带连铸连轧专利，其中韩国专利40件，美国专利40件，欧盟专利39件，德国专利36件。此外，通过分析发现，新日铁住金近十年共申请了16件专利，主要是在日本（8件）、巴西（1件）、中国（1件）、欧盟（1件）、印度（1件）、韩国（1件）申请。

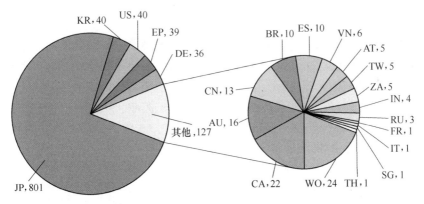

图12-6　新日铁住金在不同国家/地区/组织的专利申请情况

新日铁住金在专利JPH10180423A、JPH0796146B2、JP2075764C、JPH1076352A、JPH02295649A中公开了几种不同的薄带连铸连轧生产钢铁的方法。具体如图12-7所示。

12.2.3.2　安赛乐米塔尔/ Arcelormittal

安赛乐米塔尔申请专利1018件，有效专利92件，无效专利926件，有效率9.0%。安赛乐米塔尔申请的1018件专利中，有492件是与蒂森克虏伯共同申请的，25件是与奥钢联共同申请的。安赛乐米塔尔所公开的薄带连铸连轧专利中，采用的方法主要是立式双辊，主要产品定位：不锈钢（无微裂纹的铁素体不锈钢

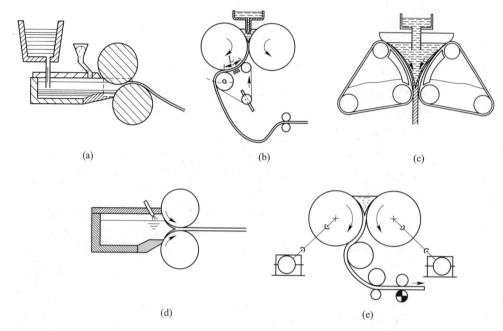

图 12-7　新日铁住金几种不同的薄带连铸连轧生产钢铁的方法

带、高韧性铁素体不锈钢、表面质量极好的奥氏体不锈钢带）和碳钢。

　　图 12-8 是安赛乐米塔尔在不同国家/地区/组织的专利申请情况，从中可以看出安赛乐米塔尔在全球 43 个国家和地区申请了薄带连铸连轧专利，其中德国专利 76 件，欧盟专利 71 件，法国专利 69 件，奥地利专利 60 件，西班牙专利 53 件，美国专利 53 件，丹麦专利 50 件，日本专利 50 件。此外，通过分析发现，安赛乐米塔尔近十年共申请了 3 件专利，主要是在日本（2 件）、美国（1 件）申请。

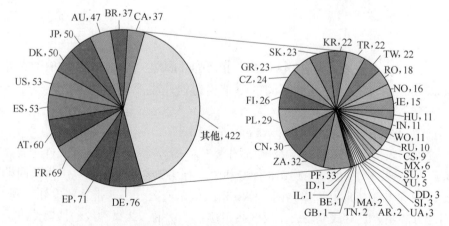

图 12-8　安赛乐米塔尔在不同国家/地区/组织的专利申请情况

安赛乐米塔尔在专利 DE69715622D1 中公开了一种用电解法为薄带连铸连轧用铸辊表面镀覆金属层的方法。在专利 DE60315129D1 中公开了一种由含铜量高的碳钢制成钢铁冶金制品的方法，铸带厚度在 10mm 以内。这种钢铁制品用于汽车工业。

12.2.3.3　IHI 公司/IHI Corproation

IHI 公司申请专利 1002 件，有效专利 319 件，无效专利 683 件，有效率 31.8%。IHI 公司申请的 1002 件专利中，有 564 件是与必和必拓共同申请的，55 件是与纽柯共同申请的，27 件是与 Castrip 共同申请的，7 件是与 JFE 共同申请的。IHI 所公开的薄带连铸连轧专利中，采用的方法主要是立式双辊式、辊带式，主要产品定位：普通碳钢、奥氏体不锈钢和高强钢。

图 12-9 是 IHI 公司在不同国家/地区/组织的专利申请情况，从中可以看出 IHI 公司在日本申请了 227 件薄带连铸连轧专利，此外还在其他 30 个国家和地区申请了薄带连铸连轧专利，其中澳大利亚专利 202 件，德国专利 41 件，中国专利 36 件，新西兰专利 36 件，韩国专利 34 件。此外，通过分析发现，IHI 公司近十年共申请了 132 件专利，主要是在世界知识产权组织（51 件）、澳大利亚（24 件）、日本（19 件）、马来西亚（9 件）、新西兰（8 件）、韩国（6 件）、印度（5 件）、美国（3 件）、中国（2 件）申请。

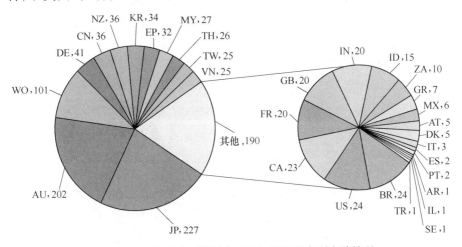

图 12-9　IHI 公司在不同国家/地区/组织的专利申请情况

IHI 公司在专利 JPS6221445A 中公开了一种辊带式连铸机，如图 12-10 所示。

12.2.3.4　蒂森克虏伯/ThyssenKrupp

蒂森克虏伯申请专利 944 件，有效专利 210 件，无效专利 734 件，有效率 22.2%。蒂森克虏伯申请的 944 件专利中，有 492 件是与安赛乐米塔尔共同申请的，42 件是与奥钢联共同申请的。蒂森克虏伯所公开的薄带连铸连轧专利中，

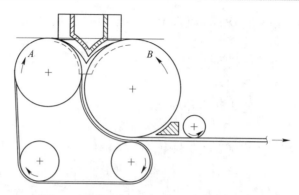

图 12-10　IHI 公司公开的一种辊带式连铸机

采用的方法主要是水平单带式、立式双辊式，主要产品定位：电工钢、高锰钢、奥氏体不锈钢、马氏体钢、低碳钢。

　　图 12-11 是蒂森克虏伯在不同国家/地区/组织的专利申请情况，从中可以看出蒂森克虏伯在德国申请了 147 件薄带连铸连轧专利，此外还在其他 37 个国家和地区申请了薄带连铸连轧专利，其中欧盟专利 92 件，奥地利专利 72 件，西班牙专利 60 件，美国专利 57 件，日本专利 45 件。此外，通过分析发现，蒂森克虏伯近十年共申请了 48 件专利，主要是在韩国（9 件）、德国（8 件）、世界知识产权组织（8 件）、日本（5 件）、美国（5 件）、欧盟（4 件）、中国（3 件）申请。

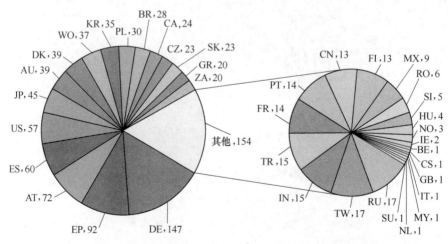

图 12-11　蒂森克虏伯在不同国家/地区/组织的专利申请情况

　　蒂森克虏伯在专利 DE60110643D1 中公开了一种用于生产取向电工钢带的工艺，钢液通过双辊式薄带连铸连轧设备被铸成厚度为 1.5~4.5mm 的带材，并且冷轧至 1.0mm 和 0.15mm 之间的最终厚度，产品具有优异且稳定的磁特性。在专利 DE10060948C2 中公开了一种由锰含量 12%~30%（质量百分数）的钢液制造具有 TWIP 特性和 TRIP 特性的热轧带材的方法：钢液在两辊铸造机中被铸成接近最终尺寸的预制钢带，厚度最大为 6mm，把预制钢带热轧到最终厚度。该方法使既具有高的锰含量，也具有良好变形性能的钢带的制造成为可能。

专利 DE10060950C2 公开了一种水平带式生产取向电工钢带的方法，采用的是水平带式连铸设备。如图 12-12 所示。

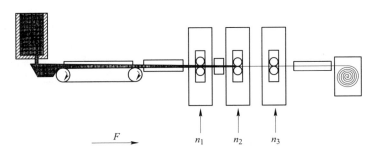

图 12-12 蒂森克虏伯公开的一种水平带式连铸装备

12.2.3.5 浦项制铁/POSCO

浦项制铁申请专利 686 件，有效专利 493 件，无效专利 193 件，有效率 71.9%。浦项制铁所公开的薄带连铸连轧专利中，采用的方法主要是立式双辊技术和立式单辊技术，主要产品定位：不锈钢、高锰钢、复合钢板。

图 12-13 是浦项制铁在不同国家/地区/组织的专利申请情况，从中可以看出浦项制铁在韩国申请了 531 件薄带连铸连轧专利，此外还在其他 9 个国家和地区申请了薄带连铸连轧专利，其中美国专利 36 件，中国专利 30 件，世界知识产权组织专利 21 件，日本专利 17 件，欧盟专利 16 件，澳大利亚专利 14 件。此外，通过分析发现，浦项制铁近十年共申请了 341 件专利，主要是在韩国（246 件）、美国（24 件）、中国（22 件）、世界知识产权组织（13 件）、日本（11 件）、印度（10 件）、欧盟（7 件）、澳大利亚（6 件）、德国（2 件）申请。

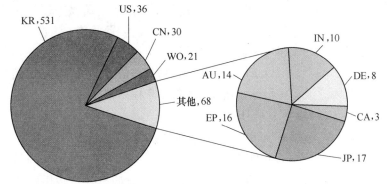

图 12-13 浦项制铁在不同国家/地区/组织的专利申请情况

浦项制铁在专利 KR101677353B1 中公开了一种节约型双相不锈钢的制造方法，采用的是立式双辊法。在专利 KR20150074299A 中公开了一种薄带连铸连轧装置，采用的是水平单辊法。具体如图 12-14 所示。

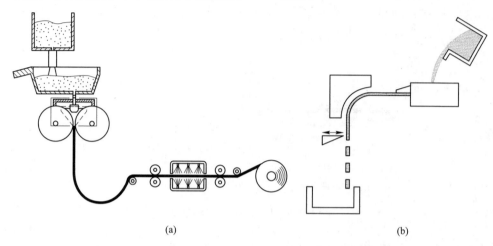

图 12-14   浦项制铁几种不同的薄带连铸连轧生产钢铁的方法

浦项制铁申请的不锈钢专利包括生产高强度不锈钢、生产双相不锈钢（节约型双相不锈钢、超韧双相不锈钢、高氮节约型双相不锈钢、减少夹杂物的双相不锈钢、高氮含量和良好表面质量的双相不锈钢）、生产马氏体不锈钢（中碳马氏体不锈钢、高碳马氏体不锈钢、高淬火硬度马氏体不锈钢）、生产奥氏体不锈钢（高表面质量奥氏体不锈钢、高内部质量奥氏体不锈钢、高强度奥氏体不锈钢、高耐蚀性奥氏体不锈钢、优良边缘性能奥氏体不锈钢）、生产含钛不锈钢、不锈钢表面缺陷的控制方法等。

此外，浦项制铁公布的一系列通过双辊式薄带连铸连轧生产高锰钢的专利中，锰的质量百分比为 10%~40%，钢带厚度为 1~10mm。专利 KR20010064994A 公开了一种用带钢连铸机生产复合钢板的方法，采用的是立式双辊连铸技术。专利 KR100314849B1 公开了一种控制双辊连铸带材厚度的装置及其方法，测量固定辊和水平可移动辊的辊颈的位移值和辊身的位移值，由这两个位移值预报固定辊的最近点的位移值和可移动辊的最近点的位移值并计算其差值，得到固定辊和可移动辊之间的辊缝的变化量，通过将辊缝变化量减到最小来控制带材厚度。

12.2.3.6   必和必拓公司/BHP Billiton

必和必拓申请专利 646 件，有效专利 230 件，无效专利 416 件，有效率 35.6%。必和必拓申请的 646 件专利中，有 564 件是与 IHI 公司共同申请的，55 件是与纽柯共同申请的，26 件是与 Castrip 共同申请的。必和必拓所公开的薄带连铸连轧专利中，采用的方法主要是立式双辊技术，主要产品定位：不锈钢、普通碳钢。

图 12-15 为必和必拓在不同国家/地区/组织的专利申请情况。从中可以看出，必和必拓在澳大利亚申请了 176 件薄带连铸连轧专利，此外还在其他 29 个国家和地区申请了薄带连铸连轧专利，其中世界知识产权组织专利 85 件，日本专利 66 件，新西兰专利 38 件，马来西亚专利 28 件，越南专利 26 件，中国台湾专利 23 件，加拿大专利 22 件，德国专利 21 件。此外，通过分析发现，必和必拓近十年共申请了 114 件专利，主要是在世界知识产权组织（46 件）、澳大利亚（23 件）、越南（18 件）、马来西亚（9 件）、新西兰（8 件）、泰国（6 件）、中国（2 件）、印度（2 件）申请。

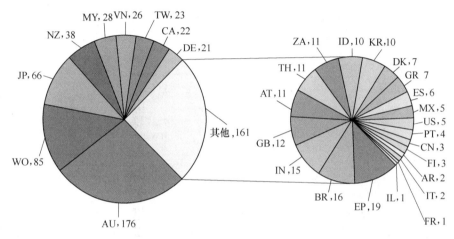

图 12-15　必和必拓在不同国家/地区/组织的专利申请情况

专利 JP2008502481A 公开了一种炼钢用二氧化锆耐火材料。耐火材料由 50%～95% 的二氧化锆，0～35% 的二氧化硅，5%～35% 的碳，低于 5% 的氧化铝、抗氧剂和碳化物组成的。抗氧剂含量可高达约 10% 重量。耐火材料用于制造输送管嘴和转换部件注口堵坝。

专利 DE69909017D1 公开了一种用于连铸钢带的铸辊和设备。铸辊包括：一柱形铜或铜合金管，其壁厚在 30～200mm 的范围内；形成纵向水流通道的多个孔。分布在管子两端的一对钢连接柱，具有与管子端部紧配合的端部结构，端部结构包括与相应的管子端邻接的周缘。

12.2.3.7　西马克集团/SMS

西马克申请专利 478 件，有效专利 159 件，无效专利 219 件，有效率 33.3%。西马克申请的 478 件专利中，有 125 件是与 Main Man Inspiration 共同申请的，10 件是与萨尔茨吉特法特尔共同申请的。西马克所公开的薄带连铸连轧专利中，采用的方法主要是喷射带式、水平单带式、辊带式、立式双辊。

图 12-16 为西马克在不同国家/地区/组织的专利申请情况，从中可以看出西马克在德国申请了 79 件薄带连铸连轧专利，此外还在其他 32 个国家和地区申请了薄带连铸连轧专利，其中欧盟专利 61 件，世界知识产权组织专利 50 件，美国专利 43 件，奥地利专利 39 件，中国专利 33 件，澳大利亚专利 27 件，印度专利 19 件。此外，通过分析发现，西马克近十年共申请了 127 件专利，主要是在德国（19 件）、世界知识产权组织（17 件）、欧盟（15 件）、中国（14 件）、美国（14 件）、印度（8 件）、俄罗斯（8 件）、韩国（6 件）、日本（5 件）申请。

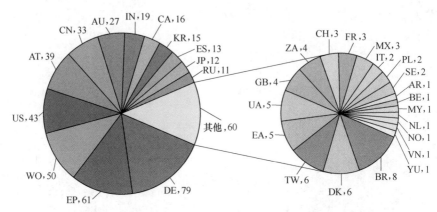

图 12-16 西马克在不同国家/地区/组织的专利申请情况

西马克在专利 DE102009048165A1、专利 DE19758108C1、专利 DE10042078A1、专利 DE19636699C2 中公开了几种不同的薄带连铸连轧生产钢铁的方法。具体如图 12-17 所示。

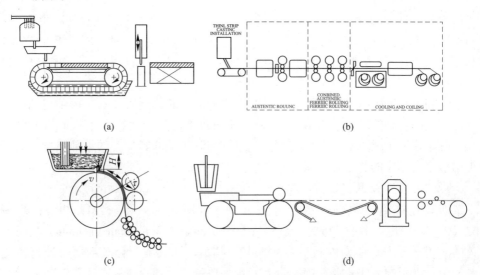

图 12-17 西马克几种不同的薄带连铸连轧生产钢铁的方法

12.2.3.8　奥钢联/Voestalpine

奥钢联申请专利 470 件，有效专利 147 件，无效专利 323 件，有效率 31.3%。奥钢联申请的 470 件专利中，有 88 件是与 Acciai Speciali Terni 共同申请的，42 件是与蒂森克虏伯共同申请的，25 件是与安赛乐米塔尔共同申请的。奥钢联所公开的薄带连铸连轧专利中，采用的方法是立式双辊。

图 12-18 是奥钢联在不同国家/地区/组织的专利申请情况，从中可以看出奥钢联在奥地利申请了 62 件薄带连铸连轧专利，此外还在其他 33 个国家和地区申请了薄带连铸连轧专利，其中德国专利 43 件，美国专利 32 件，欧盟专利 31 件，世界知识产权组织专利 29 件，加拿大专利 26 件，巴西专利 23 件，西班牙专利 19 件，中国专利 18 件，韩国专利 16 件。

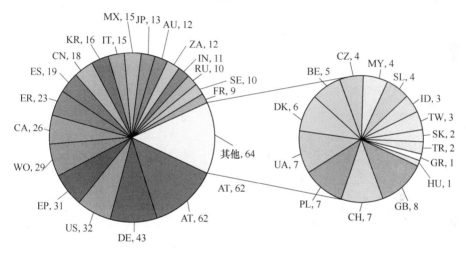

图 12-18　奥钢联在不同国家/地区/组织的专利申请情况

奥钢联在专利 DE50207410D1 中公开了一种用于在双辊或单辊设备中连续铸造金属钢带的铸辊及生产铸辊的方法。铸辊包括具有外侧表面的辊芯和环形辊壳，辊壳冷缩在辊芯上并且具有内侧表面。在铸辊和辊芯之间的连接点可以抵抗热载荷和机械载荷，同时在长时间内防止辊壳在辊芯上的移动。铸辊结构如图 12-19 所示。

12.2.3.9　纽柯/Nucor

纽柯申请专利 446 件，有效专利 329 件，无效专利 117 件，有效率 73.8%。纽柯申请的 446 件专利中，有 55 件是与 IHI 共同申请的，55 件是与必和必拓共同申请的，6 件是与 Siemens 共同申请的。纽柯所公开的薄带连铸连轧专利中，采用的方法是立式双辊，产品定位：碳钢。

图 12-20 是纽柯在不同国家/地区/组织的专利申请情况，从中可以看出纽柯在美国申请了 114 件薄带连铸连轧专利，此外还在其他 31 个国家和地区申请了

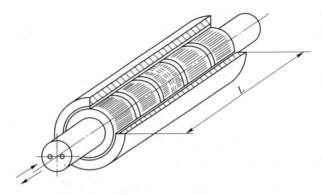

图 12-19 奥钢联公开的一种铸辊生产方法

薄带连铸连轧专利，其中世界知识产权组织专利 68 件，欧盟专利 45 件，韩国专利 44 件，中国专利 39 件，印度专利 25 件，巴西专利 16 件，墨西哥专利 16 件，乌克兰专利 12 件。此外，通过分析发现，纽柯近十年共申请了 285 件专利，主要是在美国（75 件）、世界知识产权组织（48 件）、韩国（32 件）、欧盟（29件）、中国（24 件）、印度（17 件）、巴西（10 件）、墨西哥（10 件）申请。

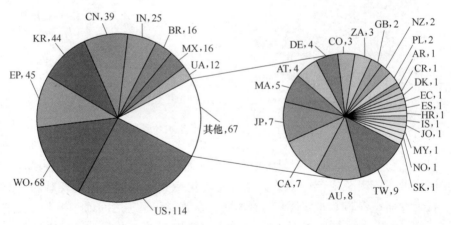

图 12-20 纽柯在不同国家/地区/组织的专利申请情况

专利 US8312917B2 公开了一种控制在薄铸件带上形成鳄鱼皮表面粗糙的方法，通过装配旋转刷子，使之在铸造表面接触熔融金属之前先与铸造表面接触，控制旋转刷子在铸造辊表面上施加的能量，以通过提供与铸造池的熔融金属的浸润接触，清洁并露出铸造辊表面的大多数凸起。可以通过在清洁铸造表面时，根据所测得的热通量和初始测得的热通量之间的差，控制旋转刷子在铸造辊上施加的能量，通过自动化控制来实现清洁步骤。

12.2.3.10　三菱重工/ Mitsubishi Heavy Industries

三菱重工申请专利 430 件，有效专利 14 件，无效专利 416 件，有效率3.3%。三菱重工申请的 430 件专利中，180 件是与新日铁住金共同申请的。三菱重工所公开的薄带连铸连轧专利中，采用的方法主要是垂直双带式、水平双辊式、立式双辊技术，主要产品定位：高磷钢。专利主要涉及装置设备控制方法等。

图 12-21 是三菱重工在不同国家/地区/组织的专利申请情况，从中可以看出三菱重工在日本申请了 347 件薄带连铸连轧专利，此外还在其他 14 个国家和地区申请了薄带连铸连轧专利，其中美国专利 14 件，韩国专利 12 件，德国专利 11件，欧盟专利 11 件，加拿大专利 8 件。

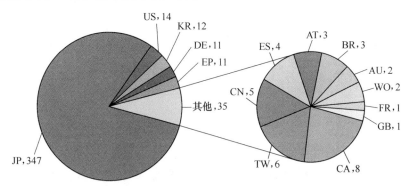

图 12-21　三菱重工在不同国家/地区/组织的专利申请情况

三菱重工在专利 JP2009188C 中公开了一种双带式连铸机，生产的薄带厚度在 50mm 以内。如图12-22 所示。

12.2.4　其他申请人情况

除了第三部分提到的申请量排在前十位的申请人之外，其他企业例如日立金属、宝钢、东北大学、哈兹列特带钢公司、萨尔茨吉特法特尔、曼内斯曼股份公司等单位在薄带连铸连轧生产钢铁方面也申请了专利。

哈兹列特带钢公司公布的薄带连铸连轧专利采用的是斜双带式。图 12-23 是哈兹列特带钢公司公布的双带式连铸装置。由同步运行的两条无端钢带组成，钢带分别套在上下两个框架上，每个框架有

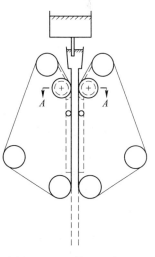

图 12-22　三菱重工公开的一种双带式连铸机

2~4个导向支承钢带（框架间距可以调整），下框架上带有不锈钢窄带（绳）连接起来的金属块，构成结晶腔的边部侧挡块，它靠钢带的摩擦力与运动的钢带同步移动，两侧边部挡块的距离可以调整。框架内设有许多支撑辊，从上下钢带的内侧对应地顶紧钢带，并可调节、控制其张紧程度，保证钢带的平直度偏差。

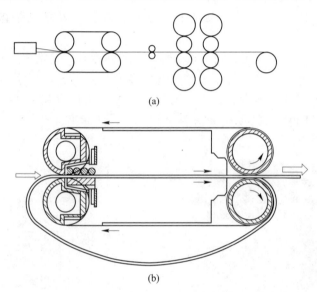

(a)

(b)

图 12-23　哈兹列特带钢公司公布的双带式连铸装置

　　宝钢薄带连铸连轧专利涉及低碳微合金高强钢带制造方法，生产免酸洗热镀薄板带产品，复合板带的双辊薄带制备方法，薄带连铸连轧生产经济性高强捆带及其制造方法，无取向高硅钢薄板的制备方法，双辊式薄带连铸连轧用陶瓷侧封板制备方法，薄带连铸连轧侧封板长寿命使用方法等；涉及用于薄带连铸连轧开卷机的简易制动器、薄带连铸连轧生产线轧后冷却系统及其控制方法、金属板带的紧凑型生产工艺布置、金属复合板的铸轧复合生产装置、高硅钢薄带的铸轧装置等；涉及薄带连铸连轧结晶辊表面梯度合金镀层的制备方法、薄带连铸连轧结晶辊表面修复方法、薄带连铸连轧结晶辊表面纹理形貌在线控制方法等；涉及测量薄带连铸连轧界面热流/换热系统的装置及测量方法、薄带连铸连轧活套检测和控制方法、薄带连铸连轧工艺中钢水液位的检测装置等。采用的是立式双辊连铸。

　　东北大学专利涉及新能源汽车驱动电机用高强度无取向硅钢的制造方法、双相不锈钢薄带及其近终成形制备方法、双辊式薄带连铸连轧制备1.5mm级Fe-Si合金带的方法、薄带连铸连轧结合还原退火生产热轧免酸洗板的方法等；涉及高硅钢的轧制装置、双冷却区双辊铸轧装置、等轴晶铁素体不锈钢板带的铸轧设备、一种静磁场双辊铸轧机等。

　　日立薄带连铸连轧采用的是垂直双带式、立式双辊技术。萨尔茨吉特法特尔公布了一系列的薄带连铸连轧专利，采用的是水平单带式、水平单辊式。曼内斯曼股份公司专利采用的是水平单带式。

12.3　国内薄带连铸连轧专利整体布局分析

以薄带连铸连轧技术在中国的专利申请为基础，从中国专利申请的趋势、专利申请的国别以及主要申请人情况等方面出发，对薄带连铸连轧技术在中国专利申请状况进行分析。

12.3.1　国内专利发展状况/技术投资趋势

薄带连铸连轧技术领域在中国共申请专利 695 件。各个年份申请的专利情况具体如图 12-24 所示。

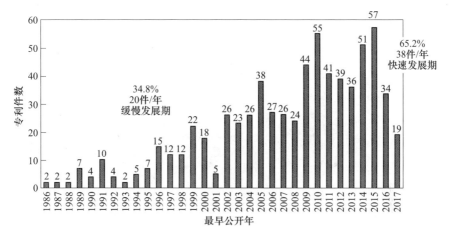

图 12-24　薄带连铸连轧专利在中国的申请情况

从图 12-24 可以看出，薄带连铸连轧专利在中国的发展大致经历了两个阶段：

（1）缓慢发展期（1985~2005 年）。这一阶段共申请专利 242 件，年均申请量 20 件。以宝钢、IHI 公司、安赛乐米塔尔、纽柯、西马克、奥钢联、新日铁住金、浦项制铁、蒂森克虏伯、曼内斯曼股份公司、哈兹列特带钢公司、三菱重工为主要申请人。这一阶段的申请量占总申请量的 34.8%。

（2）快速发展期（2008 年至今）。这一阶段共申请专利 453 件，年均申请量 38 件，以宝钢、东北大学、浦项制铁、纽柯、武钢、西马克、上海大学、哈尔滨工业大学、一重集团大连设计研究院有限公司、南方连铸工程有限责任公司、燕山大学、常州宝菱重工机械有限公司为主要申请人。这一阶段的申请量占总申请量的 65.2%。

12.3.2　专利申请的国别分析

图 12-25 为申请人所在国的专利申请分布图。通过分析发现，在中国公开的专利中，申请人主要集中在中国、美国、日本、德国、澳大利亚、法国、韩国。其中，中国企业申请了 362 件专利，美国企业申请了 67 件专利，日本企业申请了 48 件专利，德国企业申请了 46 件专利，澳大利亚企业申请了 38 件专利，法国企业申请了 37 件专利，韩国企业申请了 29 件专利。这些国家的申请人共申请了 627 件专利，占在中国申请专利总数的 90.2%。

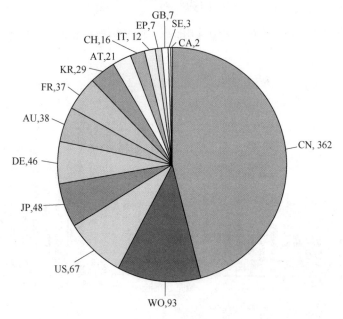

图 12-25　申请人所在国的专利申请分布图

中国的宝钢、东北大学、武钢、上海大学、哈尔滨工业大学、一重集团大连设计院，美国的纽柯，日本的 IHI 公司、新日铁住金、三菱重工，德国的西马克、蒂森克虏伯、曼内斯曼股份公司、萨尔茨吉特法特尔，韩国的浦项制铁等单位在中国申请了大量的专利。

12.3.3　主要申请人情况

薄带连铸连轧技术领域在中国申请的 695 件专利中，有效专利 437 件，无效专利 258 件，有效率 62.9%。

前 10 位主要申请人在国内共申请专利 442 件，占总申请量的 63.6%。主要申请人的有效专利 305 件，无效专利 137 件，有效率 69.0%。具体情况如表 12-2 所示。

表 12-2 中的主要申请人中，IHI 公司、西马克、安赛乐米塔尔、奥钢联、新日铁住金专利的有效率均低于平均有效率，而宝钢、东北大学、纽柯、浦项制铁、武钢的有效率均在平均有效率以上，这几个申请人在国内的申请非常活跃，研发薄带连铸连轧技术需要重点关注这几个申请人。

表 12-2　主要申请人的法律状态

申请人	授权/件	申请中/件	撤销/件	过期/件	放弃/件	有效率/%
宝钢	123	13	1	20	6	83.4
东北大学	38	15	1	3	4	86.9
纽柯	22	6	4	4	3	71.8
IHI 公司	17	0	0	7	12	47.2
西马克	10	2	0	14	7	36.4
安赛乐米塔尔	4	0	0	15	11	13.3
浦项制铁	16	9	0	0	5	83.3
武钢	14	3	1	1	1	89.5
奥钢联	10	0	1	3	4	55.6
新日铁住金	3	0	0	8	2	23.1

12.3.4　在国内公开专利简析

宝山钢铁股份有限公司、武汉钢铁（集团）公司、南昌钢铁有限责任公司、纽柯、新日铁住金、浦项制铁、沙钢集团有限公司、鞍钢股份有限公司、东北大学、燕山大学、武汉科技大学、上海大学、重庆大学、哈尔滨工业大学、北京科技大学、江西理工大学、衡阳华锋实业有限公司、烟台万隆真空冶金股份有限公司、常州宝菱重工机械有限公司、澳洲澳秀科技有限公司、一重集团大连设计研究院有限公司、南昌市南方连铸工程有限责任公司、西马克、衡阳市恒生铸轧有限公司、戚建明、上海柯瑞冶金炉料有限公司、刘文辉，沈厚发等单位和个人在中国申请公开了薄带连铸连轧方面的专利。这些薄带连铸连轧专利主要集中在以下几个方面。

12.3.4.1　布流系统

薄带连铸用布流装置是整个薄带设备中最关键的部件之一，其布流性能的好坏一直影响薄带坯最终质量。

宝山钢铁股份有限公司公布了一系列薄带连铸连轧布流装置，包括双隔板布流装置、分流式布流装置、孔板式布流装置、筛式布流装置、吊杆式布流器、旋流布流器、漏斗形布流器、底部蔓延型布流装置、壁面压迫型布流装置、分段式布流装置、异形布流器等；武汉科技大学公布了双辊式薄带连铸连轧用铝碳质布流水口以及高铝质布流水口的制备方法；上海大学公布了薄带连铸连轧用多水口稳流布流装置、碗式抑湍稳流布流装置、平行板式稳流布流装置、对冲式稳流布流装置、双段结构稳流布流装置；东北大学公布了一种浸入式布流水口；武汉钢铁（集团）公司公布了一种钢液分配装置及布流系统。

布流系统决定着双辊间熔池内（结晶器）流体流动形态、温度分布以及液面波动状况等。在传统连铸以及薄带连铸实验和生产过程中已证明，在熔池中利用合理的布流方式将钢液均匀布置在熔池内，并对钢水的流动进行恰当的控制，将极大地提高薄钢带的质量。布流方式对实现稳定的铸轧过程和保证薄带质量具有十分重要的作用，因为钢水的流动特性与凝固过程是密切相关的。

布流系统主要包括配套使用的钢水分配器和布流器等，其中钢水分配器水口现有结构有管状水口、狭缝式水口等。管状水口分配器的主体为竖直管，竖直管的下端设有水平的两个支管，支管上开设有多个钢水出孔；狭缝式水口分配器的主体也为直管，直管下端开孔，孔口向下为狭长型。

布流器有槽形布流器、楔形布流器等。槽形布流器为槽壁上开设有多个通孔的槽体，而楔形布流器也为槽体结构，其截面为梯形，梯形两腰所在槽壁上开设有多个通孔。使用时，中间包内的钢水流入钢水分配器，钢水分配器的下端插设在布流器内，钢水分配器中排出的钢水直接流入布流器中，经布流器分配均匀后喷射到铸带辊上，凝固成钢带。

在双辊式薄带连铸过程中，金属熔液通过水口进入对向旋转的结晶辊与侧封装置围成的熔池内。熔池内的金属熔液结晶辊工作面经历亚快速凝固过程，最终从两结晶辊距离最近的地方拉出。而水口结构又是薄带质量的重要影响因素之一。研究表明：双辊式薄带连铸过程中，结晶辊自身的旋转会导致其工作面出现金属熔体的剪切流动，而剪切流动与熔池底部回流相互作用，会在靠近结晶辊工作面的位置产生低黏度高温区，即楔形区，降低轧制区长度，并最终降低工艺稳定性，影响最终薄带质量；同时，水口结构有可能造成卡门涡街的出现，这是导致铸带出现多孔缺陷的主要原因。所以，在设计水口结构过程中，必须对结晶辊工作面剪切流的发展进行抑制，同时避免或抑制卡门涡街现象。

12.3.4.2　结晶辊/铸辊

双辊式薄带铸轧钢带是将高温钢水直接流入一对相对旋转的铸轧辊之间，铸轧辊又称为结晶辊，钢水从两辊间自上而下流动逐渐结晶；同时，在双辊轧制力作用下，铸轧成薄板型带钢从双辊辊缝产出。

宝山钢铁股份有限公司公开了一系列结晶辊专利，包括结晶辊在线表面处理方法、结晶辊表面纹理形貌在线控制方法、结晶辊用高强高导铜合金及其制造方法、结晶辊加热方法和装置、结晶辊用低铍铜合金、辊面清理装置及清理方法、结晶辊表面梯度合金镀层的制备方法、结晶辊表面修复方法、结晶辊辊面温度测量装置等；重庆大学公开了一种辊面涂镀金属的方法；衡阳华锋实业有限公司公开了一种防止结晶辊表面粘接钢水的方法及装置；东北大学公开了一种辊面均匀冷却的结晶辊；南昌钢铁有限责任公司公开了一种有效防止结晶辊辊面变形的对辊连铸胀紧密封式结晶辊；烟台万隆真空冶金股份有限公司公开了一种结晶辊用铜套的制造方法；澳洲澳秀科技有限公司、南方连铸工程有限责任公司在结晶辊方面申请了专利。

由于钢水中杂质及硬斑的作用，铸轧辊使用过程辊身表面会产生裂纹、凹坑等缺陷，影响铸轧辊的使用寿命，加大生产成本。

在双辊式薄带连续铸造过程中，接触钢液的结晶辊表面温度约为 600℃，当结晶辊轧制出金属薄带的同时，原来接触钢液的结晶辊表面部分也旋转离开液态金属，暴露于空气中，其表面温度骤降至约 200℃。由此可见，连铸过程中结晶辊表面所处的环境十分恶劣，结晶辊表面要承受着冷热疲劳与应力变形、高温氧化、钢液和保护渣导致的化学腐蚀，以及轧制拉坯对其产生的摩擦与磨损。因而，连铸结晶辊表面应具有良好的抗冷热疲劳性能、良好的导热性能、较高的机械强度以及较好的耐磨性和耐腐蚀性能。

为了提高结晶辊使用寿命和提高薄带连铸生产效率，与传统的方坯、板坯连铸结晶器一样，可以在结晶辊表面镀覆一层金属镍镀层。该金属镀层一方面可以调节结晶辊的热传递系数，以使辊面上的热交换过程更加均匀高效，另一方面还可以对结晶辊本体进行保护，减轻浇铸时产生的热应力和机械应力对结晶辊的损伤，避免轧制拉坯对结晶辊的磨损。表面性能得到改善的结晶辊，其使用寿命延长，从而降低了薄带连铸生产成本，提高了薄带连铸的生产效率和产品质量。

宝钢在专利 CN100577889C 中公开了一种薄带连铸结晶辊表面电镀方法及其电镀液，主要解决现有方法所得镀层厚度不够均匀、镀层的综合性能稍差的技术问题。本发明电镀方法，包括镀前预处理和电镀金属镍步骤。对连铸结晶辊表面进行镀前预处理。即有机溶剂清洗、碱脱脂、电解脱脂、酸浸蚀及活化处理。在电镀金属镍步骤，电镀液的组成为：氨基磺酸镍 $Ni(NH_2SO_3)_2 \cdot 4H_2O$ $250 \sim 380g/L$，氯化镍 $NiCl_2 \cdot 6H_2O$ $8 \sim 15g/L$，硼酸 H_3BO_3 $25 \sim 40g/L$，十二烷基磺酸钠 $CH_3(CH_2)_{10}CH_2OSO_3Na$ $0.05 \sim 0.1g/L$。电镀时，初始 $4 \sim 12min$ 的电流密度为 $0.5 \sim 2.0A/dm^2$，正常电镀时电流密度为 $1.0 \sim 5.0A/dm^2$，辊子转速为 $2 \sim 7r/min$，辊面距离可溶性阳极距离为 $100 \sim 400mm$，镀液温度为 $48 \sim 58℃$，镀液 pH 值为 $2.8 \sim 4.5$。镀液搅拌采用空气搅拌，搅拌强度为 $1.0 \sim 1.5m^3/(m^2 \cdot min)$。当镀层达到 $0.5 \sim 2.0mm$ 后结束电镀。所得金属镍镀层与基体结合力强，应力低，厚度均匀，延展性好，耐磨，抗冷热疲劳性能优异。

法国于西诺尔公司、蒂森钢铁公司在专利 CN1117181C 中介绍了一种用电解法为连铸薄金属带用铸辊表面镀覆金属层的工艺和设备，其工艺是采用电镀工艺在铸辊表面沉积厚度为 $1\sim 2mm$ 的镍金属层。这种方法能改善辊套的金属镀层在抗热机械应力方面的性能，减缓甚至避免在边缘区出现的裂纹，延长辊套的使用寿命的优点。但由于电镀工艺存在一些缺陷，如电流密度低，约为 $1\sim 6A/dm^2$，因而镍层的沉积速度慢，约为 $0.5\sim 1.0\mu m/(min\cdot dm^2)$。因此，对于规格为直径1500mm 的铸辊来说，要得到厚度为 $1\sim 2mm$ 的镍金属层，需要用时 $100\sim 400h$，所需的时间长、成本高。同时，电镀镍层的硬度较低，约为 HV $200\sim 300$，而铸辊表面需要承受凝固带坯的硬壳以及侧封板高温磨损和热疲劳磨损。因此，在铸造过程中很快就会发生磨损，镀层的使用寿命较短。

重庆大学在专利 CN100383290C 中公开了一种采用刷镀的方式在双辊式薄带连铸机铸辊辊面涂镀金属的方法：先清洗铸机辊面区域；在工作电压分别为 $14\sim 16V$、$18\sim 20V$、$22\sim 24V$、$16\sim 24V$，镀笔相对铸辊的运动速度分别为 10~14r/min、12~16r/min、12~16r/min、14~20r/min 条件下分别进行电化学净化、电化学活化、镀结合层和涂镀含纳米颗粒的镍工作层。该发明对铸辊辊面进行涂镀金属层，镀层沉积速率快，铸辊镀覆所需时间短；且镀层硬度高，抗热疲劳性能好，可大幅延长铸辊的使用寿命。该发明的镀覆成本较低，有操作工艺简单、灵活的优点。

结晶辊是连续铸造、轧制工序中的核心部件，其由辊套、辊芯和冷却水通道组成。目前常用的辊套是紫铜、铬青铜或铬锆铜材料，这些材料制成的辊套虽然具有较高的导热能力，但是还存在高温疲劳性差、高温强度和耐磨性差等缺点，而且其使用寿命也不是很理想。

烟台万隆真空冶金股份有限公司在专利 CN102527961B 中公开了一种薄带连铸结晶辊用铜套的制造方法，其组分按质量分数为：铍 $0.03\%\sim 0.08\%$，锰 $0.4\%\sim 2\%$，锆 $0.02\%\sim 0.6\%$，其余为铜。具体步骤为：在真空熔炼炉内先将铜、锰及铍铜合金熔化，再加入锆，浇铸成合金锭；将合金锭依次采用热锻、固溶、冷锻及时效处理工序制备成铜套粗坯；将铜套粗坯进行机加工得到结晶辊用铜套成品。该发明的铜套为一种具有高导电率、高耐高温强度和高硬度的合金材料。其制造方法能有效地细化晶粒、显微组织，以及形成高度弥散的第二相，提高了材料的室温高温强度，改善了疲劳性，提高了材料的强度和耐磨性。

张玉良在专利 CN101829879B 中公开了一种双辊式铸轧薄带钢的钢质铸轧辊的辊身修复方法。该修复方法包括以下步骤：（1）清理残缺的铸轧辊辊身表面并车削，将铸轧辊辊身表面裂纹、凹坑车削掉。（2）将处理后的铸轧辊在炉内预热，温度 $450\sim 550℃$。（3）预热的铸轧辊在埋弧堆焊机上缓慢旋转，在铸轧辊表面堆焊至少三层以上焊丝，焊丝成分（质量分数）为：C $0.8\%\sim 1.0\%$，Cr $11.0\%\sim 13.0\%$，Si $3.5\%\sim 4.5\%$，B $4.0\%\sim 5.0\%$，Mo $0.7\%\sim 1.5\%$，Ni $75.0\%\sim 80.0\%$。焊丝直径4~8mm，埋弧堆焊的焊剂为 HJ431 或 HJ266，旋转线速度为 15~40m/

h；焊后毛坯达到原铸轧辊直径+(3~5)mm。（4）堆焊后进行退火热处理，随炉冷却至180℃出炉，退火温度450~550℃，保温时间10h。（5）退火热处理后的铸轧辊进行辊身切削达新辊要求尺寸与精度即可。

12.3.4.3　侧封技术

侧封是影响铸轧过程中铸带质量和工艺稳定性的关键技术。在双辊式铸轧过程中通常使用某种耐火材料制成的侧封板进行侧封，钢水直接浇入由铸辊和侧封板构成的熔池内，从铸轧开始到结束的整个过程中一直要求侧封板对辊端具有良好的密封。目前在进行双辊式连铸钢带时所采用的侧封技术为一些耐高温材料和电磁侧封。

侧封板是双辊式薄带坯连铸技术不可或缺的关键耐火构件。要求其耐高温，抗热震性能好，与水冷结晶辊配合严密，不漏钢，耐磨损，抗高温钢液的冲刷性好。但是，相对于冶金领域新发展的双辊式薄带坯连铸技术而言，耐火材料方面还没有与之配套的侧封板等关键耐火构件，研发双辊式薄带坯连铸技术所需的耐火侧封板是冶金新技术发展的实际需求。

武汉钢铁（集团）公司公布了一系列薄带连铸连轧用不同材质侧封板的专利，包括莫来石-氮化硼复合陶瓷侧封板、氮化硼质陶瓷侧封板、AZS质侧封板、Max相-氮化硼复合陶瓷侧封板以及具有封闭孔型和振动侧封的薄带连铸连轧机、带钢铸轧机用侧封辊；宝山钢铁股份有限公司公布了侧封控制方法及装置、电磁侧封方法及装置、侧封板长寿命使用方法及装置、侧封板加热装置、铝锆碳-氮化硼复合侧封板等专利；武汉科技大学公布了薄带连铸连轧用侧封板专利，包括石英质侧封板及用铝硅/锆质耐火原料制成的双层复合侧封板；哈尔滨工业大学公开的侧封板专利包括氮化硼基侧封板、陶瓷复合材料侧封板、氮化硼复相陶瓷侧封板；重庆大学、沙钢集团有限公司、一重集团大连设计研究院、南方连铸工程有限责任公司（多功能侧封装置）、衡阳市恒生铸轧有限公司、戚建明、浦项制铁、上海柯瑞冶金炉料有限公司、刘文辉、沈厚发、江西理工大学等单位和个人在侧封装置及技术方面也申请了专利。

目前，戴维-浦项公司合作采用了熔融石英材质的侧封板进行了铸轧实验，还采用了高铝和氮化硼质的侧封板，并进行了侧封板的结构设计。在侧封板的自动控制方面，根据侧封板的磨损情况，采用了一个闭环控制系统，对侧封板的位置及其对铸辊的压力大小进行在线控制。德国蒂森钢铁公司采用碳纤维和陶瓷材料制成的侧封板，经使用后效果令人满意。该公司又采用了熔融石英制成的侧封板，把侧封板黏结到钢支架上，再通过气缸将其压在辊侧。新日铁采用耐火材料制作侧封板，设计了框架水冷和在线加热设备，侧封材质为氧化铝。维苏威研究院和于齐诺尔公司开发了氮化硼材质的侧封板，该侧封板具有良好的非润湿性、化学稳定性和耐磨性。

目前侧封板通常做成平板状，在结晶辊的两侧面分别用液压、气动缸或弹簧压紧，达到密封的作用。侧封板不动，以一定的压力压靠到端部，使结晶辊端部与侧封板摩擦力大，侧封板磨损严重，消耗量大。另外侧封板位置不动，由于侧封板热损失易在侧封板壁钢水凝结，易产生挂钢现象。

江苏沙钢集团有限公司在专利 CN104550795B 中公开了一种薄带连铸侧封装置，每个侧封装置固定于一个结晶辊上并与另一个结晶辊的端面密封接触，使得侧封装置与结晶辊之间围成一个连铸熔池区。其中每个侧封装置包括第一耐火层（第一耐火层套设于一个结晶辊的外侧）、一凸垣（凸垣包括圆形的主体部以及自主体部边缘向连铸熔池区凸伸的环形的侧壁。主体部固定于结晶辊的端面且与结晶辊同轴设置，环形的侧壁与结晶辊之间围成一环形槽，第一耐火层嵌入在环形槽内）。在薄带连铸装置中，第一耐火层凸伸出环形的侧壁的端面 5~15mm。环形槽内还设有第二耐火层，第二耐火层位于第一耐火层和主体部之间。第二耐火层的膨胀系数和第一耐火层的材质相同，第二耐火层的材质为白云石质材料。第一耐火层的材质为镁白云石质材料。凸垣的材质为高 Cr 铸钢材料。凸垣与结晶辊一体成形，或通过螺栓可拆卸固定于上述结晶辊上。两个结晶辊之间可以轴向窜动 5~15mm。本发明的薄带连铸装置在使用过程中，侧封装置实现均匀磨损，提高侧封装置的使用寿命；同时可防止侧封装置破碎。大大提高生产效率。侧封装置与结晶辊同时旋转，降低侧封装置与高温钢水接触区域的熔损，并可提高铸带的边部质量。

宝山钢铁股份有限公司在专利 CN1278800C 中公布了一种用于双辊式薄带钢铸轧的电磁侧封方法及装置：在铸轧熔池两端设置电磁线圈，对电磁线圈施加交变电流；在铸轧熔池端部形成交变电磁场，交变磁力线由熔池端面中间向周围发散或反向收敛，熔池内因此感应出电流；交变磁场与感应电流作用产生电磁力，电磁力推斥并封堵住薄带钢铸轧熔池内的钢水；电磁侧封装置包括设于铸轧熔池两侧端部的电磁线圈、隔热板；隔热板设置在电磁线圈和熔池之间；电磁线圈为弹簧式或盘式结构，外形与熔池垂直截面相仿；电磁线圈外还套设一电磁屏蔽罩，屏蔽罩形状和线圈绕组外形配套，铸轧辊端部设置环辊。本发明通过增加线圈匝数来有效地增大工作磁场强度，且线圈靠近铸轧熔池侧面，线圈和熔池侧面之间间隙小，磁场损耗小。

12.3.4.4　控制方法

宝山钢铁股份有限公司、东北大学、浦项制铁、上海大学在薄带连铸连轧生产钢铁的控制装置及控制方法方面申请了专利。具体涉及夹杂物的控制方法、自由活套位置控制装置及控制方法、冷却辊辊形控制方法、熔池液位控制方法、铸带带形控制方法、带厚控制方法和装置、铸轧力设定及控制方法等。

12.4 重点技术领域专利分析

12.4.1 核心专利分析

使用 ORBIT 分析工具中的 Technology scouting，经过 11 项指标的评比，判断重要专利，评估专利技术价值。其中，Age 表示专利保护年限，Cites/yr 表示总被引用次数/年，Generality 表示技术通用性，Radicalness 表示技术突破性。

通过设置以上几个参数，得到重要专利，具体如图 12-26 所示。

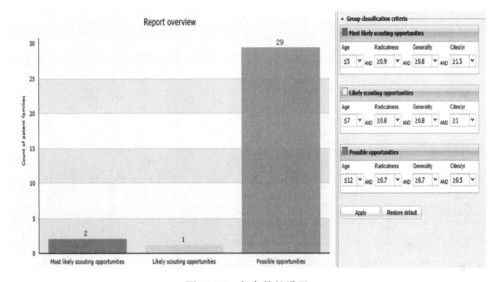

图 12-26 各参数的设置

专利强度解读：Most likely scouting 代表此类专利是高被引的，Radicality 和 Generality 两个指标得分比较高，代表有技术突破的专利以及能够被广泛应用的专利；Likely scounting opportunities 较 Most likely scounting opportunities 次之；Possible opportunities 评分较 Likely scounting opportunities 差。

每项专利家族的评价指标也会用数值来区分强度：（1）Validated：如果专利家族成员在美国已被提起诉讼，反对或在世界任何地方被重新审查。（2）Fwdcites：专利家族成员被其他专利家族成员引用的数量。（3）Cites/ys：专利家族总被引次数/家族第一个公开日至今的年数。（4）Predator，鲨鱼，当 3%～30% 的前引来源于非专利权人本人时，赋予该专利族鲨鱼。捕食者，当 2%～15% 的前引来源于非专利权人本人时，赋予该专利族捕食者。（5）Originality 扩散性：在引用别的文献的基础上，将技术应用于更广阔的领域，得分越高，本计算去除掉了本专利和引用专利共同的 IPC。（6）Generality 通用性：别的专利家族引用它，并将该专利应用于更广阔的领域，得分高。（7）Age：专利授权后至今已消耗的保护时间。（8）Independent claims：独立权利要求数量。（9）Inventors：发明人数量。（10）Selfcites：自引数量。（11）Radicalness：分数越高，表示该技术是突破性的技术；分数低，只能说明该技术是持续改进的，非突破性的。

根据图 12-26 的设置，可以获得重点专利 32 件，如图 12-27 所示。对这些重点专利进行分析，发现工艺相关专利 24 件，设备相关专利 8 件。具体情况如表 12-3 所示。

#	Cat		Title	Applicant/Assignee	Publication number	Publication	Age	Validated	Fwd cites	Cites/yr	Self cites	Predator	Radicalness	Originality	Generality	Ind claim	Inventors
1		✓	Method for producing a flat product from an	THYSSENKRUPP	WO20150035755	2015-01-15	2	NO	3	1.5	0	SHARK	1	0.67	0.81	5	4
2		✓	High-carbon martensitic stainless steel and	POSCO	KR20110071516	2011-06-29	5	NO	13	2.6	6	PREDATO	0.93	0.81	2	6
3		✓	A high strength thin cast strip product and n	BLUESCOPE STEE IHI	WO20100094077	2010-08-26	6	NO	8	1.33	0	SHARK	0.98	0.79	0.84	9	4
4		✓	Weather resisting steel produced by strip c	BAOSHAN IRON &	CN101684537	2010-03-31	7	NO	6	0.86	5	NONE	0.72	0.72	0.78	2	5
5		✓	Martensitic stainless steel produced by a tw	POSCO	KR20110075387	2011-07-06	5	NO	7	1.4	3	PREDATO	0.99	0.8	0.7	3	6
6		✓	Method for manufacturing Fe-Mn-C series	BAOSHAN IRON &	CN101543837	2009-09-30	7	NO	5	0.71	0	NONE	0.81	0.81	0.78	1	3
7		✓	Method for manufacturing thin strip continua	BAOSHAN IRON &	CN103305759	2013-09-18	3	NO	4	1.33	1	PREDATO	0.99	0.8	0.76	5	4
8		✓	Non-oriented silicon steel thin strip and pre	NORTHEASTERN	CN101967802	2011-02-09	5	NO	4	0.67	4	NONE	0.78	0.76	0.7	1	7
9		✓	Preparation method for non-oriented high-s	NORTHEASTERN	CN103068701	2013-04-24	4	NO	7	1.75	5	NONE	0.74	0.74	0.7	1	6
10		✓	Casting steel strip	IHI-ISHIKAWAJIMA	WO2005035169	2005-04-21	12	NO	12	1	4	SHARK	0.97	0.81	0.82	9	3
11		✓	Method for Producing Austenitic Stainless	POSCO	KR20090032588	2009-04-01	8	NO	5	0.63	5	NONE	0.75	0.75	0.72		5
12		✓	Method for manufacturing low-carbon steel	BAOSHAN IRON &	CN102002628	2011-04-06	6	NO	9	1.5	6	NONE	0.81	0.81	0.78	1	6
13		✓	Martensitic stainless steel and a productio	POSCO	KR29110071517	2011-06-29	5	NO	8	1.6	7	NONE	0.98	0.77	0.72	2	6
14		✓	Apparatus for continuously casting thin strip	NUCOR	US2007267168	2007-11-22	9	NO	9	1	5	NONE	0.99	0.45	0.77	1	1
15		✓	Method for restoring roll body of steel casti *		CN101829879	2010-09-15	6	NO	8	1.33	0	PREDATO	0.76	0.76	0.75	1	2
16		✓	Delivery nozzle with more uniform flow and	NUCOR	WO2008886580	2008-07-24	8	NO	12	1.5	6	NONE	0.99	0.26	0.9	4	5
17		✓	High strength thin cast strip product and m	NUCOR	US20101086856	2010-07-29	6	NO	3	0.5	2	NONE	0.98	0.82	0.78	9	4
18		✓	High-silicon-steel thin belt and preparation	UNIVERSITY TOHI	CN101935800	2011-01-05	6	NO	8	1.33	0	SHARK	0.83	0.83	0.78	1	7
19		✓	Method and device for producing hot metal	SALZGITTER FLAC	WO2007071225	2007-06-28	9	NO	8	0.89	5	PREDATO	0.99	0.17	0.79	1	5
20		✓	Thin belt continuous casting crystal roller s	SHANGHAI BAOSI	CN101126169	2008-02-20	9	NO	8	0.89	1	SHARK	0.8	0.8	0.7	2	3
21		✓	Twin roll casting plant	SIEMENS VAI MET	ATA6782003	2004-09-15	12	NO	8	0.67	2	SHARK	0.96	0.32	0.8	2	5
22		✓	A hot rolled thin cast strip product and met	BLUESCOPE STEE	WO20100094076	2010-08-26	6	NO	3	0.5	0	NONE	0.99	0.83	0.89	4	3
23		✓	Device and method for positioning at least	SIEMENS	EP2436459	2012-04-04	5	NO	3	0.6	3	NONE	0.95	0.54	0.78	2	1
24		✓	Device for the horizontal continuous casting	SALZGITTER FLAC	WO20006066552	2006-06-29	10	NO	8	0.8	4	SHARK	0.93	0.88	0.77	1	4
25		✓	Method for manufacturing non-oriented sili	NORTHEASTERN	CN102274936	2011-12-14	5	NO	7	1.4	7	NONE	0.78	0.78	0.74	1	7
26		✓	Method for producing a hot-rolled flat steel	THYSSENKRUPP	DE102011000089	2012-07-12	4	NO	5	1.25	3	PREDATO	0.97	0.84	0.77	2	4
27		✓	Method of casting thin cast strip	BLUESCOPE STEE IHI	WO20008017102	2008-02-14	9	YES	7	0.78	0	SHARK	0.96	0.73	0.82	2	1
28		✓	Casting steel strip	NUCOR	US2004144519	2004-07-29	12	NO	18	1.5	10	NONE	0.94	0.8	0.88	4	2
29		✓	Method for controlling the formation of croc	NUCOR	US2006124271	2006-06-15	10	YES	30	3	7	PREDATO	0.99	0.65	0.83	4	4
30		✓	Method and plant for integrated monitoring	NUCOR	WO2007101308	2007-09-13	9	NO	14	1.56	4	PREDATO	0.98	0.6	0.76	4	5
31		✓	A thin cast strip product with microalloy ad	NUCOR	WO2008137900	2008-11-13	9	NO	11	1.38	2	NONE	0.99	0.76	0.79	5	4
32		✓	Method and device for continuously produc	SIEMENS VAI MET	TW200611761	2006-04-16	11	NO	15	1.36	2	PREDATO	0.99	0.78	0.77	2	5

图 12-27　重点专利列表

表 12-3　重点专利情况

专利权人	专利总量/件	工艺相关专利/件	设备相关专利/件
宝钢	5	4	1
必和必拓	3	2	1
蒂森克虏伯	2	2	0
东北大学	4	4	0
纽柯	7	5	2
浦项制铁	4	4	0
萨尔茨吉特法特尔	2	1	1
IHI 公司	1	1	0
西门子	3	1	2
其他	1	0	1
合计	32	24	8

从图 12-27 和表 12-3 可以看出：重点专利的申请人有蒂森克虏伯、浦项制铁、必和必拓、宝钢、IHI 公司、纽柯、西门子、萨尔茨吉特法特尔、东北大学。

重点专利定位的产品为马氏体不锈钢、奥氏体不锈钢、高强耐候钢、无取向硅钢、高硅钢。采用的是立式双辊法、水平带式法。

此外，还包括结晶辊的表面处理，如表面电镀、辊身修复方法以及控制方法，如对热流局部控制、对带材平整度的控制。

蒂森克虏伯在专利 WO2015003755A1 中公开了一种由铁基形状记忆合金制造扁平材的方法。熔体包含主要成分铁、合金元素和不可避免的杂质，对熔体进行铸造，形成铸带，随后使铸带冷却。铸造装置包括双辊式连铸机或带式连铸机，以至少 20K/s 的冷却速度对与移动壁或铸带接触的熔体进行冷却。铸带的厚度为 1~30mm，在铸造操作过程中，铸造区至少在其一个纵向侧面处以沿铸造方向移动并且被冷却的壁为边界。加热铸带进行热轧。采用双辊式连铸机实施例进行铸造，并对其形状记忆效果进行检测。发现与现有技术相比，实施例表现出更低的发生不期望凝固的倾向，同时具有良好的形状记忆效果和足够高的形变温度。

蒂森克虏伯在专利 DE102011000089A1 中公开了一种制造热轧钢板产品的方法：由钢以经济且过程可靠的可控方式制造钢板产品，该钢除了高的 Mn 含量还含有高的 Al 含量。钢水成分（质量分数）为：C 0.5%~1.3%，Mn 18%~26%，Al 5.9%~11.5%，Si<1%，Cr<8%，Ni<3%，Mo<2%，N<0.1%，B<0.1%，Cu<5%，Nb<1%，Ti<1%，V<1%，Ca<0.05%，Zr<0.1%，P<0.04%，S<0.04%将钢水浇铸成钢带，以至少 20K/s 的加热速率将钢带加热到 1100~1300℃ 的热轧起始温度并热轧。在热轧之后的 10s 内开始以至少 100K/s 的冷却速率将热轧钢带冷却到 400℃ 以内，在不超过 400℃ 的温度下卷取钢带。

浦项制铁在专利 KR20110071516A 中公开了一种高碳马氏体不锈钢的制造方法：在薄带连铸连轧装置中，将不锈钢钢水（质量分数：C 0.40%~0.80%，Cr 11%~16%）从中间包通过喷嘴供给到钢水池而铸造不锈钢薄板，之后立即利用在线轧辊以 5%~40% 的压下率制造热轧退火带钢；在热轧退火带钢的微细组织内使初生碳化物为 10μm 以下，制造作为工具用途刀刃品质优异的高碳马氏体系不锈钢。专利 KR20110075387A 公开了一种具有优良抗裂性的马氏体热轧不锈钢板的制造方法：采用双辊式薄带铸造方法，钢水成分（质量分数）为：C 0.1%~1.5%，Cr 12%~15%，Ni<1%，Ti 0.005%~0.1%和剩余量的 Fe 和其他不可避免的杂质，其中沉淀在晶界处的初生碳化铬碎化并精细化。使用双辊式薄带铸造方法，并且加入晶界强化元素以防止铸造时的中心偏析、裂缝和断带，从而确保铸造稳定性。另外，在钢中形成均匀分布的微细结构，这种钢可制造具有高边缘质量的高硬度刀具类或工具类。专利 KR20090032588A 公开了一种采用双辊式薄带连铸连轧制造奥氏体不锈钢的方法：通过增加冷轧步骤，提高退火酸洗工序的 δ

铁素体分解率，从而提高产品质量。专利 KR20110071517A 公开了一种中碳马氏体不锈钢（质量分数：C 0.10%～0.50%，Cr 11%～16%）的制造方法：在反向旋转的一对辊子、设置在该辊子两侧面而用于形成钢水池的侧封、从钢水池的上面供给惰性氮气的半月板盾的薄带连铸连轧装置中，将不锈钢钢水从中间包通过管口供给到钢水池而铸造不锈钢薄板，铸造的不锈钢薄板利用在线辊子以 5%～40% 的压下率制造热轧退火带钢。该发明通过减少碳化物中心偏析，抑制叠片结构的缺陷，使碳化物中心偏析部与未偏析部之间的硬度之差小，从而可以获得整体硬度均匀的马氏体系不锈钢。

必和必拓在专利 WO2010094077A1 中公开了一种高强度薄铸钢带的制备方法薄铸钢带的制备方法包括以下步骤：装配内冷式轧辊连铸机，其具有位于侧面的铸辊，在铸辊之间形成辊隙，并且形成钢液的浇铸熔池。浇铸熔池支撑在辊隙上方的铸辊上并且通过侧挡板限制在铸辊末端的附近，反向旋转铸辊使得当铸辊移动经过浇铸熔池时在铸辊上凝固金属壳，由金属壳铸件向下移动经过铸辊之间的辊隙以形成钢带。钢带成分（质量分数）为：C<0.25%，Mn 0.20%～2.0%，Si 0.05%～0.50%，Al<0.01%，Nb 0.01%～0.20%，V 0.01%～0.20%，其中钒含量对氮含量的质量比为 4：1～7：1。以至少 10℃/s 的速率冷却钢带，以提供大多数包含贝氏体和针状铁素体的显微结构且在固溶体中包含大于 70% 的铌和钒。冷轧钢带，其中冷压下量为 10%～35%，在 625～800℃ 之间的温度时效硬化钢带。该钢产品可以具有至少 380MPa 的屈服强度，至少 410MPa 的抗拉强度，至少 6% 或 10% 的总延伸率。

必和必拓在专利 WO2010094076A1 中公开一种热轧薄铸造钢带的制造方法。包括以下步骤：装配双辊连铸机，形成钢液的浇铸熔池。钢液具有 0.002%～0.0075% 的游离氧含量，并且铸造钢带成分（质量分数）为 C<0.25%，Mn 0.90%～2.0%，Si 0.05%～0.50%，P 0.01%～0.15%，Al<0.01%。通过铸辊反向转动形成钢带，对钢带进行热轧，使得在压下量为 10% 和 35% 时的力学性能在屈服强度、抗拉强度和总延伸率方面的变化差在 10% 以内，在 300～700℃ 的温度卷取钢带，使得显微结构大部分为贝氏体和针状铁素体。

必和必拓在专利 WO2008017102A1 中公开了一种铸造薄带状铸件的方法，用于铸造薄钢带的双辊式铸造机，包括安装在支座上的冷却铸造辊。一个辊被固定，而另一个可横向地移动并通过支座驱动单元作用于可移动的辊支座上而相对另一个辊被偏置。钢液的铸池被支承在辊上，旋转铸辊，从辊隙向下传送凝固的钢带。调整辊的间隙以使未凝固的熔融金属经过带材的凝壳之间的辊隙，并在辊隙下方凝固。支座驱动单元用于将大致中等的偏置力施加到被偏置的辊上，以使铸造辊处的辊分离力被调整成 2～4.5N/mm 的值。

宝钢在专利 CN101684537B 中公开了一种薄带连铸连轧生产耐大气腐蚀钢的方

法。钢水成分（质量分数）为：C 0.06%~0.12%，Si 0.20%~0.50%，Mn 0.20%~
0.50%，P 0.15%~0.22%，S<0.008%，Cu 0.65%~0.80%，Cr 0.30%~0.70%，Ni
0.12%~0.40%，余量为 Fe 和不可避免的杂质。将钢水浇铸到一个由两个反向旋
转的水冷结晶辊和侧封装置形成的熔池中，经过水冷结晶辊的冷却形成铸带，铸
带经过夹送辊送入在线轧机中轧制成热轧薄带，铸带厚度 1~5mm；钢水接触双
辊铸机结晶辊表面的冷却速度至少要达到 300℃/s；离开结晶辊后的铸带在线热
轧，形变率 30%~45%。该发明通过薄带连铸连轧工艺制得的钢带不会出现磷、
铜等元素的偏析，生产方便经济、节能降耗。

宝钢在专利 CN101543837B 中公开了一种 Fe-Mn-C 系高锰钢薄带连铸连轧制
造方法，包含如下步骤：薄带连铸采用双辊同径立式机组，利用轧制力闭环控制
系统，实时调整结晶辊速率、辊缝、液位，保证薄带连铸过程中轧制力在一定范
围内浮动，两侧凝固坯壳在 Kiss 点接触，经结晶辊轧制后出带。旋转线速率 0~
150m/min，浇铸时中间包过热度 25~60℃，液位 150~350mm，结晶辊辊缝 1.5~
8.0mm，钢液表面可以燃烧天然气；在线热轧的轧制温度范围为 1150~750℃。对
于 C+Mn/6<3.0 的高锰钢，可不经热轧或者较小的压下量 15%~25%；对于 C+
Mn/6 为 3.0~4.0 的高锰钢，压下量 25%~50%，变形速率大于 10s⁻¹；而对于 C+
Mn/6>4.0 高锰钢，压下量大于 50%，变形速率大于 30s⁻¹。该方法能有效控制
Mn 元素的成分，生产出侧边与表面质量良好的带钢；结合合适的在线热轧工艺
参数，制造出等轴晶率较高，甚至全等轴晶高锰钢组织，避免明显的柱状晶界
面，防止缩松或夹杂物聚集现象，确保材料具有优异的后续加工性能潜力。

宝钢在专利 CN103305759B 中公开了一种薄带连铸连轧 700MPa 级高强耐候
钢制造方法，其包括如下步骤：（1）在双辊连铸机中铸造厚度为 1~5mm 的铸
带，其化学成分（质量分数）为：C 0.03%~0.1%，Si<0.4%，Mn 0.75%~
2.0%，P 0.07%~0.22%，S<0.01%，N<0.012%，Cu 0.25%~0.8%。此外，还
包含 Nb、V、Ti、Mo 中一种以上，Nb 0.01%~0.1%，V 0.01%~0.1%，Ti 0.01%
~0.1%，Mo 0.1%~0.5%，其余为 Fe 和不可避免的杂质；（2）对铸带进行冷却，
冷却速率大于 20℃/s；（3）对铸带进行热轧，热轧温度 1050~1250℃，压下率 20%
~50%，形变速率>20s⁻¹；热轧后发生奥氏体在线再结晶，热轧带厚度为 0.5~
3.0mm；（4）冷却，冷却速率为 10~80℃/s；（5）卷取，卷取温度 500~650℃。
获得的钢带显微组织主要由分布均匀的贝氏体和针状铁素体构成。钢带的屈服强
度至少为 700MPa，抗拉强度至少为 780MPa，延伸率至少为 18%。

宝钢在专利 CN102002628B 中公布了一种低碳钢薄板的制造方法，其包括如
下步骤：（1）按下述化学成分冶炼，钢水成分（质量分数）为：C 0.03%~
0.08%，Mn 0.4%~1.2%，Si 0.2%~0.5%，B 0.001%~0.008%，S≤0.01%，
P≤0.015%，N≤0.006%，O≤0.006%，余量 Fe 和不可避免的杂质；（2）浇铸，

钢水通过一对结晶辊快速凝固后直接浇铸出 1~5mm 厚的铸带；（3）二次冷却，铸带从结晶辊浇铸出来后经过密闭室，密闭室内安装二次冷却装置，采用气体冷却，以控制铸带的冷却速度大于20℃/s；（4）热轧，压下率0~50%，热轧温度900~1050℃；（5）二次冷却，二次冷却采取喷水、喷射气－水混合或喷雾系统，铸带冷却速度 30~80℃/s；（6）卷取，卷取温度大于550℃；（7）钢卷冷却到室温，根据市场产品要求直接热轧状态供货或经过酸洗、冷轧或者再增加热镀锌工序进行供货。

宝钢在专利 CN101126169A 中公布了一种薄带连铸连轧结晶辊表面电镀方法及其电镀液。主要解决现有方法所得镀层厚度不够均匀、镀层的综合性能稍差的技术问题。该发明的电镀方法包括镀前预处理和电镀金属镍步骤。对连铸结晶辊表面进行镀前预处理，即有机溶剂清洗、碱脱脂、电解脱脂、酸浸蚀及活化处理。在电镀金属镍步骤，电镀液的组成为氨基磺酸镍 $Ni(NH_2SO_3)_2 \cdot 4H_2O$：250~380g/L，氯化镍 $NiCl_2 \cdot 6H_2O$：8~15g/L，硼酸 H_3BO_3：25~40g/L，十二烷基磺酸钠 $CH_3(CH_2)_{10}CH_2OSO_3Na$：0.05 ~ 0.1g/L。电镀时，初始 4~12min 的电流密度为 0.5~2.0A/dm²，正常电镀时电流密度为 1.0~5.0A/dm²，辊子转速为 2~7r/min。辊面距离可溶性阳极距离为 100~400mm，镀液温度为 48~58℃。镀液 pH 值为 2.8~4.5，镀液采用空气搅拌，搅拌强度为 1.0~1.5m³/(m² · min)。镀层达到 0.5~2.0mm 后结束电镀，所得金属镍镀层与基体结合力强，应力低，厚度均匀，延展性好，耐磨，抗冷热疲劳性能优异。

东北大学在专利 CN101967602B 中公开了一种无取向硅钢薄带的制备方法：钢带成分（质量分数）为 Si 3.0%~3.6%，Al 0.6%~1.0%，Mn 0.1%~0.6%，N≤0.005%，S≤0.004%，P≤0.02%，O≤0.003%，C≤0.005%，余量为 Fe。无取向硅钢在真空冶炼炉中进行冶炼；然后进行双辊式薄带铸轧，铸轧时辊缝宽度为 2~2.5mm，拉带速度 50~120m/min；铸带在 1100~1150℃常化 3~5min；在温度为60℃，体积分数为 15%的盐酸水溶液中将无取向硅钢铸带浸泡 8min 后去除氧化铁皮；预热 150~300℃进行冷轧，总变形量 75%以上；最后在 N_2：H_2 = 3：1 的气氛中进行再结晶退火。C≤0.003%时，在干气氛中退火；C≥0.003%时，在湿气氛中退火。该制备方法工艺简单，能耗低，成材率高，产品磁性能优良。厚度为 0.5mm 的无取向硅钢薄带铁损值 $P_{15/50}$ 在 2.3~2.7W/kg，磁感应强度在 1.74T 以上。

东北大学在专利 CN103060701B 中公开了一种无取向高硅电工钢薄带的制备方法：采用真空冶炼炉将化学成分（质量分数）为：Si 4.5%~7.0%，Cr 2.0%~5.0%，Al 0.06%~1.0%，Mn 0.3%~0.8%，N≤0.005%，S≤0.004%，P≤0.02%，O≤0.003%，C≤0.005%，余量为 Fe 的高硅钢进行冶炼得到液态高硅钢；将液态高硅钢在 1420~1460℃浇铸到双辊铸轧设备中，铸轧速度为 10~35m/

min，形成厚度 1.0~1.5mm 的铸带，出铸辊后空冷至室温；铸带在 800~1100℃ 进行热轧，热轧带厚度为 0.8~1.0mm；采用浓度为 5%~15% 的盐酸对高硅钢热轧带进行酸洗，去除氧化铁皮，酸洗温度 50~80℃，酸洗时间 8~15min；酸洗后薄带预热 400~700℃ 进行温轧，各道次压下量均为 5%~30%，总变形量 60% 以上，温轧后薄带厚度 0.35~0.5mm；温轧后的高硅钢在氢气气氛中退火，获得高硅钢退火薄带，退火温度 800~1200℃，退火 5~15min。本发明高硅电工钢薄带在添加 Cr 元素后使高硅钢铸带加工性能明显提高，其铁损值与现有高硅钢产品的铁损水平相当，磁感应强度则高于现有产品 0.03T 以上。该制备方法工艺简单，能耗低，成材率高，产品磁性能优良。

东北大学在专利 CN101935800B 中公开了一种高硅钢薄带的制备方法。通过真空冶炼降低高硅钢中的夹杂物及有害气体含量，保证钢液的纯净度，得到化学成分（质量分数）为：Si 6.5%，Al 0.01%~0.6%，Mn 0.4%~0.8%，N≤0.003%、S≤0.005%、P≤0.01%、O≤0.003%、C≤0.004%，余量为 Fe 及不可避免的杂质的液态高硅钢；然后把液态高硅钢在 1470~1510℃ 浇铸到同步等径双辊铸轧设备中对其进行铸轧，铸轧速度为 50~120m/min，形成高硅钢铸带，铸带厚度 1.5~2.0mm，出铸辊后对铸带进行喷水冷却至 500℃，保温 10min，缓冷至室温；采用温度为 50℃，体积分数为 20% 的盐酸水溶液对高硅钢铸带进行酸洗 10min，去除氧化铁皮；酸洗后的高硅钢铸带在 400~480℃ 进行温轧，首道次和中间各道次压下量均为 7%~30%，末道次压下量 8%~10%，总变形量 70% 以上；温轧后的高硅钢在氢气气氛中退火，获得高硅钢退火薄带，退火温度 600~1250℃，退火 15~30min。C≤0.0027% 时，采用干氢气气氛条件退火；C≥0.0027% 时，采用湿氢气气氛条件退火。利用该工艺生产高硅钢投资省，节能环保，成材率高，产品磁性能好。0.35mm 和 0.5mm 高硅钢薄带在工作频率为 400Hz 时，铁损 $W_{10/400}$ 为 9.5~15W/kg，磁感 B_8 为 1.43~1.49T。

东北大学在专利 CN102274936B 中公开了一种基于双辊式薄带连铸技术的无取向硅钢板的制造方法。冶炼硅含量为 2.9%~3.5%、温度为 1610~1720℃ 的钢水，将其浇铸在中间包内，钢水经中间包流入由两个以 20~60m/min 线速度旋转的直径为 500~1000mm 的结晶辊和侧封板组成的空腔内形成熔池。钢水与结晶辊接触发生凝壳，从结晶辊导出厚度为 1~5mm，宽度为 100~2000mm 的铸带，铸带经在线切边处理及卷取后得到铸带卷。铸带卷在空气中冷却至 200~600℃ 后温轧，温轧变形量为 5%~30%。温轧后的铸带卷经冷轧、退火和涂层制备出无取向硅钢板，退火温度为 1000~1150℃，退火时间为 0.5~3min。该发明的制造工艺简单、紧凑，节能减耗，可以有效控制铸带的显微组织，改善铸带的塑性、板形及表面质量，有效提高无取向硅钢板的磁感应强度。本发明制备的无取向硅钢成品板的横、纵向平均磁感应强度 $B_{50}=1.71T$，较常规方法制备的无取向硅钢板的磁感应强度高 0.03~0.05T。

IHI 公司在专利 WO2005035169A1 中公开了一种铸造钢带的方法，组装一对被冷却的铸造辊，铸造辊之间具有辊隙，并且在邻近铸造辊的端部有限制端盖；在铸造辊之间引入熔融的普通碳钢，以在铸造辊上形成浇铸熔池，其中端盖限制熔池，熔融钢在大气压下具有低于 0.012% 的自由氮含量和低于 $6.5\times10^{-4}\%$ 的自由氢含量；反向旋转铸造辊并凝固熔融钢，以在铸造辊的铸造表面上形成金属壳，通过铸造辊之间的辊隙形成凝固的薄钢带，从而产生从辊隙向下输送的凝固了的钢带。利用这种方法生产得到带厚小于 5mm 的新型普通碳钢铸造钢带。

纽柯在专利 US2007267168A1 中公开了一种双辊式薄带连铸连轧装置；在专利 WO2008086580A1 中公开了一种薄带连铸连轧用水口；在专利 US2010186856A1 中公开了一种高强度薄钢带制造方法；在专利 US2004144519A1 中公开了一种铸造低碳钢带的方法，采用的是立式双辊法，钢带厚度小于 5mm；在专利 US2006124271A1 中公开了一种控制在薄铸件带上形成鳄鱼皮表面粗糙的方法，采用的是立式双辊法；在专利 WO2007101308A1 中公开了一种集成地监测和控制带材平整度和带材轮廓的方法和设备。目标厚度轮廓作为带材的所测量的入口厚度轮廓的函数被计算，同时满足轮廓和平整度操作要求。来自带材中的纵向应变的差分应变反馈由控制系统通过比较出口厚度轮廓和目标厚度轮廓而计算出，并且生成控制信号以控制能够影响到由热轧机处理的带材的形状的装置。前向反馈控制参考和/或敏感度矢量也可以作为目标厚度轮廓的函数被计算，并用以生成发送到控制装置的控制信号。控制装置包括弯曲控制器、间隙控制器和冷却剂控制器。在专利 WO2008137900A1 中公开了一种具有微合金添加剂的薄铸造带材的制造方法。组装内冷式辊铸机，辊铸机具有横向定位的铸辊，铸辊之间形成辊隙，并在辊隙上方形成被支承在铸辊上且在紧接铸辊的端部处被侧封限制的熔融钢的铸池；使铸辊相对旋转，以在铸辊移动通过铸池时，在铸辊上形成金属凝壳；向下穿过辊隙的金属凝壳形成钢带；以至少 10℃/s 的速率冷却钢带。钢带成分（质量分数）为：C<0.25%，Al<0.01%，Nb 0.01%~0.20%，V 0.01%~0.20%，并且显微组织主要由贝氏体和针状铁素体构成，而且有大于 70% 的铌和/或钒在固溶体中；以 625~800℃ 之间的一个温度对钢带进行时效硬化。该钢材能在时效硬化后使延伸率和屈服强度均得以增加。时效硬化后的钢材可具有平均颗粒尺寸小于等于 10nm 的铌的碳氮化物颗粒，并且基本没有大于 50nm 的铌的碳氮化物颗粒。该钢材具有至少 380MPa 的屈服强度或至少 410MPa 的抗拉强度。该钢材具有至少为 6% 或 10% 的总延伸率。钢材的厚度小于 3.0mm。

萨尔茨吉特法特尔在专利 WO2007071225A1 中公开了一种由轻型结构钢生产金属热轧带材的方法和装置。该发明的目的在于改善浇铸的热轧带材的质量。熔液在采用保护气体的情况下借助浇铸槽被供给到水平单辊带材铸造设备的循环的浇铸带上，被硬化成厚度在 6~20mm 之间的毛坯带。该毛坯带在完全硬化后经受热轧处理，将在硬化成毛坯带的铸坯和浇铸带之间的热传递以及接触（面积，时间）予以减小。借助于电磁系统使浇铸带局部振动来减小浇铸带与硬化的铸坯之间的接触时间；在浇铸槽与浇铸带之间的熔液供给区内提供一种由惰性和还原性气体组成的混合气，来减小热传递。

萨尔茨吉特法特尔在专利 WO2006066552A1 中公开了一种用于钢尤其是高锰钢的水平带式浇铸装置，用于制造厚度 ≤15mm 的带钢坯，包括一个包含熔体的输入容器、一个具有两个导向辊和一个环绕的冷却的输送带的初级冷却区域和一个紧接着的具有一个围盖的辊道的次级冷却区域。在此初级冷却区域末端上且在次级冷却区域的开端前面设置一个具有至少一个辊子的导向元件。

西门子在专利 ATA6782003A 中公开了一种双辊铸造设备，包括具有两个绕着水平轴线以相反方向旋转的铸造辊、用于成形和排出铸造薄金属带的铸造缝隙、密封壳体。该密封壳体具有底部并且包围着金属带材的输送路径，金属带材从垂直铸造方向离开铸造缝隙进入大致水平的输送方向、用于在壳体内使金属带转向的设备，以及用于移除该双辊铸造设备所产生的废料和氧化皮的可更换的废料收集容器。为了最小化外部空气进入充满了保护气体的壳体，壳体的底部至少在一个子区域形成了废料的收集槽，收集槽是排空设备的一部分，可更换的废料收集容器布置在排空设备下面的接收位置。

西门子在专利 EP2436459A1 中公开了一种在金属带材连铸过程中定位至少一个铸造辊的装置和方法。该装置和该方法使得能够在正在运行期间调整或者改变铸造辊之间的铸造间隙，能够对生产的金属带材的厚度和轮廓产生影响。通过对升降缸分别移入工作位置，对至少一个铸造辊进行定位；借助各个驱动单元驱动围绕铸造辊的纵轴线旋转的铸造辊；检测对金属带材的厚度和表面轮廓有影响的铸造参数：已定位的铸造辊对支承装置的压力，铸造辊的表面质量，从铸造间隙中垂直向下导出形成的金属带材的厚度/速度/温度分布/空间位置/表面轮廓、铸造间隙的间隙宽度、待铸造的液态金属的温度、用于冷却铸造辊的冷却剂的温度、驱动单元的驱动数据；根据检测到的铸造参数校正升降缸的工作位置。

西门子在专利 TW200611761A 中公开了一种用于连续制造薄金属带材的方法。薄金属带材直接由熔融金属制造，在铸轧加工之后的薄带厚度小于 10mm，然后将铸带输送给储存装置。在连续制造过程中，直接从熔融金属得到带材厚度较小的高质量的热轧金属带材，该金属带材具有与连续铸轧薄板坯的热轧金属带材（其中铸轧厚度为 40~300mm 之间）的平直度公差相当的平直度公差。该发明提出，在移动的金属带材上进行平直度测量，并将该平直度测量结果用于针对性地影响该金属带材的平直度。该发明采用竖直双辊铸轧或单辊铸轧，具有用于储存铸轧带材的储存装置，用于记录带材平直度的平直度测量装置，其中平直度测量装置设置在铸轧装置和储存装置之间。

12.4.2 主要技术领域专利分析

通过分析发现，薄带连铸连轧专利主要分布在技术工艺、侧封技术、结晶辊，生产不锈钢、碳钢、硅钢等方面。

12.4.2.1 薄带连铸连轧技术工艺

薄带连铸连轧技术工艺方案因结晶器的不同分为带式、辊式、辊带式等，其中双辊式薄带连铸连轧技术最具有发展前途。在对薄带连铸连轧专利的分析中发现，立式双辊是研究最多的生产方式，各个企业的专利中几乎均用到了该方式。此外，研发较多的还有垂直双带式、水平单带式、辊带式、斜式双辊以及水平双辊式。部分企业在立式单辊、喷射带式方面也申请了专利。

12.4.2.2 薄带连铸连轧用侧封技术

侧封技术专利主要涉及侧封板结构、绝热侧封板、侧封板用耐火材料、侧封板加热装置、侧封板预热装置、防止侧封板磨损的方法、防止侧封板磨损的装置、侧封板振动控制装置、侧封板振动调节装置、气封装置、振动控制方法、侧封板快速更换方法、均匀磨损侧封板的装置、防止侧封板表面浮渣增长的装置、侧封板的润滑装置和方法、侧封板均匀密合装置、控制侧封板位置和载荷的方法、薄带连铸连轧用莫来石-氮化硼复合陶瓷侧封板、陶瓷复合材料侧封板、氮化硼质陶瓷侧封板、氮化硼复相陶瓷侧封板、AZS质侧封板、Max相-氮化硼复合陶瓷侧封板、铝锆碳-氮化硼复合侧封板、石英质侧封板、氮化硼基侧封板、用铝硅/锆质耐火原料制成的双层复合侧封板侧封控制方法及装置、电磁侧封方法及装置、侧封板长寿命使用方法及装置、侧封板加热装置、多功能侧封装置。

12.4.2.3 薄带连铸连轧用结晶辊/铸辊

铸辊专利主要涉及高冷却能力铸辊的制备方法、铸辊边缘清理装置、抑制和消除铸轧辊边缘灰尘的装置、铸辊表面处理方法、去除铸辊表面黑层装置、防止铸轧辊污染和带钢瓢曲的设备、刷辊、清洗铸轧辊表面的刷洗装置、铸辊表面损伤测量、铸辊表面覆盖装置、结晶辊在线表面处理方法、结晶辊表面纹理形貌在线控制方法、结晶辊用高强高导铜合金及其制造方法、结晶辊加热方法和装置、辊面清理装置及清理方法、结晶辊表面梯度合金镀层的制备方法、结晶辊表面修复方法、结晶辊辊面温度测量装置、辊面涂镀金属的方法、防止结晶辊表面粘接钢水的方法及装置、辊面均匀冷却的结晶辊、有效防止结晶辊辊面变形的对辊连铸胀紧密封式结晶辊、结晶辊用铜套。

12.4.2.4 利用薄带连铸连轧技术生产普通碳钢

纽柯在专利WO2008043152A1中公开了一种薄带连铸连轧生产普通碳钢钢带的方法。在至少一个铸造辊的铸造表面上引入熔融的普通碳钢，其中熔融钢具有在大气压下测得的低于 0.012% 的自由氮含量和低于大约 $6.5 \times 10^{-4}\%$ 的自由氢含量。反向旋转铸造辊并凝固熔融钢，在铸造辊上形成金属壳，通过铸造辊之间的辊隙形成凝固的薄钢带，产生从辊隙向下输送的凝固的带厚小于 5mm 的新型普通碳钢。

12.4.2.5 利用薄带连铸连轧技术生产低碳钢

宝钢在专利 CN102002628B 中公开了一种低碳钢薄板的制造方法。冶炼的钢水成分（质量分数）为：C 0.03%~0.08%；Mn 0.4%~1.2%；Si 0.2%~0.5%；B 0.001~0.008%；S≤0.01%；P≤0.015%；N≤0.006%；O≤0.006%，余量 Fe 和不可避免的杂质；钢水通过一对结晶辊快速凝固后直接浇铸出铸带；铸带从结晶辊浇铸出来后经过密闭室，密闭室内安装二次冷却装置进行冷却；压下率 0~50%，热轧温度 900~1050℃ 的热轧操作；采取喷水、喷射气-水混合或喷雾系统的三次冷却操作；卷取；钢卷冷却到室温，根据市场产品要求直接热轧状态供货，或经过酸洗、冷轧或者再增加热镀锌工序进行供货。

纽柯在专利 CN1287931C 和 CN1466502A 中公开了用薄带连铸连轧生产低碳钢的方法，其主要的化学成分为：C 0.02%~0.08%，Mn 0.3%~0.8%，Si 0.1%~0.4%，S 0.002%~0.05%，Al<0.01%。两个专利的不同之处在于在 850~400℃ 的温度范围内，CN1287931C 是以不小于 0.01℃/s 的速度冷却钢带，得到钢带的屈服强度不小于 200MPa；专利 CN1466502A 是以不小于 90℃/s 的速度冷却钢带，得到钢带的屈服强度不小于 450MPa。

必和必拓在专利 US20070090161A1、US7299856B2 中公开了铸造钢带的方法，分别在专利 CN1287931C 和 CN100446894C 专利成分的基础上，进一步限定了自由氮的含量小于 0.012%；自由氢小于 $6.9 \times 10^{-4}\%$，硫含量在 0.003%~0.008%，碳含量 0.01%~0.065%，总氧含量至少 0.01%，游离氧在 0.003%~0.005%。纽柯在专利 US20080219879A1 中公开了添加了微合金元素生产不同强度级别的薄带连铸连轧碳钢产品。其主要的成分（质量分数）为：C<0.25%，Mn 0.2%~2%，Si 0.05%~0.5%，Al<0.01%，Nb 0.01%~0.2%。在这个成分的基础上还可以进一步添加 Mo 0.05%~0.5%，V 0.1%~0.2%。产品的屈服强度至少为 340MPa，抗拉强度至少大于 410MPa，延伸率至少大于 6%。专利 CN1244422C 公开了一种生产低碳钢带材的连铸方法，钢材成分（质量分数）为：C 0.02%~0.1%，Mn 0.1%~0.6%，Si 0.02%~0.35%，S<0.015%，Al 0.01%~0.05%，P<0.02%，Cr 0.05%~0.35%，Ni 0.05%~0.3%，N 0.003%~0.012%，其余为 Fe。该成分中还可以进一步包含 Ti<0.03%，V<0.1%，Nb<0.035%。经过小于 15% 的热轧，以 5~80℃/s 的冷却速度冷却，在 500~800℃ 进行卷取。产品可以达到屈服强度至少为 180~250MPa，抗拉强度至少大于 280MPa，屈强比小于 0.75，总延伸率大于 30%。

12.4.2.6　利用双辊式薄带连铸连轧方法制造马氏体不锈钢

通常马氏体系不锈钢的制造是通过对钢水进行铸造而制造出连铸板，再将连铸板加热并热轧，在热轧状态下，钢的组织以马氏体相、回火马氏体相、残余奥氏体相等混合状态存在。这种热轧卷板经过箱式炉退火工艺之后，变态为铁素体和碳化物而被软质化。为了除去所形成的锈，热轧退火的软质材料经过酸洗工艺。酸洗后的软质材料在冷轧或产品加工之后，最终需求是经过热处理工艺而变态为马氏体钢。

作为典型的马氏体系不锈钢有 420 系列钢，这些钢因为高含碳量，在连铸板制造工艺中形成粗大的碳化物中心偏析。碳化物中心偏析是树枝状晶体之间存在的微细偏析钢水在凝固的同时，向着较大钢水内被吸入和堆积的结果发生的现象。形成于板内的中心偏析在再加热或退火热处理工艺中不容易去除，会残留在热轧或冷轧板上，因此在带钢的剪切过程中伴随叠片结构。

生产现有的 200~250mm 板时，为了使中心偏析最小化，在连铸工艺中将铸造速度降低到通常的 70%~80% 后进行操作，但存在连铸生产效率明显降低的问题。并且，为了使铸造时形成的中心部的粗大的碳化物固溶，需要使热轧之后的箱式炉退火的退火温度和维持时间过长，这大幅降低了生产效率。连续铸造时发生的中心偏析是因在进行凝固的同时，碳的累积导致的浓化钢水而发生，因此存在用于降低中心偏析的方法，有电子搅拌法、机械轻压法以及热应力压下等。

浦项制铁在专利 KR20110071517A 中公开了一种用于西餐餐具、刀具和剪刀等的中碳马氏体系不锈钢的制造方法：在薄带连铸连轧装置中包含朝相反方向旋转的一对辊子，辊子两侧面用于形成钢水池的侧封，从钢水池的上面供给惰性氮气的半月板盾。不锈钢钢水（质量分数：C 0.1%~0.5%，Cr 11%~16%）从中间包通过管口供给到钢水池而铸造不锈钢薄板，利用在线辊子以 5%~40% 的压下率制造热轧退火带钢。该发明通过减少碳化物中心偏析，抑制叠片结构的缺陷，使碳化物中心偏析部与未偏析部之间的硬度之差小，从而获得整体硬度均匀的马氏体系不锈钢。

通常，含有 0.40% 以上碳的高碳马氏体系钢在耐腐蚀性、硬度以及耐磨损性方面比较优秀，因此在剃须刀片、刀具等中使用这种高碳马氏体系钢。

利用高碳马氏体系不锈钢来制造剃须刀片时，在剃须过程中，剃须刀片将会与水分接触。这样的剃须刀片将会在较湿的氛围中保管，因此需要有抗腐蚀性。这样的环境对于使用高碳钢来说非常苛刻，因此通常主要使用含有约 13% 铬的马氏体系不锈钢。在使用这种马氏体系不锈钢而制造的剃须刀片中，作为其基体组织的马氏体含有约 12% 以上的铬，其结果剃须刀片的表面细密地生成较薄的铬氧化物，由此起到抑制由水引起的剃须刀片基体组织的腐蚀的作用。另外，为了在将剃须刀片紧贴到待剃部位而进行剃须的过程中剃掉高强度的胡须，剃须刀比任何物体都要求具有高的硬度。剃须刀所要求的高硬度的水准，由钢的马氏体基体组织实现。马氏体组织是一种在快速地冷却高温的奥氏体时所生成的非常硬的微细组织。固溶于高温奥氏体相的碳含量越高，固溶于马氏体的碳越多，马氏体的硬度变高。因此，为了制造具有高硬度的剃须刀片用钢，需要能够将尽可能多的碳添加到钢中。

从通常的耐腐蚀性和硬度的观点出发，作为满足如上所述的必要条件的剃须刀片用材料，主要使用 420 系列的马氏体系不锈钢。这些钢的质量分数为：C 0.45%~0.70%，Mn≤1%，Si≤1%，Cr 12%~15%，其中通常来说大多使用以约 0.65% 的碳和约 13% 的铬为基本的成分。

虽然为了制造具有高硬度的剃须刀片而需要能够将尽可能多的碳添加到钢中，但是碳含量越高，凝固时初生碳化物形成得越粗大，因此难以制造高品质的剃须刀片。

为了制造高品质的剃须刀，要求一种在铸造时抑制形成粗大的初生碳化物的方法。尤其需要开发一种相对于通常的剃须刀钢，不降低碳含量的同时，在微细组织内有效地缩小初生碳化物的大小且经济的铸造法。浦项制铁在专利 KR20110071516A 中公开了一种高碳马氏体系不锈钢及其制造方法。具体方法为：在薄带连铸装置中，将不锈钢钢水（质量分数：C 0.40%~0.80%，Cr 11%~16%）从中间包通过喷嘴供给到钢水池而铸造不锈钢薄板，之后立即利用在线轧辊以 5%~40% 的压下率制造热轧退火带钢，以在热轧退火带钢的微细组织内使初生碳化物为 $10\mu m$ 以下。该发明的特征在于使形成于铸造组织以及热轧板内的初生碳化物的大小降低至 $10\mu m$，制造作为工具用途刀刃品质优异的高碳马氏体系不锈钢。其特征在于，在包含朝着相反方向旋转的一对轧辊设置在该轧辊的两侧面而用于形成钢水池的边缘挡板，从钢水池的上面供给惰性氮气的半月板盾的薄带连铸装置中；在还原性气氛下以 700~950℃ 的温度范围内对热轧退火带钢实施箱式炉退火，使得在热轧退火带钢的截面微细组织中，具有 $0.1\mu m$ 以上大小的铬碳化物在每 $100\mu m^2$ 面积具有 50 个以上，脱碳层的深度为表面层锈垂直向下 $20\mu m$ 以下。热轧退火带钢在喷丸清理之后实施酸洗处理。接着进行冷轧，一次冷轧压下率最大为 70%。经冷轧的带钢在还原性气氛下实施总次数 5 次以下的退火，温度为 650~800℃。

12.4.2.7　利用薄带连铸方法生产含磷钢

三菱重工在专利 JP2003088941A 中公开了一种应用双辊式薄带连铸连轧工艺制造高磷钢板的方法，专利中提及到高磷钢中的磷含量达到了 0.2%，该方法展示了利用薄带连铸连轧工艺制造含磷钢带的可行性。

宝钢在专利 CN101684537B 中公开了一种薄带连铸生产耐大气腐蚀钢的生产

方法。将成分（质量分数）为：C 0.06%~0.12%，Si 0.20%~0.50%，Mn 0.20%~0.50%，P 0.15%~0.22%，S≤0.008%，Cu 0.65%~0.80%，Cr 0.30%~0.70%，Ni 0.12%~0.40%，余量为 Fe 和不可避免杂质的钢水浇铸到一个由两个相向旋转的水冷结晶辊和侧封装置形成的熔池中，经过水冷结晶辊的冷却形成铸带，铸带经过夹送辊送入在线轧机中轧制成热轧薄带，铸带厚度 1~5mm；钢水接触双辊铸机结晶辊表面的冷却速度至少要达到 300℃/s；离开结晶辊后的铸带在线热轧，形变率 30%~45%。该发明可以将钢中磷、铜含量提高到较高的水平；制得的钢带不会出现磷、铜等元素的偏析；可以广泛应用于海洋性气候地区的建筑、集装箱制造业等领域。该生产方法方便经济、易于制造且具有节能降耗等优点。

12.4.2.8　利用双辊式薄带连铸连轧方法制造高锰钢

蒂森克虏伯尝试采用带式薄带连铸连轧试验轧机制造出生产厚度为 6mm、宽度 300mm 的高锰钢热带卷，表面与边部质量良好，这初步证明了采用薄带连铸连轧技术生产高锰钢带卷的可行性。蒂森克虏伯在专利 US20040074628A1 中公开了一种利用双辊式薄带连铸连轧生产高锰钢的方法，涉及 Fe-Mn-Si-Al 系高锰钢，C 含量极低（0.003%）而 Mn 含量高（12%~30%），这种高锰钢冶炼难度大，是大规模工业制造的瓶颈。

浦项制铁对 Fe-Mn-C 系高锰钢薄带连铸连轧技术的研发投入非常大，处于世界领先水平。专利 KR100650559B、KR100650562B 公开了高锰钢的薄带连铸连轧技术，并制造出表面质量良好的原形钢带。围绕高锰钢薄带连铸连轧技术，专利 KR20040055925 公开了结晶辊的特点，专利 KR20040020465、KR20040020464、KR20040020463、KR20060074638 阐述了结晶辊处理以及表面质量控制等技术问题。

宝钢在专利 CN101543837B 中提供了一种采用薄带连铸连轧方法（双辊同径立式机组），通过有效控制 Mn 元素的成分，生产出侧边与表面质量良好的 Fe-Mn-C 系高锰钢。薄带连铸连轧后结合合适的在线热轧工艺参数，制造出等轴晶率较高的高锰钢组织，避免明显的柱状晶界面，防止缩松或夹杂物聚集现象，确保材料具有优异的后续加工性能。

12.4.2.9　利用薄带连铸连轧技术生产微合金薄带

纽柯在专利 WO2008137898、WO2008137899、WO2008137900 以及 CN101765469A、CN101765470A、CN101795792A 中公开了一系列专利，利用薄带连铸连轧工艺生产厚度 0.3~3mm 的微合金钢薄带。通过添加合金元素抑制奥氏体热轧后发生再结晶，保持薄带连铸连轧奥氏体晶粒粗大特征以提高淬透性，获得贝氏体+针状铁素体的室温组织。热轧温度 950℃。采用这种方法生产的薄带连铸连轧低碳微合金钢强度较高，屈服强度可达到 650MPa，抗拉强度可达到 750MPa。但是，由于通过薄带连铸连轧工艺得到的铸带奥氏体晶粒粗大且不均匀，热轧压下率不超过 50%，通过形变细化晶粒的效果非常小。如果不通过再结晶细化奥氏体晶粒，粗大的不均匀奥氏体在热轧后不会得到有效改善，由尺寸粗大的不均匀奥氏体相变后产生的贝氏体+针状铁素体组织也很不均匀，因此延伸率不高。

蒂森克虏伯在专利 CN1606629A 中提出一种利用薄带连铸连轧生产厚度在 1~6mm 的微合金钢薄带的方法。所采用的微合金钢成分（质量分数）为：C 0.02%~0.2%，Mn 0.1%~1.6%，Si 0.02%~2.00%，Al<0.05%，S<0.03%，P<0.1%，Cr 0.01%~1.5%，Ni 0.01%~0.5%，Mo<0.05%，N 0.003%~0.012%，其余基本为 Fe；在铸造轧辊和一个轧制系统之间的区段控制冷却带材；在 1150℃ 到 A_{r1} -100℃ 的温度范围对铸造带材进行热变形，压下量 15%~80%；在薄带连铸连轧机组后设计了在线加热系统，加热温度范围是 670℃ 到 1150℃，时间为 5~40s，使得铸带在不同相区热轧后，保温一段时间后发生完全再结晶，从而具有较好的强塑性。

宝钢在专利 CN103305759B 中公开了一种薄带连铸连轧 700MPa 级高强耐候钢制造方法。在低碳钢中适量添加微合金元素铌、钒、钛、钼，发挥其固溶强化作用，提高钢带强度；通过溶质原子拖曳奥氏体晶界，在一定程度上抑制奥氏体晶粒长大，从而细化奥氏体晶粒，促进奥氏体再结晶。奥氏体晶粒尺寸越细小，形变时产生的位错密度越高，形变储存能将越大，从而增大再结晶驱动力而促进再结晶过程的进行。再结晶核心主要在原大角晶界处或其附近形核，因此晶粒尺寸越细（晶界面积越大），再结晶形核越容易，从而促进再结晶过程的进行。利用薄带连铸连轧工艺中铸带的快速凝固和快速冷却特性，可有效控制磷、铜的偏析，实现在低碳钢中添加较高含量的提高钢带耐大气腐蚀性能的磷、铜元素，铜含量在 0.8% 以内，磷含量在 0.22% 以内；提高在奥氏体区的热轧温度，促进奥氏体再结晶。再结晶形核率和长大速率均随形变温度的升高而呈指数型关系的增长，温度越高，越容易发生再结晶；控制热轧压下率和形变速率在合适的范围内，促进奥氏体再结晶。

12.4.2.10 利用薄带连铸连轧技术生产无取向硅钢

高牌号无取向硅钢是无取向硅钢中的高端产品，主要应用于制造大、中型水力、火力发电机和高效电机的铁芯。使用双辊式薄带连铸连轧技术生产的高牌号无取向硅钢产品，其磁感应强度比传统工艺生产的高牌号无取向硅钢产品高 0.1T 以上，铁损值相当。采用双辊式薄带连铸连轧技术生产硅含量约 3% 的无取向硅钢薄带的主要工艺流程有两种：（1）铸带—热轧—冷轧—退火；（2）铸带—冷轧—退火。

新日铁住金在专利 US7214277 中公开了一种具有高磁通密度的无取向电工钢板的制造方法，采取的工艺流程是铸带—冷轧—退火。为保证获得高的磁感应强度，需要增加铸带中柱状晶的数量，铸带中 {100} 织构的强度值至少为 4。具体制备钢液成分（质量分数）为：C 0.0011%~0.0013%，(Si+2Al) 1.8%~7%，Mn 0.02%~1.0%，S<0.005%，N<0.01%，以及余量 Fe 和不可避免的杂质。在至少一个移动冷却壁上凝固钢液，形成铸钢条；冷轧铸钢条至预定的厚度；退火冷轧过的钢条，其中冷轧时的压下率在 70% 和 85% 之间，并且凝固前钢液的过热度为 70~100℃。冷轧温度为 180~350℃。冷轧过的钢具有比球形等轴晶体更多量的柱状晶体。钢液使用单辊法或双辊法来凝固。

东北大学在专利 CN101967602B 中公开了一种无取向硅钢薄带及其制备方法。无取向硅钢在真空冶炼炉中进行冶炼后通过双辊式薄带连铸连轧，铸带厚度为 2~2.5mm，拉带速度 50~120m/min，铸带在 1100~1150℃ 常化 3~5min，预热 150~300℃ 进行冷轧，再结晶退火。通过控制成分和铸轧工艺，使铸带中对产品磁性能有利的 ｛100｝ 织构强度值最低为 5，对磁性能不利的 ｛111｝ 织构极少，这样的晶粒取向分布状态为退火后的薄带获得较高的磁性能奠定了良好的基础。该发明的无取向硅钢薄带产品的铁损值比其他双辊式薄带铸轧技术生产的相应产品的铁损低 0.2~0.7W/kg；该发明采用合理的浇铸及铸轧工艺相配合，得到了表面质量好，厚度均匀的铸带。铸带组织为均匀的等轴晶粒，而不包含柱状晶粒，从而改善了铸带的冷轧加工性。

硅钢中硅含量对硅钢产品的磁性能具有重要影响，随硅含量的增加，产品的铁芯损失耗降低。高硅钢，特别是硅含量为 6.5% 的硅钢片，高频铁损低、磁致伸缩接近于零，磁导率高，因而成为制作中高频电动机、变压器以及高频扼流线圈的理想铁芯材料。

近年来，随着变频器控制下的电机转速从每分钟几千转提高到每分钟几万转，使用频率也由固定的 50Hz 或 60Hz 拓宽到 1kHz。在高频率的工作环境中，无取向硅钢的铁芯损失增加，频率越高，铁损增加越严重。在此种条件下，对高硅钢的需求显得更加急迫。此外，资源和环境问题日益突出，对高硅钢的生产技术要求越来越高，现有高硅钢的生产方法有喷射成形、沉积扩散、快速凝固等，其中以快速凝固技术节能环保优势最为突出，该技术中又以同步等径双辊式薄带铸轧技术发展最快。一直以来，有关双辊式薄带铸轧技术生产高硅钢的研究鲜有报道，在为数不多的文献报道中，均采取了以下一种或几种措施改善高硅钢铸带的加工性和提高退火后产品的磁性能：在合金的成分组成方面，除了 Fe、Si、Mn 和 Al 外，还添加了 Cr、Mo、Ni、Sn、B、稀土等合金元素中的一种或几种；在铸轧设备方面，采用冷却能力强，但造价昂贵的铜质铸辊；在铸轧工艺方面，要求辊缝小于 1mm，铸带尽量接近成品厚度；而且采用了一道次或两道次的热轧工艺，或者取消热轧工艺采用温轧工艺时，要求必须有一道次压下量大于 70% 的轧制过程；以上措施不同程度地增加了生产成本或对生产设备及工艺提出了严格的要求。

美国 AK 钢在专利 US7140417B2 中公开了一种制备高硅钢的方法。该钢除了含有 Fe、Si、Mn、Al 外,还必须含有 Cr(0.15%~2%)。添加铬的目的是提高体积电阻率。制备具有一定化学成分的无取向电工钢钢水,然后使其在两个反向旋转的小间距的水平辊之间快速凝固成带材,内部为铸态晶粒结构,然后使用 125~450(L/min)/m² 的喷水密度快速冷却薄带,以便维持铸态铁素体显微组织。通过热轧和冷轧来减小钢带的厚度,并且最大程度降低铸态晶粒结构的再结晶,最终产品厚度为 0.7~2mm。

东北大学在专利 CN103060701A 中提出了在高硅电工钢中添加 Cr 元素以改善其塑性的方法。添加质量分数为 2.0%~5.0% 的 Cr 元素后,高硅钢铸带加工性能明显提高。采用铸轧结合温轧工艺,解决了高硅钢加工性能差的问题。根据高硅钢的成分,调整浇铸和铸轧工艺,使铸带在整个厚度方向上呈现粗大的柱状晶组织,{100} 织构强度值高。具有此种组织特征和织构分布状态的高硅钢铸带加工性能较好,经过轧制和退火后磁性能可得到明显提高,磁感应强度高于现有产品,铁损与现有产品相当。根据该方法生产的 0.35mm 厚的高硅钢薄带在铁损 $W_{10/400}$ 为 13.8W/kg,磁感应强度 B_8 为 1.35T。

除了将 Cr 作为添加元素外,还有将 Ce 作为添加元素的。东北大学在专利 CN104451372A 中公开了一种方法,通过添加微合金化元素 Ce 并采用匹配的铸轧、热轧和温轧相结合的制造工艺来生产高磁感高硅无取向硅钢板。Ce 元素极易与钢液中的杂质元素如氧、硫以及一些低熔点夹杂物反应生成高熔点化合物,这些高熔点夹杂物在冶炼过程中易于上浮和去除,使钢液净化。同时,细小的 MnS、AlN 等析出物易于附着在 Ce 的氧化物或硫化物上生长进而形成粗大的复合析出物,从而大幅度减少细小 MnS、AlN 的数量。该方法正是利用了 Ce 元素的化学活性,同时在铸轧过程中对中间包和熔池使用氩气气氛保护,防止钢水中的 Ce 元素因与空气中的氧、氮反应而损失以及大量的 Ce 的氧化物和氮化物的形成。不同厚度产品的磁性能如表 12-4 所示。

表 12-4 不同厚度产品的磁性能

板厚/mm	磁感应强度/T		
	B_8	B_{25}	B_{50}
0.20	≥1.362	≥1.492	≥1.602
0.30	≥1.424	≥1.537	≥1.628
0.50	≥1.429	≥1.523	≥1.604

东北大学在专利 CN101935800A 中公开了一种无取向高硅电工钢薄带及其制备方法:通过铸轧工艺直接制备厚度为 1.1mm 薄板,并通过后续热轧、温轧工艺制备出宽度为 110mm、厚度为 0.35~0.5mm 的 6.5%Si 高硅钢薄板。根据高硅

钢的成分，调整浇铸和铸轧工艺，使高硅钢铸带在整个厚度方向上呈现为均匀的等轴晶组织，同时使得对产品磁性能有利的 |100| 织构强度值最低为5，|110| 织构强度值最低为4。具有这种组织特征和织构分布状态的高硅钢铸带加工性能较好，经过轧制和退火后磁性能可得到明显提高。0.35mm 厚的高硅钢薄带铁损 $W_{10/400}$ 值为 10W/kg，磁感 B_8 达到 1.43T。同时，由于该方法在不添加除了 Fe、Si、Mn、Al 以外的合金元素的情况下可获得磁性能良好的产品，节省了生产成本。但是由于温轧温度（400~480℃）较高，轧制过程中轧辊存在热凸度，难以制备更薄规格的高硅钢。另外，温轧板板形不良，表面粗糙，难以使用。

针对以上问题，东北大学专利 CN104278189A 通过采用铸轧、热轧、温轧和冷轧相结合的方法，控制温轧温度为 150~300℃，避免了热凸度导致的温轧板板形不良的问题。采用冷轧工序解决了表面质量差的问题，易于制备板形良好、表面质量优异的薄规格无取向高硅钢薄板。

东北大学在专利 CN105063473A 中公开了一种基于薄带连铸连轧和应变诱导无序制造无取向高硅钢冷轧薄板的方法。应变诱导无序是一种在较低温度下，通过塑性变形的方式破坏材料内部有序相组织，从而降低有序合金内部有序度的方法。采用该方法可以使塑性变形后的有序合金获得一定量的室温韧性，使后续的室温冷轧工序成为可能。然而，过低的变形量不足以充分地降低材料内部有序度，过高的变形量将使材料内部加工硬化程度剧烈升高，这两种结果都不会使有序合金的室温韧性得到提升。因此，合适的温轧压下率将会是决定"应变诱导无序提升室温塑性"方法成功与否的核心技术。通过将薄带连铸连轧工艺与应变诱导无序工艺相结合，在较低温度下（100℃）进行温轧，调整温轧压下率（据研究，在100℃条件下进行温轧时，55%的温轧压下率可以使"应变诱导无序"效应最优化，此时高硅钢内部的有序度极低，且温轧板宏观硬度开始下降，出现软化效应），提高室温韧性，最后进行室温冷轧。在不需要中间退火的情况下，制备纯净度高，板型良好，磁性能优良的无取向高硅钢冷轧薄板。这种方法的优点是：无取向硅钢不含任何人为添加元素，钢液纯净度高，优化最终产品的磁性能；整个轧制加工过程无需中间退火工艺，提高生产率，降低能耗；采用这种方法生产的冷轧薄板在退火后磁性能优良，整个工序简单，对设备要求低。

浦项制铁在专利 WO2013095006A1 中公开了一种生产加工性能和磁性能优异的高硅钢板的方法。具体如下：将熔化的金属采用垂直双辊带材铸造机铸造成具有 5mm 以下厚度的带材，然后在 800℃ 或更高的温度下热轧，在 900~1200℃ 温度范围下将热轧带材退火、冷却；在 300~700℃ 温度范围下温轧，通过温轧来提高带材的表面质量。最后将带材在 800~1200℃ 温度范围下退火。可以通过对具有含硅量 5% 以上的钢实施带材铸造、热轧、热轧带材退火、冷却、温轧和退火过程，提供一种具有良好磁性能的高硅钢板。通过控制硅和铝的相对含量，可提供一种具有改进轧制特性的高硅钢板。生产钢板的磁性能：$B_{50} = 1.63 \sim 1.67T$，$W_{10/400} = 5.15 \sim 6.02W/kg$。

美国内陆钢公司在专利 US5482107A 中公开了一种用薄带连铸连轧方法生产电工钢的方法。由于薄带连铸连轧铸带的组织是沿着（100）面择优生长，该方向是提高磁感的有利织构。该发明的主要特征是保留铸态组织中的有利织构，因此后续需要轻微冷轧并且去应力退火的工艺以避免破坏铸态组织。该专利中薄带连铸连轧的厚度最多是成品厚度的 1.2 倍，减少冷轧道次，而且退火的温度 500~650℃，这些工艺的目的都是为了避免再结晶，保留铸带的有利织构。该发明的主要缺点是难以生产薄规格的冷轧产品。

宝钢专利 CN102041367A 公开了一种冷轧无取向电工钢的制造方法：运用薄带连铸连轧能够浇铸薄规格带钢以及铸态组织中的柱状晶是有利织构面的特点，省略热轧工序或者在小热轧变形量的条件，生产出满足用户需求的产品。不仅减少了工序，避免因热轧工序不当引起的质量缺陷，同时减少了设备损耗，降低了设备维护检修成本。通过控制凝固过程，提高铸带中等轴晶比例，从而在无须增加电磁搅拌以及其他设备的情况下，改善了产品冷轧过程中的瓦楞状缺陷，同时放宽了无取向硅钢冶炼的成分范围。与美国专利 US5482107 相比，无需保留铸带的有利织构，依然可以获得高磁感低铁损，满足用户要求的薄规格冷轧产品。

12.4.2.11　利用薄带连铸连轧技术生产取向硅钢

取向高硅钢具有更高的最大磁导率、更高的电阻率、更低的高频铁损值，能够显著降低电器元件的质量和体积，提高电器效率；能够显著降低高频变压器的噪声，具有很高的应用价值。取向高硅钢的制备除了需要解决基体塑性的共性问题外，获得完善二次再结晶所需要的抑制剂条件更加严格。

影响取向高硅钢制备的因素主要有：（1）Si 元素能够显著提高 Fe-Si 合金晶界迁移能力，粗化晶粒，造成高 Si 钢铸坯晶粒尺寸粗大，对塑性不利；（2）满足二次再结晶发生的必要条件是带钢初次再结晶晶粒生长受到强烈抑制，而高硅钢冷轧变形后晶界迁移速率的提高却需要更强的抑制剂；（3）化合物抑制剂通过高温固溶和相变析出来控制，高温加热铸坯会造成晶粒过于粗化，而高硅钢是单相铁素体，没有相变窗口来控制氮化物的细小析出；单质抑制剂往往作为辅助抑制剂使用，单独使用的抑制力不足且容易固溶强化基体，影响塑性。

东北大学在专利 CN104372238A 公开了一种制备取向高硅钢的方法：利用高硅钢双辊式薄带连铸连轧亚快速凝固过程中组织-织构-析出的特点，设计合理的抑制剂方案，通过铸带晶粒凝固-长大行为控制和抑制剂元素固溶析出行为设计，实现组织-织构-析出的柔性控制，得到高磁感取向高硅钢。采用的抑制剂是可分解的化合物，MnS 和（Al，V，Nb）N 系列第二相粒子在升温过程中可以强烈抑制初次晶粒的长大。为获得均匀、发达且位向准确的 Goss 晶粒提供稳定基体，在二次再结晶完成后通过纯 H_2 进行净化退火，将 S、N 元素排出基体，使 Mn、Al、V、Nb 仅仅以固溶的形式存在于基体中。低温热轧和温轧阶段 N 元素和基体中残存的 C 元素形成 (V，Nb)C 和少量 (V，Nb)N，抑制热轧过程中回复和再结晶，形成纤维组织提高基体塑性，细化晶粒，为二次再结晶提供稳定基体。初次再结晶过程中 (V，Nb)C 分解，C 元素大部分被脱掉，形成 (V，Nb)N，高温退火过程中分解并且作为 AlN 粒子形核质点，进一步促进 AlN 粒子的析出。AlN 配合 MnS 作为复合抑制剂，继续保持基体抑制能力，使得二次再结晶在较高温度发生，产生高取向度 Goss 二次晶粒。这种方法的抑制力综合调控能力提高，更适合制备 0.10~0.25mm 厚度的取向高硅钢，能够获得更低的铁损。利用该方法制备的取向高硅钢的磁性能为：$P_{10/50} = 0.18~0.62W/kg$，$P_{10/400} = 6.75~9.5W/kg$，磁感 $B_8 = 1.74~1.81T$，$B_8/B_s = 0.961~0.978$。

取向硅钢对化学成分要求极为严格，规定的成分范围很窄。一般地，普通和高磁感取向硅钢的碳含量分别为 0.03%~0.05% 和 0.04%~0.08%。在取向硅钢的制备流程中，冷轧到成品厚度的钢带需进行脱碳退火，其目的之一是保证后续的高温退火时处于单一的铁素体相以发展完善的二次再结晶。此外，还有一个重要目的是消除成品的磁时效。取向硅钢成品中多余的碳元素会引起磁时效，铁芯在长期运转时，特别是温度升高到 50~80℃ 时，这些碳原子将以细小的 ε-碳化物的形式析出，从而使取向硅钢磁性能降低。为了控制磁时效，需将取向硅钢成品中的碳降低至 0.003% 以下，但是如果脱碳退火时的工艺条件控制不好，将影响脱碳效果，进而引起磁时效，使取向硅钢的磁性能降低。

添加 0.03%~0.08% 的碳对取向硅钢的常规流程下的制备具有重要意义。热轧及常化时，取向硅钢处于奥氏体和铁素体两相区，可利用抑制剂形成元素在两相中的固溶度积差来获得预期的抑制剂粒子。如采用超低碳成分设计，则取向硅钢在铸造、热轧、常化时都将处于铁素体单相区。常规流程下，铸坯需经多道次的高温热轧，抑制剂形成元素很容易析出并粗化，二次再结晶可能难以完善。

东北大学在专利 CN104294155A 中公开了一种超低碳取向硅钢生产方法，将碳控制在 0.005% 以下。常规生产流程中为了形成一定量的奥氏体，产生动态再结晶细化热轧组织，以及常化时更好的固溶抑制剂元素需要在冶炼时添加 0.03%~0.05% 的碳。另一方面，为了保证成品取向硅钢板的性能，需要在后续工序中进行脱碳退火。在薄带连铸连轧条件下，钢液凝固速度较快，先形成的 δ 铁素体中碳元素的固溶量非常少，造成碳元素局部偏聚，并不能起到均匀和细化组织的作用，反而降低铸带的成形性能。再加上亚快速凝固能够抑制析出物的析出及长大，因此在冶炼过程中将碳含量控制在 $50×10^{-4}\%$ 以下，提高铸带塑性，省略脱碳退火工艺。

通过成分设计：采用超低碳设计，并通过尽量减少合金元素的添加，达到取向硅钢的使用要求；工艺流程：冶炼→双辊连铸→常化→酸洗→一次冷轧→中间退火→二次冷轧→初次再结晶退火→涂MgO隔离剂→高温退火→涂绝缘层，使铸带中的抑制剂形成元素最大限度地处于固溶状态，使抑制剂的析出更易在后续工序中进行控制。由于铸带厚度接近传统流程中的热轧板厚度，可省去热轧工序，在常化阶段对抑制剂进行控制，这使得抑制剂的控制更集中、容易解决取向硅钢传统生产流程冗长、工序繁多、制造难度大、生产成本高和能耗及排放大的问题。

研究发现，通过减薄钢板的厚度，可以降低铁损。采用二次再结晶方法生产取向硅钢时，成品厚度存在极限值（约为0.15mm）。当成品厚度低于该值时，由于抑制剂在高温退火过程中的分解和扩散加剧，导致抑制能力下降，成品的二次再结晶不完善甚至无法进行，导致磁性能和稳定性均极差。为了生产取向硅钢薄带，现有的方法是以二次再结晶后的成品取向硅钢板为原料，酸洗后采用异步冷轧，再经退火来获得，但是增加了生产流程、成材率低。

双辊式薄带连铸连轧具有亚快速凝固的特性，在亚快速凝固条件下，可以在取向硅钢铸带坯中固溶更多的抑制剂形成元素，有利于在后续的处理过程中获得更多细小、弥散的抑制剂粒子，从而提高抑制力。利用薄带连铸连轧技术可以得到较传统工艺更薄的热轧板。这些都有利于制备极薄取向硅钢板。

在成分中添加Ti元素可以在铸带连铸过程中与硫、氮等元素结合形成高熔点析出物，充当异质形核质点以及钉扎晶界的作用，从而细化初始凝固组织，获得细晶粒，有利于后续的组织控制，并改善塑性和韧性，为后续加工过程的冷轧工序提供便利条件。Ti元素还可以在热轧及常化时形成细小、弥散的Ti_2S、$TiMnS$、$Ti_4C_2S_2$等析出物，可以与AlN和MnS一起抑制晶粒长大，加强抑制效果，有利于形成细小而均匀的初次晶粒，有利于制备出极薄取向硅钢板。

利用双辊式薄带连铸连轧技术在取向硅钢组织、织构及抑制剂调控上的优势和潜力，通过成分设计和流程控制，能获得极薄取向硅钢产品。目前公开的专利中生产的极薄取向硅钢的厚度为0.05~0.15mm。

东北大学在专利CN105018847A中公开了一种生产极薄取向硅钢板的方法，包括：按设定成分（添加元素Ti，含量为0.01%~0.5%）冶炼钢水；采用双辊式薄带连铸连轧装置，将钢水经中间包浇入由两个结晶辊和两块侧封板组成的空腔内形成熔池，控制熔池上表面过热度以及辊速；铸带冷却后进行热轧；将热轧卷进行一段常化退火或二段常化退火；将常化板酸洗去除氧化铁皮，进行一次冷轧→一次中间退火→酸洗→二次冷轧→二次中间退火→酸洗→三次冷轧→脱碳退火，在板材表面涂覆退火隔离剂，然后进行高温退火及纯净化退火，最后经开卷、平整拉伸退火和绝缘层涂覆，制成极薄取向硅钢板。

此外，东北大学在专利 CN105385937A 中公开的高磁感取向硅钢及薄带的制备方法是基于短流程近终形铸轧工艺，以（Nb，V）N 作为辅助抑制剂，MnS 和 AlN 为主要抑制剂的复合抑制剂或者高 Mn、S、Al、N 固溶量成分设计，未添加其他元素。铸带原始粗大的柱状晶在轧制变形过程中形成带状低储能变形组织，在二次再结晶过程中形成"线晶"。第一阶段采用温轧工艺轧制，一方面温轧能够实现道次大压下均匀组织，另一方面温轧再热过程使得变形基体进行时效，促进 N 元素的均匀分布，保证最终抑制剂的均匀分布；粗大的铸带凝固组织经过常化处理后更加均匀，在冷轧过程中粗大的晶粒容易形成剪切带，该剪切带有利于 Goss 取向形核；初次再结晶组织中存在强度较高的 Goss 织构，为二次再结晶过程提供更多的 Goss 晶核，能在一定程度上解决极薄带 Goss 晶核数量不够的问题。第一阶段压下率为 70%～90%，轧制后经过中间退火、酸洗，进行第二阶段轧制，这个阶段的轧制为冷轧，压下率在 10%～20%。为解决极薄带加工成形困难，通过铸轧得到厚度为 1.2～2.3mm 的薄带，采用两阶段轧制工艺。各阶段轧制压下率不高，同时在后续轧制过程中采用温轧变形，减少轧制道次，增加了成材率，改进了产品质量。

12.5　小结

从贝塞麦申请第一件薄带连铸连轧技术专利开始，至今已经有超过 160 多年的历史。截止至 2017 年 6 月，全球薄带连铸连轧技术领域共申请专利 12682 件，涉及同族专利 4334 项，这些专利的特点可以归为以下几个方面：

（1）全球薄带连铸连轧专利申请经历缓慢发展期、技术成长期、快速发展期、调整稳固期 4 个时期。从技术发展趋势来看，20 世纪 80 年代开始，专利申请量快速增长，2000 年前后达到了高峰，接近年均 500 件的水平，表明从 20 世纪 80 年代开始薄带连铸连轧技术研发活跃，到 2000 年左右达到高峰。2003 年之后，专利申请量开始出现下滑，期间国外众多企业和研究机构终止了继续研究，表明薄带连铸连轧技术还有待进一步突破。

（2）薄带连铸连轧技术集中度较高，专利技术创新的竞争主要集中在日本、韩国、美国、中国和德国五个国家，这五个国家的申请专利总和占全球专利申请的 85.72%。其中，日本是薄带连铸连轧技术专利的第一申请大国，专利申请数量是第二名韩国的 3 倍以上，日本专利的申请高峰期在 1990～2002 年。近年来，日本专利申请量不断下降，表明日本的技术创新有所削弱。韩国和中国申请数量则显著上升，显示出了较强的创新活力，是当前全球薄带连铸连轧技术创新的主要国家。

（3）从企业上看，新日铁、安赛乐米塔尔、IHI、蒂森克虏伯、浦项、纽柯等企业的专利申请数量较多。全球前 10 名申请者中没有中国企业，国内专利数量最多的宝钢拥有不到 200 件专利，而全球拥有专利数最多的新日铁申请数量超过 1000 件。我国企业在申请数量上与国外企业有较大差距，在专利布局上有待加强，知识产权保护意识还有待提升。

（4）从核心专利分布来看，薄带连铸连轧核心专利主要集中在纽柯、宝钢、浦项、东北大学等企业和单位，其中纽柯掌握的核心专利最多，我国宝钢和东北大学也拥有一定数量的核心专利。说明我国企业基本掌握了薄带连铸连轧核心技术，但是在核心专利的外围专利布局上与国外企业有较大差距，为今后知识产权保护埋下了风险。

（5）浦项近几年每年申请的薄带连铸连轧专利数量超过 30 件，是目前全球薄带连铸连轧技术创新最活跃的企业，其专利申请主要集中在品种开发方面，尤其是在开发双相不锈钢（节约型双相不锈钢、超韧双相不锈钢、高氮节约型双相不锈钢）、马氏体不锈钢、生产奥氏体不锈钢等产品方面。

13 薄带连铸连轧流程现状分析

13.1 流程的价值评估

（1）与传统流程和薄板坯连铸连轧流程相比，薄带连铸连轧流程能耗更低、排放更少。

Castrip 与 CSP 和传统流程的能耗和排放指标如表 13-1 所示。可见，薄带连铸连轧流程的能耗仅为传统流程的 11.11%、CSP 流程的 18.52%，温室气体排放量为传统流程的 18.18%、CSP 流程的 28.57%，节能减排效果显著。

表 13-1 三种流程的能耗及排放指标的比较[1,2]

指　标	Castrip	CSP	传统流程
能耗/GJ·t^{-1}	0.2	1.08	1.8
温室气体排放 CO_2 等效值/t·t^{-1}	0.04	0.14	0.22

（2）与传统流程和薄板坯连铸连轧流程相比，虽然规模较小，但由于设备简单，数量少，薄带连铸连轧流程的吨钢投资成本低于传统流程，薄带连铸达到工业化，产能得到充分发挥后，工序成本优势业已体现。

薄带连铸连轧流程和与传统流程的成本费用的比较如表 13-2 所示。可见，薄带连铸连轧流程的吨钢投资成本低于传统流程 10%~20%；沙钢薄带连铸达到工业化后，产能得到充分发挥，工序成本优势业已体现，比传统流程略低 5%~10%。

表 13-2 两种流程成本比较

指　标	薄带连铸连轧流程	传统流程
投资成本	80~90	100
工序成本	90~95	100

（3）薄带连铸连轧流程能批量生产超薄规格产品。薄带连铸连轧流程能批量生产热轧超薄规格产品，调研结果表明：Castrip 和 Baostrip 可以批量生产厚度分别为 0.84mm 和 0.9mm 的薄规格产品，且过渡坯量很小。可见，在表面质量相同的情况下，薄带连铸连轧流程在"以热代冷"方面的优势更显著。

（4）薄带连铸连轧流程适合生产高强钢、特殊钢等高附加值产品。文献研究表明，美国 Nanosteel 公司基于薄带连铸连轧流程开发的第三代汽车用钢

Nanosteel，抗拉强度 800~1400MPa，延伸率 30%~70%；东北大学基于薄带连铸连轧流程制备出厚度为 0.27mm 的高磁感取向硅钢，其 B_{800} 性能达到 1.94T。

13.2　流程存在的主要问题

（1）制造过程稳定性不够，作业率低，流程的竞争力有待进一步提高。

文献研究表明，已有的薄带连铸连轧流程普遍存在制造过程稳定性不够，作业率低的问题。例如最高连浇钢水量蒂森克虏伯 Eurostrip 为 180t，新日铁 DSC 为 300t，浦项 poStrip 为 500t，Baostrip 目前也只达到了 360t 连浇水平，都没有实现连续化生产。目前纽柯 Castrip 水平最高，实现过 900t 连浇，Castrip 在沙钢实现了连续稳定 500t 连浇的工业化水平，随着沙钢超薄带的示范作用，产线制造过程稳定性将逐渐得到验证。

（2）产品定位意见不统一，实现商业化的产品制造技术有待进一步完善提高。

已有的薄带连铸连轧流程的产品定位不统一，缺乏能实现商业化的产品制造技术，例如纽柯 Castrip、宝钢 Baostrip 主要定位于薄规格低碳钢，新日铁 DSC、蒂森克虏伯 Eurostrip、浦项 poStrip 主要定位于不锈钢，但大多没有实现商业化生产。沙钢薄带连铸产线目前主要生产的产品涉及货架、汽车、农机、集装箱、锯片等多个领域。

（3）关键耗材价格昂贵，大幅提高了制造成本。

薄带连铸连轧流程特殊的工艺要求采用结晶辊、侧封板、布流器等价格昂贵的消耗件，同时由于通钢量小，浇铸时间长，且工业生产中必须采用大量的氮气或氩气进行气氛保护也增加了制造成本。

13.3　流程的未来发展方向和路径

一是与长流程协同生产，发挥双辊式薄带连铸工艺特点，专业化生产厚度小于 1.5mm 的超薄规格热轧带钢，专业化生产适合薄带连铸工艺生产的薄规格高强热轧带钢，释放传统流程产能，丰富传统产品大纲，提升整体效益。

二是与长流程钢厂的沿江、沿海布局相协调，围绕"城市钢厂"绿色发展、"城市矿山"资源利用，在中国内陆地区或"一带一路"地区布局建设若干个基于薄带连铸连轧技术的、年产 50~100 万吨的、200~300 千米运输半径的微型板带短流程工厂，并通过多基地运营管理平台+智慧化生态圈，采用单一规格、单一品种的定制化产品商业模式，实现以极小的占地面积、极小的投资规模、极低的能源消耗实现极致高效、极致低成本、极致环保的带钢生产新模式。

三是进一步提升生产的稳定性，提高关键消耗件的寿命，降低关键消耗件的成本，提升产品的质量。与其同时，加速开发具有薄带连铸工艺特征的、高附加值的产品。

　　中国首条、世界第三条薄带连铸连轧商业化生产线在沙钢实现工业化生产，证明了薄带连铸连轧技术的可靠性及市场可行性。从沙钢通过引进纽柯的超薄带产线技术并顺利实现工业化的过程来看，一是为现有和未来的钢铁企业转型发展树立了新的标准；二是选择具有颠覆性、革命性的技术方向是当下中国钢铁实现高质量发展的必然选择；三是通过引进先进技术，并与世界先进企业合作、共享，共同推进技术进步，仍然是目前钢铁技术创新发展的一种有效路径。

参 考 文 献

[1] Campbell P，Wechsler R L. The castrip process—A revolutionary casting technology，an exciting opportunity for unique steel products or a new model for steel Micro-Mill? [C]. Heffernan Symposium，2001.

[2] Wechsler R L. The status of twin-roll casting technology comparison with conventional technology [C]. IISI-35 Conference，2001.

14 我国薄带连铸连轧流程发展前景及措施建议

14.1 发展前景

薄带连铸连轧流程是业界公认的钢铁前沿技术，标志着一个国家的钢铁工业创新能力和机械制造水平，技术难度极大。薄带连铸连轧技术的商业化实现不仅有助于中国钢铁工业做优、做强，而且在引领世界钢铁工业技术创新与发展方面具有重要意义。

发展薄带连铸连轧流程，有助于中国钢铁工业的可持续发展。目前钢铁工业发展的瓶颈就是环境问题，高能耗、高排放一直被诟病。薄带连铸连轧流程与传统工艺流程相比，工艺流程发生了巨大变革，绿色优势明显，为钢铁工业可持续发展提供了一个最佳途径。

发展薄带连铸连轧流程，有助于中国钢铁工业的结构调整、转型升级。目前中国经济结构正在发生深刻变化，板带比增加是我国钢铁行业转型的重要方向。而薄带连铸连轧由于流程短，投资成本低，对于解决区域发展不均、去落后产能、调结构具有巨大的社会效益。

薄带连铸连轧流程，为钢铁新品开发提供了一个崭新的技术平台。薄带连铸凝固速度比传统工艺要快，这种亚快速凝固产品有独特的特点：例如薄带连铸连轧硅钢，柱状晶组织就是有利织构的方向；由于快速凝固导致的元素偏析小，可以生产含铜、磷高的耐大气腐蚀钢、综合性能良好的 TWIP 钢、双相不锈钢等，对于提升现有高强钢、电工钢、超薄热轧带钢制造领域的竞争优势，具有重要的价值。

发展薄带连铸连轧流程，不仅有助于引领钢铁行业的智能化进步，而且有助于推动相关行业的发展。在高性能铜合金材料、高性能陶瓷材料、CCD 图像识别及高速处理、高精度设备设计与制造、计算机仿真虚拟生产、无人化工厂设计（机器人）、基于互联网技术的智慧化生产等方面将带来巨大的社会效益。

将双辊式薄带连铸连轧流程推向商业化之路，首先需要认清该技术还存在如下技术局限性：

（1）产线生产规模较小。产线的年产能是传统热轧线规模的 1/5，最大产能在 50 万吨/年左右，不适合大规模、多钢种、宽规格的生产模式。

（2）产品品种相对单一。该技术适合生产超薄、高强产品。与传统工艺相比，产品规格、成分、组织、性能有其特殊性，目前国家标准尚不能涵盖，下游很多用户还不能接受，常说的"以热代冷"还有很长一段路要走。

针对以上两个局限性，在薄带连铸连轧流程商业化上，就需要考虑在哪类企业中进行推广。

（1）在综合性钢厂内部推广。需要考虑该综合性钢厂的总体规划和生产模式，是否可以和该厂现有产线的产品大纲形成良性优势互补，而不是内部竞争关系。我们知道，传统热轧生产线在生产 2.0mm 以下的热轧产品时，存在轧制负荷大、辊耗大、产能无法释放、产品厚度波动大、成材率低等问题，所以在市场较好、产能优先、效益优先的情况下，一般较少安排生产 2.0mm 以下的轧制计划。薄带连铸连轧流程的优势是可以生产 0.8～1.6mm 之间的薄规格产品，而该厂又有较多的薄规格订单。在这样的情况下，建议在该厂原有热轧产线旁边建设薄带连铸连轧产线，在产线分工上，可以先行保证原有的热轧产线机组集中生产厚规格的热轧产品，从而可以最大程度地发挥原有热轧产线的产能；将薄规格的热轧产品订单分工给薄带连铸连轧生产线进行集中生产，从而达到薄带产线与传统热轧产线（薄规格订单和厚规格订单）在同一个钢厂内的高效协同配合。依托综合性大钢厂，尽快建立超薄宽带钢连铸连轧产品的国家标准，并与下游用户、行业形成联动，形成有特色、传统工艺无法制造的专业化市场。

（2）在小型钢厂推广。应主要考虑用户的定制化、区域化，通过薄带连铸连轧商业化产线推广，建成钢铁近终形制造示范产业园（Micro-SteelPark™），实现产品的定制化生产和生产过程智能化，帮助企业在该地区实现结构升级、转型发展以及智慧制造，获得更多地方性产业政策支持。将薄带连铸连轧这种简约、高效、绿色的先进流程技术在国家层面借助"一带一路"倡议进行辐射和宣传，从而推动中国钢铁技术进步。

14.2 措施建议

薄带连铸连轧流程的发展是随着钢铁工业重心的发展而迁移的，客观上反映了一个国家钢铁工业的发展阶段和水平。

2016 年以来，国家对钢铁行业去产能（淘汰落后产能）、战略转型升级提出了明确的要求。薄带连铸连轧流程是钢铁近终形加工技术中最典型的高效、节能、环保技术。由于实现铸轧一体化，生产更紧凑，生产成本更低，投资成本更少，节能减排优势明显，绿色环保效应显著。大力发展薄带连铸连轧近终形制造流程技术，可以带动钢铁工艺、装备的技术进步，特别是对于解决目前我国钢铁工业面临环境污染、产能过剩、地区发展不均的巨大压力具有重要的商业价值。而且由于可实现产品的定制化生产和生产过程智能化，对于促进我国钢铁工业的结构升级、转型发展具有巨大的社会效益。措施建议如下：

（1）行业牵头，联合相关国内企业，尽快建立超薄宽带钢薄带连铸连轧产品的国家标准。

（2）在中国金属学会成立促进薄带连铸连轧流程产业化专门委员会，制定科技创新政策，在政策上进行导向、引领。

（3）利用好产业基金，在现有企业转型升级、产能置换的基础上，鼓励建设具有 Micro-SteelPark™ 特征的钢铁近终形制造示范产业园。

（4）在创新机制上，鼓励薄带连铸连轧流程走向市场、走出国门，与国家的"一带一路"倡议配套，充分发挥区域化市场、专业化产品的技术特征。

附录　全球已建或在建双辊式薄带连铸连轧产线情况一览（截至 2020 年 5 月）

序号	所在国家或地区	企业名称	技术名称	关键设备供应商	结晶辊辊径/mm	结晶辊宽度/mm	产品厚度/mm	浇铸速度/m·min⁻¹	年产能/万吨	投产时间	产线所处阶段	备注
1	美国	纽柯公司克劳福兹维尔厂	Castrip	石川岛播磨重工/BHP	500	1345	0.76~1.8	80~120	54	2002 年	工业化产线	
2	美国	纽柯公司布莱斯维尔厂	Castrip	石川岛播磨重工/BHP	500	1680	0.7~2.0	80~120	68	2008 年	商业化产线	
3	日本	新日铁	DSC	新日铁/三菱重工	1200	1330	1.6~5.0	90（最大）	46	1998 年	工业化产线	2003 年 9 月，该生产线除试验目的外，逐渐停止。
4	韩国	浦项	poStrip	浦项/三菱重工	1200	1300	1.6~4.0	30~130（最大 160）	60	2006 年	工业化产线	机组一直未能真正投入商业化生产。
5	德国	蒂森克虏伯克里菲尔德厂	Eurostrip	蒂森克虏伯/于西纳	1500	1430	1.4~3.5	40~90（最大 150）	40	2003 年	工业化产线	2010 年，设备出售给芬兰的 Outokumpu 后，产线一直处于停产状态。
6	意大利	AST 特尔尼厂	Eurostrip	AST/CSM	1500	1130	2.0~5.0	30~100	35~40	2002 年	工业化产线	已停产
7	中国	宁波钢铁	Baostrip	宝钢/MH	800	1340	0.8~3.6	30~130	50	2014 年	工业化产线	
8	墨西哥	Tyasa 公司	Castrip	纽柯/石川岛播磨重工	500	1345,1680	0.7~1.9	70~120	54~68	2018 年	商业化产线	
9	中国	沙钢集团	Castrip	纽柯/石川岛播磨重工	500	1345,1680	0.7~1.9	70~120	54~68	2018 年	商业化产线	沙钢共签订引进纽柯公司 13 条 Castrip 产线
10	中国	敬业钢铁	E2-Strip	东北大学	500	1250	1.0~5.0	30~130	40	2018 年	工业化产线	

索　引